Teubner Studienbücher

Physik/Chemie

Becher/Böhm/Joos: **Eichtheorien der starken und elektroschwachen Wechselwirkung.** 2. Aufl. DM 38,–

Bourne/Kendall: **Vektoranalysis.** DM 24,80

Daniel: **Beschleuniger.** DM 26,80

Engelke: **Aufbau der Moleküle.** DM 38,–

Großer: **Einführung in die Teilchenoptik.** DM 21,80

Großmann: **Mathematischer Einführungskurs für die Physik.** 4. Aufl. DM 32,–

Heil/Kitzka: **Grundkurs Theoretische Mechanik.** DM 39,–

Heinloth: **Energie.** DM 38,–

Kamke/Krämer: **Physikalische Grundlagen der Maßeinheiten.** DM 19,80

Kleinknecht: **Detektoren für Teilchenstrahlung.** DM 26,80

Kneubühl: **Repetitorium der Physik. 2. Aufl.** DM 44,–

Lautz: **Elektromagnetische Felder.** 3. Aufl. DM 29,80

Lindner: **Drehimpulse in der Quantenmechanik.** DM 26,80

Lohrmann: **Einführung in die Elementarteilchenphysik.** DM 24,80

Lohrmann: **Hochenergiephysik.** 2. Aufl. DM 32,–

Mayer-Kuckuk: **Atomphysik.** 3. Aufl. DM 32,–

Mayer-Kuckuk: **Kernphysik.** 4. Aufl. DM 34,–

Neuert: **Atomare Stoßprozesse.** DM 26,80

Nolting: **Quantentheorie des Magnetismus**
Teil 1: Grundlagen. DM 34,–
Teil 2: Modelle. DM 34,–

Primas/Müller-Herold: **Elementare Quantenchemie.** DM 39,–

Raeder u. a.: **Kontrollierte Kernfusion.** DM 38,–

Rohe: **Elektronik für Physiker.** 2. Aufl. DM 27,80

Rohe/Kamke: **Digitalelektronik.** DM 26,80

Schatz/Weidinger: **Nukleare Festkörperphysik.** DM 29,80

Walcher: **Praktikum der Physik.** 5. Aufl. DM 32,–

Wegener: **Physik für Hochschulanfänger**
Teil 1: DM 24,80
Teil 2: DM 24,80

Wiesemann: **Einführung in die Gaselektronik.** DM 29,80

Mathematik

Ahlswede/Wegener: **Suchprobleme.** DM 29,80

Aigner: **Graphentheorie.** DM 29,80

Ansorge: **Differenzenapproximationen partieller Anfangswertaufgaben.** DM 29,80 (LAMM)

Behnen/Neuhaus: **Grundkurs Stochastik.** DM 36,–

Bohl: **Finite Modelle gewöhnlicher Randwertaufgaben.** DM 32,– (LAMM)

Fortsetzung auf der 3. Umschlagseite

Quantentheorie des Magnetismus

Teil 1 Grundlagen

Von Dr. rer. nat. Wolfgang Nolting
Professor an der Universität Münster

Mit zahlreichen Figuren und Tabellen

B. G. Teubner Stuttgart 1986

Prof. Dr. rer. nat. Wolfgang Nolting

geboren 1944 in Magdeburg. Von 1963 bis 1970 Studium der Physik an der Universität Münster. 1970 Diplom in Physik. 1972 Promotion. Von 1971 bis 1979 wissenschaftlicher Assistent am Institut für Theoretische Physik II der Universität Münster. Von 1975 bis 1977 Forschungsaufenthalt an der ETH Zürich. 1978 Habilitation auf dem Gebiet der Theoretischen Festkörperphysik an der Universität Münster. Von 1980 bis 1983 an der Universität Würzburg, seit 1983 Professor an der Universität Münster.

Arbeitsgebiet: Theoretische Festkörperphysik,
Quantentheorie des Magnetismus.

CIP-Kurztitelaufnahme der Deutschen Bibliothek:

Nolting, Wolfgang:
Quantentheorie des Magnetismus / von Wolfgang Nolting.
Stuttgart : Teubner.
(Teubner Studienbücher : Physik)

Teil 1. Grundlagen. – 1986.

ISBN 978-3-519-03084-3 ISBN 978-3-663-01080-7 (eBook)
DOI 10.1007/978-3-663-01080-7

Gesamtherstellung: J. Illig, Offsetdruck, Göppingen
Umschlaggestaltung: M. Koch, Reutlingen

Vorwort

Die Absicht, ein Buch über die "Quantentheorie des Magnetismus" zu schreiben, entstand während meiner zweisemestrigen, dreistündigen Spezialvorlesung zu diesem Thema, die ich mit einem begleitenden Seminar im Wintersemester 1984/85 und im Sommersemester 1985 an der Universität Münster und bereits früher einmal (1981/82) an der Universität Würzburg gehalten habe. Das erfreuliche Interesse, das ich bei den Studenten zu erkennen glaubte, und die Schwierigkeit, geeignete Literatur zum Thema "Magnetismus" empfehlen zu können, haben mich veranlaßt, das Vorlesungsmanuskript noch sorgfältiger und ausführlicher als üblich zu gestalten.

Dabei ging es mir insbesondere um eine in sich möglichst abgeschlossene Darstellung, die eine Brücke von den elementaren Grundkenntnissen bis hin zum Spezialwissen schlagen sollte, ohne daß der Lernende gezwungen wäre, zum Verständnis sehr viel zusätzliche Literatur heranziehen zu müssen. Theorien und konkrete Rechnungen wurden so detailliert entwickelt, daß sie von einem Studenten nach dem Vordiplom, also mit Grundkenntnissen in Quantenmechanik und Statistischer Mechanik, ohne Schwierigkeiten nachvollzogen werden können. Die gesamte Abhandlung ist in zwei Bände unterteilt, von denen der erste sich mit den "Grundlagen" und der zweite mit den "Modellen" des Magnetismus befaßt.

Das erste Kapitel des vorliegenden ersten Bandes stellt einige "Grundtatsachen" zusammen. Ausgehend von den makroskopischen Maxwell-Gleichungen werden für die Theorie des Magnetismus wichtige Größen wie das magnetische Moment, die Magnetisierung und die magnetische Suszeptibilität eingeführt. Will man den Magnetismus der Materie begreifen, so hat man zunächst den Magnetismus des Einzelatoms zu verstehen. Diesem Zweck dient das Kap. II ("Atomarer Magnetismus"), in dem alle wichtigen magnetischen Eigenschaften des Atoms diskutiert werden. Wir leiten den Elektronenspin und die Spin-Bahn-Wechselwirkung aus der relativistischen Dirac-Gleichung ab und untersuchen das Verhalten eines einzelnen Atomelektrons im Kernfeld und im äußeren Magnetfeld. Das dritte Kapitel ist dann dem "Diamagnetismus" gewidmet, der eine Eigenschaft aller Stoffe darstellt, jedoch nur dann beobachtbar ist, wenn er nicht durch andere Erscheinungsformen des Magnetismus (Para-, Ferro-, Ferri-, Antiferromagnetismus) überdeckt wird. Er kann gewissermaßen als Induktionseffekt gedeutet werden, insbesondere wegen seiner negativen Suszeptibilität. Das Kapitel IV handelt vom "Paramagnetismus", der im Gegensatz zum Diamagnetismus die Existenz permanenter magnetischer Momente voraussetzt. Dabei kann es sich um die lokalisierten Momente unvollständig gefüllter Elektronenschalen der Festkörperionen oder um die Momente quasifrei beweglicher Bandelektronen handeln. Ein äußeres Magnetfeld versucht diese zu ordnen, während die thermische Bewegung der Ordnungstendenz entgegensteht. Das Resultat ist eine i.a. temperaturabhängige, positive Suszeptibilität. Paramagnete sind auch dadurch ausgezeichnet, daß eine direkte Wechselwirkung zwischen den permanenten Momenten in guter Näherung vernachlässigt werden kann. Typisch für kollektiven Magnetismus (ferro, ferri, antiferro) ist dagegen eine spontane Ordnung der permanenten magnetischen Momente unterhalb einer kritischen Temperatur, die eine mikroskopische Wechselwirkung zwischen den Momenten voraussetzt. Diese sog. "Austauschwechselwirkung" ist zwar rein elektrostatischen Ursprungs, klassisch jedoch nicht verständlich. Da sie erfahrungsgemäß dem "Anfänger" begriffliche Schwierigkeiten bereitet, andererseits aber auch die Basis für das Verständnis des kollektiven Magnetismus darstellt, wird sie in Kapitel V sehr ausgiebig diskutiert. Die sog. direkte Austauschwechselwirkung ist durch Überlapp-Integrale aus Wellenfunktionen der beteiligten magnetischen Ionen bestimmt. Sie ist deshalb sehr kurzreichweitig und damit in der Natur weniger häufig realisiert als gewisse indirekte Austauschwechselwirkungen, die als "Katalysatoren" für eine Wechselwirkung zwischen lokalisierten Momenten die Elektronen des Leitungsbandes (RKKY-Wechselwirkung) oder diamagnetische Ionen (Superaustausch, Doppelaustausch) benutzen.

Die Kopplungsmechanismen werden an einfachen Cluster-Modellen erläutert, die letztlich alle auf dieselbe Operatorform des Modell-Hamilton-Operators führen ('Heisenberg-Modell').

Im zweiten Band "Quantentheorie des Magnetismus. B: Modelle" werden drei wichtige Modelle des Magnetismus, nämlich das Ising-, das Heisenberg- und das Hubbard-Modell, im Detail ausgewertet. Jeder der beiden Bände enthält einen Anhang. Der Anhang A führt den Formalismus der zweiten Quantisierung ein, während im Anhang B eine komprimierte, zweckgerichtete Vielteilchentheorie angeboten wird. Um die eingangs erwähnte Abgeschlossenheit der Darstellung zu gewährleisten, sind diese beiden Anhänge relativ ausführlich geraten. Eine Theorie des Magnetismus ist ohne Anwendung moderner Methoden der Vielteilchentheorie undenkbar. Das, was zum Lesen der beiden Bände unbedingt notwendig ist, ist vollständig in den beiden Anhängen dargestellt.

Mein ganz besonderer Dank gilt zum Schluß Frau A. Wunderlich, die mir mit einer das übliche Maß übersteigenden Hilfsbereitschaft bei der Anfertigung des Manuskripts sehr geholfen hat.

Münster, Sommer 1986 *Wolfgang Nolting*

Inhalt

(I) Grundtatsachen 9

Zusammenfassung

Es werden für die Theorie des Magnetismus zentrale Größen wie das magnetische Moment, die Magnetisierung und die magnetische Suszeptibilität eingeführt. Ausgangspunkt sind dabei die Maxwell-Gleichungen der Materie. Das Kapitel schließt mit einer Klassifikation der magnetischen Materialien anhand ihrer Suszeptibilität.

(I) Grundtatsachen

Wir benutzen hier das Maßsystem S.I. und beginnen zunächst mit einer widerspruchsfreien Definition von für die Theorie des Magnetismus wichtigen Größen wie

magnetisches Moment, Magnetisierung,
magnetische Suszeptibilität

(1.1) MAKROSKOPISCHE MAXWELL-GLEICHUNGEN

Magnetismus findet in der Materie statt; wir brauchen also die Maxwell-Gleichungen der Materie. Materie besteht aus geladenen Teilchen, gebunden oder quasi-frei, die in komplizierter Weise auf äußere Felder reagieren, was zu induzierten Multipolen und damit zu Zusatzfelder im Innern der Materie führt.

Postulat: Maxwell-Gleichungen des Vakuums gelten mikroskopisch universell!

Bezeichnen wir mikroskopische Felder mit kleinen Buchstaben so gilt also, wenn wir die übliche Notation verwenden:

Mikroskopische Maxwell-Gleichungen

$$\mathrm{rot}\, \underset{\sim}{e} = - \dot{\underset{\sim}{b}} \quad , \qquad \mathrm{div}\, \underset{\sim}{b} = 0$$

$$\mathrm{div}\, \underset{\sim}{e} = \rho/\varepsilon_o \quad ; \qquad \mathrm{rot}\, \underset{\sim}{b} = \mu_o\, \underset{\sim}{j} + \varepsilon_o\, \mu_o\, \dot{\underset{\sim}{e}} \qquad (1.1.1)$$

$$\varepsilon_o = 8.854188 \cdot 10^{-12}\ \frac{\mathrm{As}}{\mathrm{Vm}}$$

$$\mu_o = 4\pi \cdot 10^{-7}\ \frac{\mathrm{Vs}}{\mathrm{A \cdot m}} \qquad (1.1.2)$$

$$c^2 = \frac{1}{\mu_o\, \varepsilon_o}$$

Unlösbar wird das Problem dadurch, daß im Mittel etwa 10^{23} molekulare (atomare, subatomare) Teilchen pro cm^3 sich in

Bewegung befinden (Gitterschwingungen, Bahnbewegung der Atomelektronen, ...), woraus räumlich und zeitlich rasch oszillierende Felder $\underset{\sim}{e}$ und $\underset{\sim}{b}$ resultieren, deren exakte Bestimmung hoffnungslos erscheint. Andererseits bedeutet aber eine makroskopische Messung immer ein "grobes Abtasten" eines mikroskopisch großen Gebietes. Das heißt, daß die Messung einer Feldgröße automatisch eine Mittelung über einen gewissen Raum-Zeitbereich beinhaltet, wodurch schnelle mikroskopische Fluktuationen "geglättet" werden. Typische räumliche Variation sind von der Größenordnung 1 Å = 10^{-10} m, während typische zeitliche Variationen zwischen 10^{-17} s (Nukleonen) und 10^{-13} s (Atomelektronen) liegen.

Eine Theorie ist deshalb nur für gemittelte Größen sinnvoll. Eine mikroskopisch exakte Theorie ist einerseits nicht machbar, andererseits aber auch unnötig, da sie sehr viel "überflüssige", d.h. experimentell nicht zugängliche Informationen enthalten würde. Wie beschreibt man nun theoretisch den experimentellen Mittlungsprozeß?

Def.: $f(\underset{\sim}{r}, t)$: mikroskopische Feldgröße
$v(\underset{\sim}{r})$: mikroskopisch großes, makroskopisch kleines Kugelvolumen mit Mittelpunkt bei $\underset{\sim}{r}$, z.B. 10^{-6} cm³ mit im Mittel noch 10^{17} Teilchen.

"Phänomenologischer Mittelwert":

$$\overline{f(\underset{\sim}{r}, t)} = \frac{1}{v(\underset{\sim}{r})} \cdot \int_{v(\underset{\sim}{r})} d^3r' \, f(\underset{\sim}{r}', t) \qquad (1.1.3)$$

Wegen der großen Zahl von Teilchen im makroskopischen Volumen $v(\underset{\sim}{r})$ bedeutet räumliche gleichzeitg auch zeitliche Mittelung. Schnelle mikroskopische Fluktuationen werden automatisch durch die räumliche Mittelung geglättet. - (1.1.3) ist nicht die einzige Möglichkeit für die Mittelung, die Gewichtsfunktion (hier 1/v) braucht jedoch glücklicherweise nicht spezifiziert zu werden.

Für das Folgende benutzen wir die grundlegende Annahme:

$$\frac{\partial}{\partial t}\,\overline{f} = \overline{\frac{\partial f}{\partial t}} \quad ; \quad \nabla\overline{f} = \overline{\nabla f} \tag{1.1.4}$$

Das ist offenbar für den Mittlungsprozeß (1.1.3) erfüllt. Wir definieren nun als <u>"makroskopische Felder":</u>

$$\underset{\sim}{E}(\underset{\sim}{r},\, t) = \overline{\underset{\sim}{e}(\underset{\sim}{r},\, t)} \;;\; \underset{\sim}{B}(\underset{\sim}{r},\, t) = \overline{\underset{\sim}{b}(\underset{\sim}{r},\, t)} \tag{1.1.5}$$

Damit erhalten wir die

<u>"makroskopischen Maxwell-Gleichungen"</u>

$$\begin{aligned} \text{rot}\,\underset{\sim}{E} &= -\dot{\underset{\sim}{B}} \quad ; \quad &\text{div}\,\underset{\sim}{B} &= 0 \\ \text{div}\,\underset{\sim}{E} &= \overline{\rho}/\varepsilon_o \quad ; \quad &\text{rot}\,\underset{\sim}{B} &= \mu_o\,\overline{\underset{\sim}{j}} + \varepsilon_o\,\mu_o\,\dot{\underset{\sim}{E}} \end{aligned} \tag{1.1.6}$$

Benutzen wir die

<u>"Kontinuitätsgleichung"</u>,

$$\text{div}\,\overline{\underset{\sim}{j}} + \dot{\overline{\rho}} = 0 \quad , \tag{1.1.7}$$

so bleibt noch die gemittelte Stromdichte $\overline{\underset{\sim}{j}}$ zu bestimmen. Diese setzt sich aus zwei Bestandteilen zusammen, einem, der von den Leitungselektronen herrührt, und einem, der durch die Ionen bewirkt wird.

$$\overline{\underset{\sim}{j}} = \underset{\sim}{j}_f + \underset{\sim}{j}_{geb} \tag{1.1.8}$$

Für den Beitrag der Leitungselektronen schreiben wir :

$$\underset{\sim}{j}_f = \overline{\rho_f \cdot \underset{\sim}{v}} \quad : \quad \underline{\text{"freie" Stromdichte}} \tag{1.1.9}$$

Dabei ist ρ_f die Ladungsdichte der quasifreien Leitungselektronen.

Die Stromdichte der Ionen läßt sich noch einmal zerlegen:

$$\underset{\sim}{j}_{geb} = \overline{\underset{\sim}{j}}_p + \overline{\underset{\sim}{j}}_m \quad : \quad \text{"gebundene" Stromdichte} \qquad (1.1.10)$$

(1) $\overline{\underset{\sim}{j}}_p$ ist die Stromdichte der Polarisationsladungen, die aus zeitlich veränderlichen Dipolmomenten, Ladungsverschiebungen im Ion, o.ä. resultiert. Um sie zu bestimmen, beginnen wir mit einer Erinnerung an die Elektrodynamik:

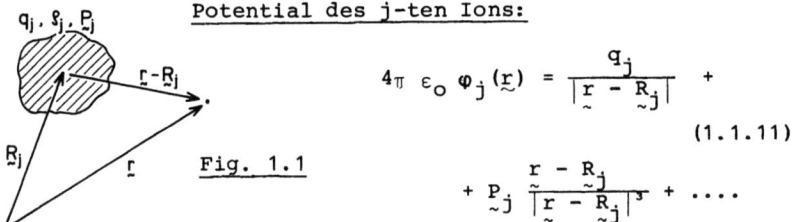

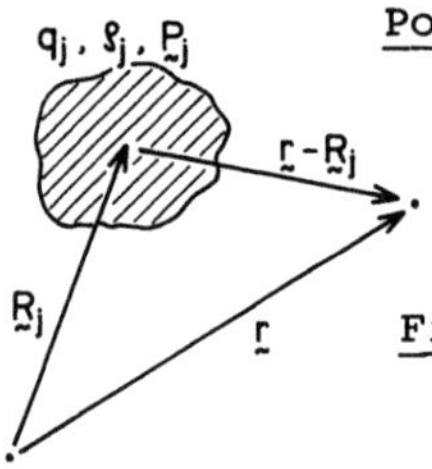

Fig. 1.1

Potential des j-ten Ions:

$$4\pi\,\varepsilon_0\,\varphi_j(\underset{\sim}{r}) = \frac{q_j}{|\underset{\sim}{r} - \underset{\sim}{R}_j|} + \qquad (1.1.11)$$

$$+ \underset{\sim}{P}_j \frac{\underset{\sim}{r} - \underset{\sim}{R}_j}{|\underset{\sim}{r} - \underset{\sim}{R}_j|^3} + \ldots .$$

$\underset{\sim}{R}_j$ ist der Ortsvektor, q_j die Ladung, ρ_j die Ladungsdichte und $\underset{\sim}{P}_j$ das Dipolmoment des j-ten Ions.

Der Beitrag (1.1.11) muß über alle Teilchen summiert werden. Uns interessiert hier nur der Beitrag des zweiten Summanden, den wir über die "mikroskopische Dipoldichte"

$$\underset{\sim}{\Pi}(\underset{\sim}{r}) = \sum_j \underset{\sim}{P}_j \cdot \delta(\underset{\sim}{r} - \underset{\sim}{R}_j) \qquad (1.1.12)$$

wie folgt umformulieren:

$$4\pi\,\varepsilon_0\,\varphi_p(\underset{\sim}{r}) = \int d^3r'\, \underset{\sim}{\Pi}(\underset{\sim}{r}') \cdot \frac{\underset{\sim}{r} - \underset{\sim}{r}'}{|\underset{\sim}{r} - \underset{\sim}{r}'|^3}$$

$$= \int d^3r'\, \underset{\sim}{\Pi}(\underset{\sim}{r}')\, \nabla_{\underset{\sim}{r}'} \frac{1}{|\underset{\sim}{r} - \underset{\sim}{r}'|}$$

Eine anschließende Mittelung ergibt:

$$4\pi\,\varepsilon_0 \cdot \overline{\varphi_p}(\underset{\sim}{r}) = \frac{1}{V} \int_{|x| \le R} d^3x \int d^3r'\, \underset{\sim}{\Pi}(\underset{\sim}{r}')\, \nabla_{\underset{\sim}{r}'} \frac{1}{|\underset{\sim}{r} + \underset{\sim}{x} - \underset{\sim}{r}'|}$$

$$(\underset{\sim}{r}'' = \underset{\sim}{r}' - \underset{\sim}{x}) \quad = \frac{1}{V} \int d^3x \int d^3r'' \, \underset{\sim}{\Pi}(\underset{\sim}{r}'' + \underset{\sim}{x}) \, \nabla_{\underset{\sim}{r}''} \frac{1}{|\underset{\sim}{r} - \underset{\sim}{r}''|}$$

$$= \int d^3r \, \overline{\underset{\sim}{\Pi}(\underset{\sim}{r}'')} \, \nabla_{\underset{\sim}{r}''} \frac{1}{|\underset{\sim}{r} - \underset{\sim}{r}''|} \tag{1.1.13}$$

Wir definieren als "makroskopische Polarisation":

$$\underset{\sim}{P}(\underset{\sim}{r}) = \overline{\underset{\sim}{\Pi}(\underset{\sim}{r})} = \frac{1}{V} \sum_{j \in V} \underset{\sim}{P}_j \tag{1.1.14}$$

Aus (1.1.13) erhalten wir durch Gradientenbildung das durch Polarisation bewirkte elektrische Feld $\underset{\sim}{E}_p(r)$:

$$4\pi \, \varepsilon_0 \, \underset{\sim}{E}_p(\underset{\sim}{r}) = - \nabla_r \int d^3r'' \, \underset{\sim}{P}(\underset{\sim}{r}'') \, \nabla_{\underset{\sim}{r}''} \frac{1}{|\underset{\sim}{r} - \underset{\sim}{r}''|} \tag{1.1.15}$$

Das läßt sich weiter umformen:

$$4\pi \, \varepsilon_0 \, \mathrm{div} \, \underset{\sim}{E}_p(\underset{\sim}{r}) = - \int d^3r'' \, \underset{\sim}{P}(\underset{\sim}{r}'') \, \nabla_{\underset{\sim}{r}''} \underbrace{\Delta_{\underset{\sim}{r}} \frac{1}{|\underset{\sim}{r} - \underset{\sim}{r}''|}}_{-4\pi \, \delta(\underset{\sim}{r} - \underset{\sim}{r}'')}$$

$$= - 4\pi \, \nabla_{\underset{\sim}{r}} \int d^3r'' \, P(\underset{\sim}{r}'') \, \delta(\underset{\sim}{r} - \underset{\sim}{r}'')$$

$$= - 4\pi \, \mathrm{div} \, \underset{\sim}{P}(\underset{\sim}{r})$$

Es liegt damit nahe, eine "Polarisationsdichte":

$$\overline{\rho_p} = - \, \mathrm{div} \, \underset{\sim}{P}(\underset{\sim}{r}) \tag{1.1.16}$$

zu definieren. Aus der entsprechenden Kontinuitätsgleichung folgt dann die gesuchte Stromdichte:

$$\overline{\underset{\sim}{j}_p} = \frac{\partial}{\partial t} \underset{\sim}{P}(\underset{\sim}{r}) \tag{1.1.17}$$

(2) $\overline{\underset{\sim}{j}_m}$ ist die Magnetisierungsstromdichte. Sie resultiert aus den inneren Bewegungen der Atomelektronen auf ihren stationären Bahnen. Dabei heißt "stationär", daß in ein

vorgegebenes Volumen V gleichviel Ladung hinein- wie herausfließt.

$$\int_{\partial V} d\underset{\sim}{f} \cdot \underset{\sim}{j}_m = 0 \qquad (1.1.18)$$

Da V beliebig gewählt werden kann, ist (1.1.18) gleichbedeutend mit:

$$\text{div } \underset{\sim}{j}_m = 0 \qquad (1.1.19)$$

$\underset{\sim}{j}_m$ ist die für magnetische Betrachtungen primär wichtige Größe, da sie das magnetische Moment des bei $\underset{\sim}{R}_i$ lokalisierten Ions definiert:

$$\underset{\sim}{m}_i = \frac{1}{2} \int d^3r \, (\underset{\sim}{r} - \underset{\sim}{R}_i) \times \underset{\sim}{j}_m^{(i)} \qquad (1.1.20)$$

Der Index i numeriert den Gitterplatz. Wir wollen einmal (1.1.20) für ein bekanntes Beispiel auswerten. Nimmt man an, daß das magnetische Moment nur von den Elektronen (Punktladungen!) und nicht durch die Kernbewegung beeinflußt wird, so können wir für die Stromdichte schreiben:

$$\underset{\sim}{j}_m(\underset{\sim}{r}) = - e \sum_{j=1}^{p} \underset{\sim}{v}_j \, \delta(\underset{\sim}{r} - \underset{\sim}{r}_j) \quad (\underset{\sim}{R}_i \equiv 0) \qquad (1.1.21)$$

Summiert wird über die p Atomelektronen. Eingesetzt in (1.1.20) ergibt das das Moment:

$$\begin{aligned} \underset{\sim}{m} &= - \frac{e}{2} \sum_j \underset{\sim}{r}_j \times \underset{\sim}{v}_j \\ &= - \frac{e}{2m} \sum_j \underset{\sim}{l}_j \qquad (1.1.22) \end{aligned}$$

$\underset{\sim}{l}_j$ ist der Bahndrehimpuls des j-ten Elektrons. Das ist der bekannte Zusammenhang zwischen Bahndrehimpuls und magnetischem Moment.

Die Gleichungen (1.1.19) und (1.1.20) werden durch die folgende allgemeine Darstellung für die Stromdichte $\underset{\sim}{j}_m^{(i)}$ erfüllt,

$$\underset{\sim}{j}_m^{(i)} = - \underset{\sim}{m}_i \times \nabla f(|\underset{\sim}{r} - \underset{\sim}{R}_i|)$$

$$= \mathrm{rot}(\underset{\sim}{m}_i \cdot f(|\underset{\sim}{r} - \underset{\sim}{R}_i|)) \quad , \qquad (1.1.23)$$

wovon man sich leicht durch Einsetzen überzeugt. Die Funktion f ist dabei "fast beliebig". Sie muß zwei Bedingungen erfüllen:

$$(\alpha) \; f \equiv 0 \text{ außerhalb des Ions bei } \underset{\sim}{R}_i$$

$$(\beta) \; \int_{\text{Ion}} d^3r \, f(|\underset{\sim}{r} - \underset{\sim}{R}_i|) = 1 \qquad (1.1.24)$$

Wir definieren:

$$\underset{\sim}{\bar{j}}_m(\underset{\sim}{r}) = \mathrm{rot}\;(\overline{\underset{\sim}{m} \cdot f(|\underset{\sim}{r} - \underset{\sim}{R}|)})$$

$$= \mathrm{rot}\; \underset{\sim}{M}(\underset{\sim}{r}) \qquad (1.1.25)$$

$$\underset{\sim}{M}(\underset{\sim}{r}) = \overline{\underset{\sim}{m} \cdot f(|\underset{\sim}{r} - \underset{\sim}{R}|)} \qquad (1.1.26)$$

<u>"Magnetisierung"</u>

Mit diesen Definitionen lassen sich nun die makroskopischen Maxwell-Gleichungen zusammenfassend formulieren:

$$\mathrm{rot}\; \underset{\sim}{B} = \mu_o(\underset{\sim}{j}_f + \underset{\sim}{\bar{j}}_p + \underset{\sim}{\bar{j}}_m) + \varepsilon_o \mu_o \dot{\underset{\sim}{E}}$$

$$= \mu_o \underset{\sim}{j}_f + \mu_o \dot{\underset{\sim}{P}} + \mu_o \,\mathrm{rot}\; \underset{\sim}{M} + \varepsilon_o \mu_o \dot{\underset{\sim}{E}}$$

Das läßt sich noch etwas sortieren:

$$\mathrm{rot}(\underset{\sim}{B} - \mu_o \underset{\sim}{M}) = \mu_o \underset{\sim}{j}_f + \mu_o (\varepsilon_o \dot{\underset{\sim}{E}} + \dot{\underset{\sim}{P}}) \qquad (1.1.27)$$

Ebenso finden wir, wenn wir mit ρ die makroskopische Ladungsdichte bezeichnen:

$$\mathrm{div}\; \underset{\sim}{E} = \frac{1}{\varepsilon_o} (\rho + \bar{\rho}_p) = \frac{1}{\varepsilon_o} (\rho - \mathrm{div}\; \underset{\sim}{P})$$

Damit folgt:

$$\mathrm{div}(\varepsilon_o \underset{\sim}{E} + \underset{\sim}{P}) = \rho \qquad (1.1.28)$$

Wir können nun zusammenfassen:

Materialgleichungen:

$$\underset{\sim}{B} = \mu_o\,(\underset{\sim}{H} + \underset{\sim}{M}) \quad ; \quad \underset{\sim}{D} = \varepsilon_o\,\underset{\sim}{E} + \underset{\sim}{P} \qquad (1.1.29)$$

Maxwell-Gleichungen:

$$\begin{aligned} \mathrm{rot}\,\underset{\sim}{E} &= -\dot{\underset{\sim}{B}} \quad ; \quad \mathrm{div}\,\underset{\sim}{B} = 0 \\ \mathrm{div}\,\underset{\sim}{D} &= \rho \quad ; \quad \mathrm{rot}\,\underset{\sim}{H} = \underset{\sim}{j}_f + \dot{\underset{\sim}{D}} \end{aligned} \qquad (1.1.30)$$

Lorentz-Kraft:

$$\underset{\sim}{F} = q \cdot [\underset{\sim}{E} + \underset{\sim}{v} \times \underset{\sim}{B}] \qquad (1.1.31)$$

Dimensionen:

$$\begin{aligned} [\underset{\sim}{H}] &= [\underset{\sim}{M}] = \frac{A}{m} \quad ; \quad [\underset{\sim}{B}] = \frac{Vs}{m^2} = T \\ [E] &= \frac{V}{m} \quad ; \quad [D] = [P] = \frac{As}{m^2} \end{aligned} \qquad (1.1.32)$$

Man beachte, daß $\underset{\sim}{E}$, $\underset{\sim}{B}$ die Felder sind, die ein geladenes Teilchen wirklich "sieht". $\underset{\sim}{H}$ und $\underset{\sim}{D}$ sind dagegen lediglich Hilfsgrößen.

(1.2) MAGNETISCHES MOMENT, MAGNETISIERUNG

Die bisher abgeleiteten Beziehungen für $\underset{\sim}{m}$ und $\underset{\sim}{M}$ sind i.a. unhandlich. Wir versuchen, sie durch die Energie W des magnetischen Systems auszudrücken. Dieses ist definiert durch die Magnetisierungsstromdichte $\underset{\sim}{j}_m$; dagegen nicht durch die freien Ströme, die ihrerseits ein Magnetfeld produzieren, in dem sich das "magnetische System" dann befindet. Dieses bestehe zunächst aus einem einzelnen Ion. Wie ändert sich die Energie des Ions, wenn ein Magnetfeld $\underset{\sim}{H}$ aufgeschaltet wird? Eine Energieänderung tritt durch die Arbeit des äußeren Feldes $\underset{\sim}{H}$ an den "Magnetisierungsströmen" $\underset{\sim}{j}_m$ auf. Dieses geschieht durch das von $\underset{\sim}{H}$ induzierte $\underset{\sim}{E}$-Feld:

$$\text{rot } \underset{\sim}{E} = - \dot{\underset{\sim}{B}}_o \qquad ; \qquad \underset{\sim}{B}_o = \mu_o \underset{\sim}{H} \tag{1.2.1}$$

Bezeichnen wir mit dW die Energieänderung des Ions in der Zeit dt, dann gilt:

$$\begin{aligned} dW &= \int_{\text{Ion}} \underset{\sim}{j}_m \cdot \underset{\sim}{E}\, d^3r \cdot dt \\ &= - dt \int_{\text{Ion}} \underset{\sim}{m} \times \nabla f(|\underset{\sim}{r} - \underset{\sim}{R}|) \cdot \underset{\sim}{E}\, d^3r \\ &= - dt\, \underset{\sim}{m} \cdot \int_{\text{Ion}} (\nabla f \times \underset{\sim}{E}) d^3r \\ &= - dt\, \underset{\sim}{m} \cdot \int_{\text{Ion}} (\text{rot}(f\underset{\sim}{E}) - f \text{ rot } \underset{\sim}{E}) d^3r \\ &= - \underset{\sim}{m} \cdot \int_{\text{Ion}} d\underset{\sim}{B}_o \cdot f\, d^3r \end{aligned}$$

$d\underset{\sim}{B}_o$ ist über ionische Abmessungen sicher konstant, kann also vor das Integral gezogen werden. Nutzt man dann noch die Normierung der Funktion f aus, so folgt für das magnetische Moment des Ions:

$$\underset{\sim}{m} = - \frac{\partial W}{\partial \underset{\sim}{B}_o} = - \nabla_{\underset{\sim}{B}_o} W \tag{1.2.2}$$

Bisher haben wir rein klassisch gerechnet, die quantenmechanische Verallgemeinerung liegt allerdings auf der Hand.

Ausgehend von der Schrödinger-Gleichung,

$$(\hat{H} - W)|\psi\rangle = 0 \quad ; \quad \langle\psi|\psi\rangle = 1 \quad , \qquad (1.2.3)$$

wobei mit $\hat{H}$ der Hamiltonoperator des Ions gemeint ist, erhalten wir durch Differentiation nach dem äußeren Feld $\underset{\sim}{B}_o$:

$$\left(\frac{\partial\hat{H}}{\partial\underset{\sim}{B}_o} - \frac{\partial W}{\partial\underset{\sim}{B}_o}\right)|\psi\rangle + (\hat{H} - W)\left|\frac{\partial\psi}{\partial\underset{\sim}{B}_o}\right\rangle = 0$$

Multiplizieren wir von links mit dem bra-Zustand $\langle\psi|$, so ergibt sich:

$$\langle\psi|\frac{\partial\hat{H}}{\partial\underset{\sim}{B}_o}|\psi\rangle = \frac{\partial W}{\partial\underset{\sim}{B}_o} - \langle\psi|\,(\hat{H} - W|\frac{\partial\psi}{\partial\underset{\sim}{B}_o}\rangle$$

Der letzte Summand verschwindet, da $\hat{H}$ hermitesch ist. Wir erhalten damit für den <u>Operator des magnetischen Moments</u>

$$\hat{\underset{\sim}{m}} = - \frac{\partial}{\partial\underset{\sim}{B}_o}\hat{H} \qquad (1.2.4)$$

Wir wollen als Beispiel $\hat{m}$ für ein Einzelion im homogenen Magnetfeld berechnen. Dazu benötigen wir den Hamiltonoperator $\hat{H}$, dessen "exakte" Herleitung Gegenstand des nächsten Kapitels ist. Wir betrachten hier vereinfachend nur die Atomelektronen, der Kern möge ruhen und lediglich für Ladungsneutralität sorgen, insbesondere das äußere Feld $\underset{\sim}{B}_o = \mu_o \underset{\sim}{H}$ nicht merklich beeinflussen. Die Wechselwirkung der Elektronen untereinander und mit dem positiv geladenen Kern sowie Spin-Bahn-Kopplungseffekte werden zunächst vernachlässigt. Wir wollen uns im wesentlichen auf die Terme beschränken,die vom äußeren Magnetfeld bewirkt werden. Dazu wählen wir das Vektorpotential $\underset{\sim}{A}$ so, daß

$$\underset{\sim}{B}_o = \text{rot}\ \underset{\sim}{A} \qquad (1.2.5)$$

$$\text{div}\ \underset{\sim}{A} = 0 \qquad \text{(Coulomb-Eichung)}$$

gilt. Das gelingt mit

$$\underset{\sim}{A} = \frac{1}{2}\, \underset{\sim}{B}_o \times \underset{\sim}{r} \qquad (1.2.6)$$

Für die kinetische Energie der Elektronen gilt <u>ohne</u> Feld:

$$T_o = \sum_{i=1}^{p} \frac{p_i^2}{2m} \qquad (1.2.7)$$

Dabei ist p die Zahl der Atomelektronen. Wir bezeichnen mit (-e) die Elektronenladung, d.h. $e > 0$. Im Feld haben wir den kanonischen Impuls $\underset{\sim}{p}_i$ von dem mechanischen Impuls $m\, \underset{\sim}{v}_i$ zu unterscheiden:

$$\underset{\sim}{p}_i = m\, \underset{\sim}{v}_i - e \cdot \underset{\sim}{A}(\underset{\sim}{r}_i) \qquad (1.2.8)$$

Damit schreibt sich die kinetische Energie <u>im</u> Feld:

$$T = \frac{1}{2m} \sum_{i=1}^{p} (\underset{\sim}{p}_i + e \cdot \underset{\sim}{A}(\underset{\sim}{r}_i))^2$$

$$= \frac{1}{2m} \sum_{i=1}^{p} \{p_i^2 + e \cdot (\underset{\sim}{p}_i \cdot \underset{\sim}{A}(\underset{\sim}{r}_i) + \underset{\sim}{A}(\underset{\sim}{r}_i) \cdot \underset{\sim}{p}_i)$$

$$+ e^2 \cdot \underset{\sim}{A}^2(\underset{\sim}{r}_i)\}$$

Man hat zu beachten, daß normalerweise die Operatoren $\underset{\sim}{p}_i$ und $\underset{\sim}{A}(\underset{\sim}{r}_i)$ nicht kommutieren. In der Coulomb-Eichung (1.2.5) gilt jedoch:

$$\underset{\sim}{p}_i \cdot \underset{\sim}{A}(\underset{\sim}{r}_i) = \frac{\hbar}{i} \underset{\sim}{\nabla}_i \cdot \underset{\sim}{A}(\underset{\sim}{r}_i) = \frac{\hbar}{i} (\underbrace{\mathrm{div}\, \underset{\sim}{A}}_{=\,0} + \underset{\sim}{A} \cdot \underset{\sim}{\nabla}_i)$$

$$= \underset{\sim}{A}(\underset{\sim}{r}_i) \cdot \underset{\sim}{p}_i \qquad (1.2.9)$$

Das führt schließlich zu dem folgenden Ausdruck für die kinetische Energie

$$T = T_o + \frac{e}{m} \sum_{i=1}^{p} \underset{\sim}{A}(\underset{\sim}{r}_i) \cdot \underset{\sim}{p}_i + \frac{e^2}{2m} \sum_{i=1}^{p} \underset{\sim}{A}^2(\underset{\sim}{r}_i) \qquad (1.2.10)$$

Das homogene Magnetfeld $\underset{\sim}{B}_o$ sei in z-Richtung orientiert:

$$\underset{\sim}{B}_o = (0,\, 0,\, B_o) \qquad (1.2.11)$$

Eingesetzt in (1.2.6) ergibt das für das Vektorpotential $\underset{\sim}{A}$,

$$\underset{\sim}{A} = \frac{B_o}{2} (-y\ , x, 0) \quad , \qquad (1.2.12)$$

und damit für das in (1.2.10) benötigte Skalarprodukt $\underset{\sim}{A}_i \cdot \underset{\sim}{p}_i$:

$$\begin{aligned} \underset{\sim}{A}_i \cdot \underset{\sim}{p}_i &= \frac{B_o}{2} (- y_i \quad p_{ix} + x_i\, p_{iy}) = \frac{1}{2} B_o\, l_i^z \\ &= \frac{1}{2} \underset{\sim}{B}_o \cdot \underset{\sim}{l}_i \end{aligned} \qquad (1.2.13)$$

Führen wir noch mit

$$\underset{\sim}{L} = \sum_{i=1}^{p} \underset{\sim}{l}_i \qquad (1.2.14)$$

den <u>Gesamtbahndrehimpuls</u> der Atomelektronen ein, so schreibt sich (1.2.10):

$$T = T_o + \frac{1}{\hbar} \mu_B \underset{\sim}{L} \cdot \underset{\sim}{B}_o + \frac{e^2 B_o^2}{8m} \sum_{i=1}^{p} (x_i^2 + y_i^2) \qquad (1.2.15)$$

$$\begin{aligned} \mu_B = \frac{e \cdot \hbar}{2m} &= 9.274 \cdot 10^{-24} \frac{J}{T} \\ &= 0.579 \cdot 10^{-14} \frac{eV}{T} \end{aligned} \qquad (1.2.16)$$

<u>"Bohrsches Magneton"</u>

Für das gesamte magnetische Bahndrehmoment der Atomelektronen gilt nach (1.1.22)

$$\underset{\sim}{m}_L = -\frac{1}{\hbar} \mu_B \underset{\sim}{L} \qquad (1.2.17)$$

d.h. magnetisches Moment und Drehimpuls sind stets antiparallel orientiert. Der Grund ist die negative Elektronenladung. Das Energieminimum findet man also bei Parallelstellung von Moment und Feld und damit bei Antiparallelstellung von Drehimpuls und Feld.

Bisher haben wir den Elektronenspin noch nicht berücksichtigt. Experimentell ist seine Existenz z.B. durch den Einstein-de Haas-Versuch gesichert. Seine strenge Begründung gelingt mit der Dirac-Theorie (s. Kap. (2.3)).

Mit dem Gesamtspin $\underset{\sim}{S}$ der Atomelektronen ist ebenfalls ein magnetisches Moment verknüpft:

$$\underset{\sim}{m}_s = -\frac{1}{\hbar}\mu_B g_e \underset{\sim}{S} \qquad (1.2.18)$$

Dabei ist

$$g_e = 2(1 + \frac{\alpha}{2\pi} + 0(\alpha^2)) \approx 2.0023 \qquad (1.2.19)$$

der Landé-Faktor des Elektrons und $\alpha \approx \frac{1}{137}$ die Sommerfeldsche Feinstrukturkonstante. Für unsere Zwecke hier reicht natürlich stets $g_e \approx 2$ aus. Die Wechselwirkung von $\underset{\sim}{m}_s$ mit dem Feld führt zu einem weiteren Energieterm:

$$H_s = g_e \frac{1}{\hbar}\mu_B \underset{\sim}{S}\cdot\underset{\sim}{B}_o \qquad (1.2.20)$$

Bezeichnen wir mit $\hat{H}_o$ den Hamiltonoperator bei abgeschaltetem Feld, so gilt für den Hamiltonoperator $\hat{H}$ des Ions im Feld:

$$\hat{H} = \hat{H}_o + \frac{\mu_B}{\hbar}(\underset{\sim}{L} + 2\underset{\sim}{S})\cdot\underset{\sim}{B}_o + \frac{e^2 B_o^2}{8m}\sum_{i=1}^{p}(x_i^2 + y_i^2) \qquad (1.2.21)$$

Damit läßt sich das magnetische Moment gemäß der Definition (1.2.4) ausrechnen. Der letzte Term entspricht dann offenbar einem durch das Feld induzierten Moment.

$$\underset{\sim}{m} = -\frac{\mu_B}{\hbar}(\underset{\sim}{L} + 2\underset{\sim}{S}) - \frac{e^2}{4m}\underset{\sim}{B}_o\sum_{i=1}^{p}(x_i^2 + y_i^2) \qquad (1.2.22)$$

- Dieses Ergebnis ist natürlich nur bei vollständiger Vernachlässigung der Spin-Bahn-Kopplung richtig. Nur dann lassen sich $\underset{\sim}{L}$ und $\underset{\sim}{S}$ eindeutig definieren (s. Kap. II).

Wir kommen nun zum Begriff der Magnetisierung. Nach (1.1.25) müssen wir dazu die Magnetisierungsstromdichte $\underset{\sim}{j}_m$ über einen Raumbereich $v(\underset{\sim}{r})$ mitteln, der makroskopisch zwar klein ist, aber dennoch eine sehr große Zahl von Ionen enthält. Das ist exakt das Grundproblem einer jeden Theorie des Magnetismus. Da die Bewegungen der Ladungsträger stark korreliert sind, handelt es sich um ein echtes Vielteilchenproblem, das in der Regel nur für Grenzfälle behandelbar ist, nämlich für

(a) streng lokalisierte Momente, bei denen die Ströme auf bestimmte Gitterzellen beschränkt sind ("lokalisierter Magnetismus"),

und für

(b) itinerante Momente, wie sie die quasifreien Leitungselektronen tragen ("Bandmagnetismus").

Es ist nicht immer ganz leicht, magnetische Materialien eindeutig einer dieser beiden Klassen zuzuordnen. Hinzu kommt, daß nicht einmal diese Grenzfälle vollständig verstanden sind.
Bei lokalisierten Momenten (a) gilt:

$$\underset{\sim}{M}(\underset{\sim}{r}) = \overline{\underset{\sim}{m} \cdot f(|\underset{\sim}{r} - \underset{\sim}{R}|)} = \frac{1}{v(\underset{\sim}{r})} \int_v d^3r' \, \underset{\sim}{m} \, f$$

$$= \frac{1}{v(\underset{\sim}{r})} \sum_{i=1}^{N(v(\underset{\sim}{r}))} \underset{\sim}{m}_i \int_{v_i} \underbrace{d^3r' \, f(|\underset{\sim}{r}' - \underset{\sim}{R}_i|)}_{=1}$$

Das ergibt die einfache Beziehung,

$$\underset{\sim}{M}(\underset{\sim}{r}) = \frac{1}{v(\underset{\sim}{r})} \sum_{i=1}^{N(v(\underset{\sim}{r}))} \underset{\sim}{m}_i \quad , \tag{1.2.23}$$

die sich bei gleichartigen Ionen noch weiter vereinfacht,

$$\underset{\sim}{M}(\underset{\sim}{r}) = n(\underset{\sim}{r}) \cdot \langle\underset{\sim}{m}\rangle \tag{1.2.24}$$

$n(\underset{\sim}{r}) = N(v(\underset{\sim}{r}))/v(\underset{\sim}{r})$ ist die Ionendichte, während <....> thermodynamische Mittelung bedeutet, in der Temperatur- und Feldabhängigkeiten stecken. Die Berechnung der Magnetisierung $\underset{\sim}{M}(\underset{\sim}{r})$ ist also unter den getroffenen Annahmen auf die thermodynamische Mittelung des Einzelionenmoments zurückgeführt.

(1.3) SUSZEPTIBILITÄT

Wir führen eine für den Magnetismus wichtige Größe ein, die falls bekannt, eine Fülle von Informationen liefert. Sie zählt zu den sog.

"response-Größen"

d.h. zu den Größen, die die Reaktion des Systems auf äußere Störungen beschreiben. Im Fall der magnetischen Suszeptibilität ist die Störung das äußere Magnetfeld $\underset{\sim}{H}$ und die Reaktion die Magnetisierung $\underset{\sim}{M}(\underset{\sim}{r}, t)$. - Wir wollen uns in diesem Abschnitt zunächst auf reine Definitionen beschränken.

Man unterscheidet "lineare Medien", bei denen die Reaktion direkt proportional zur Störung und die Suszeptibilität feldunabhängig sind, und

"nicht-lineare Medien", bei denen höhere Potenzen der Störung nicht vernachlässigbar sind, und die Suszeptibilität feldabhängig ist.

Jedes magnetische Material besitzt einen sog.

"linear-response"-Bereich

für hinreichend kleine äußere Störungen, in dem die höheren Potenzen der Störung noch keine Rolle spielen. Das ist bei den üblichen, realisierbaren Feldern in der Regel der Fall. Nicht-lineare Effekte sind z.B. Hystereseerscheinungen.

Mit Hilfe der Fourier-Transformierten der Magnetisierung und des Feldes,

$$\underset{\sim}{M}(\underset{\sim}{r}, t) = \frac{1}{2\pi V} \sum_{\underset{\sim}{q}} \int d\omega \; \underset{\sim}{M}(\underset{\sim}{q}, \omega) e^{i(\underset{\sim}{q} \cdot \underset{\sim}{r} - \omega t)} \tag{1.3.1}$$

$$\underset{\sim}{H}(\underset{\sim}{r}, t) = \frac{1}{2\pi V} \sum_{\underset{\sim}{q}} \int d\omega \; \underset{\sim}{H}(\underset{\sim}{q}, \omega) e^{i(\underset{\sim}{q} \cdot \underset{\sim}{r} - \omega t)}, \tag{1.3.2}$$

definiert man die

"verallgemeinerte Suszeptibilität" χ

$$M_\alpha(\underset{\sim}{q}, \omega) = \sum_{\underset{\sim}{k}} \int d\bar{\omega} \sum_{\beta} \chi_{\alpha\beta}(\underset{\sim}{q}, \underset{\sim}{k}; \omega, \bar{\omega}) \, H_\beta(\underset{\sim}{k}, \bar{\omega}) \qquad (1.3.3)$$

$$\alpha, \beta \in \{x, y, z\}$$

Das ist der allgemeinste Fall, d.h. $\underline{\chi}$ ist ein feld- und temperaturabhängiger Tensor. - Für die $(\underset{\sim}{r}, t)$-abhängigen Fouriertransformierten gilt dann:

$$\underset{\sim}{M}(\underset{\sim}{r}, t) = \iint d^3r' \, dt' \, \underline{\chi}(\underset{\sim}{r}, \underset{\sim}{r}'; t, t') \cdot \underset{\sim}{H}(\underset{\sim}{r}', t') \qquad (1.3.4)$$

$$\underline{\chi}(\underset{\sim}{r}, \underset{\sim}{r}'; t, t') = \frac{1}{2\pi V} \sum_{\underset{\sim}{k}, \underset{\sim}{q}} \iint d\omega \, d\bar{\omega} \, \underline{\chi}(\underset{\sim}{q}, \underset{\sim}{k}; \omega, \bar{\omega}) \cdot$$
$$\cdot \, e^{i\underset{\sim}{q}(\underset{\sim}{r}-\underset{\sim}{r}')} \, e^{-i\omega(t-t')} \, e^{i(\underset{\sim}{q}-\underset{\sim}{k})r'} \, e^{-i(\omega-\bar{\omega})t'} \qquad (1.3.5)$$

Unter gewissen Voraussetzungen vereinfacht sich dieser Ausdruck. Nimmt man z.B. Translationsinvarianz und ein stationäres Medium an, so kann $\underline{\chi}$ nur von den Abständen $(\underset{\sim}{r} - \underset{\sim}{r}')$ und $(t - t')$ abhängen. Das bedeutet:

$$\underline{\chi}(\underset{\sim}{q}, \underset{\sim}{k}; \omega, \bar{\omega}) = \underline{\chi}(\underset{\sim}{q}, \omega) \, \delta_{\underset{\sim}{k}\underset{\sim}{q}} \, \delta(\omega - \bar{\omega}) \qquad (1.3.6)$$

Das ist der Fall, mit dem wir es in der Regel zu tun haben werden:

$$\underset{\sim}{M}(\underset{\sim}{r}, t) = \iint d^3r' \, dt' \, \underline{\chi}(\underset{\sim}{r} - \underset{\sim}{r}', t - t') \, \underset{\sim}{H}(\underset{\sim}{r}', t') \qquad (1.3.7)$$

$$\underline{\chi}(\underset{\sim}{r} - \underset{\sim}{r}', t - t') = \frac{1}{2\pi V} \sum_{\underset{\sim}{q}} \int d\omega \, \underline{\chi}(\underset{\sim}{q}, \omega) \, e^{i(\underset{\sim}{q}(\underset{\sim}{r}-\underset{\sim}{r}') - \omega(t-t'))} \qquad (1.3.8)$$

$\underline{\chi}(\underset{\sim}{q}, \omega)$: <u>"dynamische Suszeptibilität"</u>

$\underline{\chi}(\underset{\sim}{q}) = \underline{\chi}(\underset{\sim}{q}, \omega = 0)$: <u>"statische Suszeptibilität"</u>

Setzt man weiter ein homogenes, statisches Feld voraus, $\underset{\sim}{H} \neq \underset{\sim}{H}(\underset{\sim}{r}, t)$, und ein homogenes magnetisierbares Medium, $\underset{\sim}{M} \neq \underset{\sim}{M}(\underset{\sim}{r}, t)$, dann bleibt noch:

$$\underset{\sim}{\chi} = \underset{\sim}{\chi}(\underset{\sim}{q} = 0,\ \omega = 0)$$

$$\chi_{\alpha\beta} = \left(\frac{\partial M_\alpha}{\partial H_\beta}\right)_T \qquad \alpha,\ \beta\ \varepsilon\ \{x,\ y,\ z\} \tag{1.3.9}$$

Man sieht, daß i.a. $\underset{\sim}{\chi}$ von T und $\underset{\sim}{H}$ abhängen wird

$$\chi_{\alpha\beta} = \chi_{\alpha\beta}(T,\ \underset{\sim}{H}) \tag{1.3.10}$$

Diese Größe eignet sich hervorragend zur Klassifikation der verschiedenen Erscheingungsformen der magnetischen Festkörper. Das soll im letzten Abschnitt dieses einführenden Kapitels demonstriert werden.

(1.4) EINTEILUNG DER MAGNETISCHEN STOFFE

Man kann die Erscheinungsformen des Magnetismus grob in drei große Klassen einteilen:

(a) Diamagnetismus

Dieser ist definiert durch:

$$\chi^{dia} < 0 \quad ; \quad \chi^{dia} = \text{const.} \qquad (1.4.1)$$

Es handelt sich praktisch um einen Induktionseffekt. Das äußere Feld $\underset{\sim}{H}$ induziert magnetische Dipole, die nach der Lenz'schen Regel dem erregenden Feld entgegengerichtet sind, so daß χ negativ wird.
Diamagnetismus ist eine Eigenschaft <u>aller</u> Stoffe. Man spricht von Diamagnetismus aber nur dann, wenn nicht noch zusätzlich Paramagnetismus (b) oder kollektiver Magnetismus (c) vorliegen, da diese den relativ schwachen Diamagnetismus überdecken.

Beispiele: fast alle organischen Substanzen
Edelmetalle wie Bi, Zn, Hg
Nichtmetalle wie S, J, Si
Supraleiter sind für $T < T_c$ ideale Diamagneten, d.h. $\chi^{dia} = -1$ (Meißner-Ochsenfeld-Effekt)

(b) Paramagnetismus

Typisch für diese Klasse ist

$$\chi^{para} > 0 \quad ; \quad \text{i.e. } \chi^{para} = \chi^{para}(T) \qquad (1.4.2)$$

Entscheidende Voraussetzung für Paramagnetismus ist die Existenz von permanenten magnetischen Dipolen, die von dem Feld H mehr oder weniger stark ausgerichtet werden, wobei die thermische Bewegung diese Ausrichtung behindert. Dabei kann es sich um

<u>(b,1) lokalisierte Momente</u>
handeln, die aus irgendeiner inneren, nur teilweise gefüllten Elektronenschale resultieren, z.B.

3d: Übergangsmetalle
4f: Seltene Erden
5f: Aktiniden

Das führt in der Regel zum sog. <u>Langevin-Paramagnetismus</u>,

$$\chi^{para} = \chi^{para}(T) \quad , \tag{1.4.3}$$

für den bei hohen Temperaturen das bekannte Curie-Gesetz,

$$\chi(T) = \frac{C}{T} \quad , \tag{1.4.4}$$

erfüllt ist. - Es kann sich bei den permanenten magnetischen Momenten aber auch um
<u>(b,2) itinerante Momente</u>
von quasifreien Leitungselektronen handeln, die bekanntlich ein permanentes Moment von einem Bohrschen Magneton ($1\mu_B$) tragen. Das führt zum
<u>Pauli-Paramagnetismus</u>,
wobei χ^{Pauli} in erster Näherung T-unabhängig ist (Grund: Pauli-Prinzip). Man kann den Unterschied zwischen den beiden Klassen (b,1) und (b,2) schematisch wie in der Skizze verdeutlichen, wobei allerdings i.a.

$$\chi^{Pauli} << \chi^{Langevin} \tag{1.4.5}$$

ist.

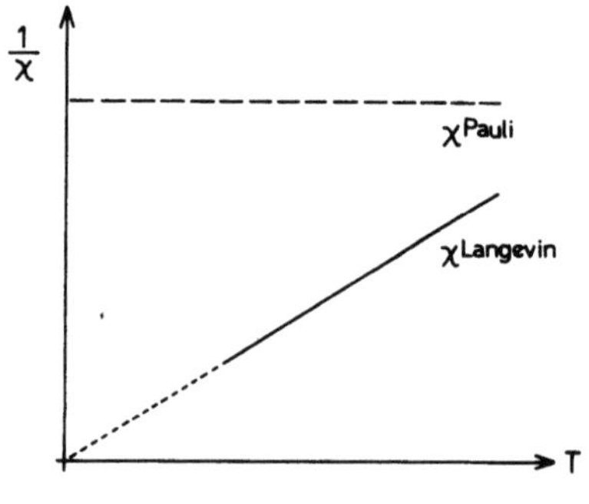

<u>Fig. 1.2</u>

(c) Kollektiver Magnetismus

Die Suszeptibilität ist hier eine i.a. komplizierte Funktion des Feldes und der Temperatur und häufig auch noch von der "Vorbehandlung" der Probe abhängig.

$$\chi^K = \chi^K \text{ (T, H, "Vorgeschichte")} \qquad (1.4.6)$$

Sie resultiert aus einer charakteristischen, nur quantenmechanisch erklärbaren "Austausch-Wechselwirkung" zwischen permanenten magnetischen Dipolen. Das führt zu einer kritischen Temperatur T^*, unterhalb der sich eine "spontane Magnetisierung" einstellt, d.h. eine spontane, nicht von außen erzwungene Ausrichtung der magnetischen Dipole. Die permanenten magnetischen Momente können wiederum

lokalisiert (Gd, EuO, Rb_2MnCl_4, ...)

oder aber auch

itinerant (Fe, Co, Ni, ...)

sein. Der kollektive Magnetismus läßt sich weiter in drei große Unterklassen gliedern.

(c,1) Ferromagnetismus

In diesem Fall heißt die kritische Temperatur T^*:

$$T^* = T_C \quad : \quad \text{Curie-Temperatur} \qquad (1.4.7)$$

Für Temperaturen $0 < T < T_C$ haben die permanenten Momente eine Vorzugsrichtung: (↖ ↗ ↑ ↖). Am absoluten Nullpunkt T = 0 sind alle Momente parallel ausgerichtet (↑↑↑↑↑).

(c,2) Ferrimagnetismus

Das Gitter zerfällt in diesem Fall in zwei ferromagnetische Untergitter A und B mit unterschiedlichen Magnetisierungen

$$\underset{\sim}{M}_A \neq \underset{\sim}{M}_B \qquad (\uparrow\downarrow\uparrow\downarrow\uparrow\downarrow\uparrow) \qquad (1.4.8)$$

wobei

$$\underset{\sim}{M} = \underset{\sim}{M}_A + \underset{\sim}{M}_B \neq 0 \qquad \text{für } T < T_C \qquad (1.4.9)$$

(c,3) Antiferromagnetismus

Die kritische Temperatur heißt nun:

$$T^* = T_N \quad : \quad \text{Neél-Temperatur} \qquad (1.4.10)$$

Es handelt sich um einen Spezialfall des Ferrimagnetismus:

$$T < T_N: |\underset{\sim}{M}_A| = |\underset{\sim}{M}_B| \neq 0 \quad , \quad \underset{\sim}{M}_A = -\underset{\sim}{M}_B \; (\uparrow\downarrow\uparrow\downarrow\uparrow\downarrow\uparrow) \qquad (1.4.11)$$

Die Gesamtmagnetisierung $\underset{\sim}{M} = \underset{\sim}{M}_A + \underset{\sim}{M}_B$ ist also stets Null.

Oberhalb der kritischen Temperatur T^* geht der kollektive Magnetismus in Paramagnetismus über mit charakteristischem Verhalten der inversen Suszeptibilität:

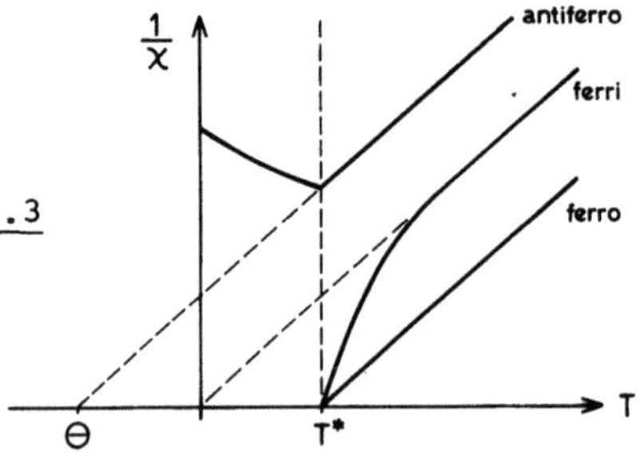

Fig. 1.3

θ ist die sog. "paramagnetische Curie-Temperatur".

Ergänzende Literatur

Jackson, J.D., "Classical Electrodynamics", John Wiley, 1975

White, R.M., "Quantum Theory of Magnetism", Springer, 1983

(II) Atomarer Magnetismus

Zusammenfassung

Wirkliches Verstehen des allgemeinen Magnetismus setzt fundiertes Wissen über atomaren Magnetismus voraus. Wir begründen über die relativistische Dirac-Gleichung den Elektronenspin und die Spin-Bahn-Wechselwirkung. Mit Hilfe des außerordentlich nützlichen Wigner-Eckart-Theorems werden wir das einzelne Atomelektron quantitativ beschreiben können, wenn dieses sich in einem kugelsymmetrischen Kernfeld und einem äußeren Magnetfeld befindet.
Die übliche Annahme des Kerns als positive Punktladung ist nur mit Einschränkung erlaubt. Entsprechende Korrekturen führen zu Hyperfein-Wechselwirkungstermen.
Während wir den Hamilton-Operator des Einelektronenatoms praktisch vollständig angeben können, erfordern die Mehrelektronenatome bereits erste Vereinfachungen.

(II) Atomarer Magnetismus

(2.1) Hundsche Regeln

Wir betrachten ein einzelnes Ion oder Atom, das neben vollständig gefüllten noch eine nur teilweise gefüllte Elektronenschale besitzt.

l = Bahndrehimpulsquantenzahl der nicht-gefüllten Schale

p = Zahl der e^- in dieser Schale ($p < 2(2l + 1)$)

Bei fehlenden Wechselwirkungen wäre der Grundzustand des Atoms (Ions) so hoch entartet, wie es der Zahl der möglichen Verteilungen von p Elektronen auf $2(2l + 1)$-Niveaus entspricht. Diese Entartung wird teilweise aufgehoben durch die Coulomb-Wechselwirkung H_C und die Spin-Bahn-Wechselwirkung H_{SB}.
Unter bestimmten Bedingungen an die relative Größe der beiden Wechselwirkungen, nämlich

$$H_C \gg H_{SB} \quad , \qquad (\text{"leichte" Kerne}) \tag{2.1.1}$$

gelten sehr einfache Regeln für das Auffinden der energetisch niedrigsten Energieterme. Diese wollen wir zunächst auflisten, eine genauere Abgrenzung gegenüber den anderen Fällen folgt dann in den nächsten Abschnitten.

(a) Russell-Saunders- (oder LS-)Kopplung

Diese liegt vor, wenn die Spin-Bahn-Wechselwirkung in erster Näherung vernachlässigbar ist. Der Hamilton-Operator läßt sich dann in guter Näherung schreiben als

$$H \approx \sum_{i=1}^{p} \left(\frac{p_i^2}{2m} + V(r_i)\right) + \frac{1}{2} \sum_{i,j}^{i \neq j} \frac{e^2}{4\pi\,\varepsilon_0\, r_{ij}} \tag{2.1.2}$$

$$r_{ij} = |\underset{\sim}{r}_i - \underset{\sim}{r}_j|$$

Dann vertauschen der Gesamtbahndrehimpuls $\underset{\sim}{L}$ und der Gesamtspin $\underset{\sim}{S}$,

$$\underset{\sim}{L} = \sum_{i=1}^{p} \underset{\sim}{l}_i \quad ; \quad \underset{\sim}{S} = \sum_{i=1}^{p} \underset{\sim}{s}_i \quad , \tag{2.1.3}$$

mit H:

$$[\underset{\sim}{S}, H]_- = 0 \quad ; \quad [\underset{\sim}{L}, H]_- = 0 \tag{2.1.4}$$

(2.1.4) gilt, da H einmal $\underset{\sim}{S}$ gar nicht enthält und zum anderen rotationsinvariant ist. Ferner gilt stets:

$$[\underset{\sim}{J}, H]_- = 0 \quad , \tag{2.1.5}$$

wobei $\underset{\sim}{J}$ der Gesamtdrehimpuls der Schale ist:

$$\underset{\sim}{J} = \underset{\sim}{L} + \underset{\sim}{S} \tag{2.1.6}$$

Physikalisch bedeutet dieses, daß

$$L = \sum_{i=1}^{p} m_l^{(i)} \quad , \quad S = \sum_{i=1}^{p} m_s^{(i)} \quad \text{und } J$$

"gute Quantenzahlen" sind. $m_l^{(i)}$, $m_s^{(i)}$ sind die magnetischen Quantenzahlen der Einzelelektronen. Anders ausgedrückt, es gibt einen simultanen Satz von Eigenzuständen für die Operatoren

$$H, \underset{\sim}{J}^2, J_z, \underset{\sim}{L}^2, L_z, \underset{\sim}{S}^2, S^z \quad ,$$

die durch die entsprechenden Quantenzahlen gekennzeichnet werden können:

$$|\ldots\rangle = |J, M_J; L, M_L; S, M_S\rangle \tag{2.1.7}$$

Dabei gilt z.B.:

$$J^2|..\rangle = \hbar^2 J(J+1)|..\rangle \quad ; \quad J_z|..\rangle = \hbar M_J|..\rangle$$

$$J = |L - S|, \ldots, L + S \quad ; \quad -J \leq M_J \leq +J \tag{2.1.8}$$

Ganz analog wirken die anderen Drehimpulsoperatoren. Für den Hamiltonoperator wird gelten:

$$H|..\rangle = E^{(0)}_{JLS}|..\rangle \qquad (2.1.9)$$

Die Energieeigenwerte werden von J, L, S abhängen, bei fehlendem Magnetfeld bzgl. M_J, M_L, M_S aber entartet sein.

(b) Hundsche Regeln für LS-Kopplung

Alle für geg. L und S möglichen Niveaus bilden ein sog. (LS-) Multiplett. Für das energetisch niedrigste gelten die folgenden Regeln:

(1) maximales S, so weit mit dem Pauli-Prinzip verträglich

$$S = \frac{1}{2}\{(2l + 1) - |2l + 1 - p|\} \qquad (2.1.10)$$

(2) maximales L, so weit mit dem Pauli-Prinzip und mit (1) verträglich

$$L = S \cdot |2l + 1 - p| \qquad (2.1.11)$$

Für magnetische Probleme ist nur das nach (1) und (2) gebildete Multiplett von Bedeutung. Alle anderen Multipletts, die also anderen (L, S)-Werten entsprechen, liegen i.a. energetisch wesentlich höher (> 1 eV, vgl. $k_B\, T_z \approx 1/40$ eV, $\mu_B\, B \lessapprox 10^{-2}$ eV).

Beschreibung:

L = 0, 1, 2, 3, ...

X = S, P, D, F, ...

$$\text{"Term"}: \; {}^{2S+1}X_J \qquad (2.1.12)$$

Jedes nach (1) und (2) konstruierte Multiplett enthält noch

$$\sum_{J=|L-S|}^{L+S} (2J + 1) = (2S + 1)(2L + 1) \qquad (2.1.13)$$

verschiedene Zustände. Häufig, jedoch nicht immer, sind von diesen wiederum nur die wichtig, die auch die dritte Hund'sche Regel befriedigen:

(3) $J = |L - S|$, falls Schale weniger als halbvoll
$p \leqq (2l + 1)$

$J = L + S$, falls Schale mehr als halbvoll
$p \geqq (2l + 1)$

$\Downarrow$

$$J = S \cdot |2l - p| \qquad (2.1.14)$$

Einen Spezialfall stellt die gefüllte Schale dar mit $p = 2(2l + 1)$. Da dann nämlich alle Drehimpulse verschwinden: $S = L = J = 0$. Daraus folgt andererseits, daß der Drehimpuls des gesamten Atoms mit dem der unvollständig gefüllten Schale identisch ist.

Beispiel: f-Schale (z.B. Seltene Erden: 4f)

p	m_l = 3	2	1	0	-1	-2	-3	S	L	J	Term
1	$\downarrow$							1/2	3	5/2	$^2F_{5/2}$
2	$\downarrow$	$\downarrow$						1	5	4	$^3H_4$
3	$\downarrow$	$\downarrow$	$\downarrow$					3/2	6	9/2	$^4I_{9/2}$
4	$\downarrow$	$\downarrow$	$\downarrow$	$\downarrow$				2	6	4	$^5I_4$
5	$\downarrow$	$\downarrow$	$\downarrow$	$\downarrow$	$\downarrow$			5/2	5	5/2	$^6H_{5/2}$
6	$\downarrow$	$\downarrow$	$\downarrow$	$\downarrow$	$\downarrow$	$\downarrow$		3	3	0	$^7F_0$
7	$\downarrow$	$\downarrow$	$\downarrow$	$\downarrow$	$\downarrow$	$\downarrow$	$\downarrow$	7/2	0	7/2	$^8S_{7/2}$
8	$\downarrow\uparrow$	$\downarrow$	$\downarrow$	$\downarrow$	$\downarrow$	$\downarrow$	$\downarrow$	3	3	6	$^7F_6$
9	$\downarrow\uparrow$	$\downarrow\uparrow$	$\downarrow$	$\downarrow$	$\downarrow$	$\downarrow$	$\downarrow$	5/2	5	15/2	$^6H_{15/2}$
10	$\downarrow\uparrow$	$\downarrow\uparrow$	$\downarrow\uparrow$	$\downarrow$	$\downarrow$	$\downarrow$	$\downarrow$	2	6	8	$^5I_8$
11	$\downarrow\uparrow$	$\downarrow\uparrow$	$\downarrow\uparrow$	$\downarrow\uparrow$	$\downarrow$	$\downarrow$	$\downarrow$	3/2	6	15/2	$^4I_{15/2}$
12	$\downarrow\uparrow$	$\downarrow\uparrow$	$\downarrow\uparrow$	$\downarrow\uparrow$	$\downarrow\uparrow$	$\downarrow$	$\downarrow$	1	5	6	$^3H_6$
13	$\downarrow\uparrow$	$\downarrow\uparrow$	$\downarrow\uparrow$	$\downarrow\uparrow$	$\downarrow\uparrow$	$\downarrow\uparrow$	$\downarrow$	1/2	3	7/2	$^2F_{7/2}$
14	$\downarrow\uparrow$	$\downarrow\uparrow$	$\downarrow\uparrow$	$\downarrow\uparrow$	$\downarrow\uparrow$	$\downarrow\uparrow$	$\downarrow\uparrow$	0	0	0	$^1S_0$

$\uparrow$ - Spin 1/2 , $\downarrow$ - Spin (- 1/2)

(2.2) Dirac-Gleichung

Wir wollen die bisherigen, einführenden Überlegungen nun etwas quantitativer diskutieren. Insbesondere wird es uns um eine strenge Begründung des Elektronenspins gehen. Ausgangspunkt dafür ist die Dirac-Gleichung, die aus einer Linearisierung der relativistischen Verallgemeinerung der Schrödinger-Gleichung resultiert.

Die Dirac-Gleichung beschreibt:

(1) Relativistische Elektronen
(2) Spin 1/2 der Elektronen
(3) Magnetisches Spinmoment
(4) Spin-Bahn-Kopplung

Die bisher ausgeklammerte Spin-Bahn-Kopplung ist also letztlich ein relativistischer Effekt. Die folgenden Betrachtungen beziehen sich auf <u>ein einzelnes Elektron</u>.

Das relativistische, klassische Energiegesetz für ein freies Teilchen lautet:

$$E^2 = c^2 \underset{\sim}{p}^2 + m^2 c^4 \qquad (2.2.1)$$

Dabei sind m die Ruhemasse, $\underset{\sim}{p} = \gamma m(v_x, v_y, v_z)$ der relativistische, mechanische Impuls mit $\gamma = (1 - v^2/c^2)^{-1/2}$ und c die Lichtgeschwindigkeit. Daraus erhält man die Wellengleichung nach der <u>Schrödinger'schen Korrespondenzregel</u>

$$E \to i\hbar \frac{\partial}{\partial t} \quad ; \quad \underset{\sim}{p} \to \frac{\hbar}{i} \underset{\sim}{\nabla} \quad , \qquad (2.2.2)$$

die in relativistisch kovarianter, vierdimensionaler Form sich kompakt schreiben läßt:

$$p_\mu \to i\hbar \, \partial_\mu \qquad (2.2.3)$$

Dabei sind

$$p_\mu = (\gamma m\, v_x,\ \gamma m\, v_y,\ \gamma m\, v_z,\ E/c)$$
$$= (\gamma m\, \underset{\sim}{v},\ E/c) \qquad (2.2.4)$$

der Viererimpuls und

$$\partial_\mu = (-\underset{\sim}{\nabla},\ \frac{1}{c}\frac{\partial}{\partial t}) \qquad (2.2.5)$$

der Vierergradient.

Damit erhalten wir die <u>"Klein-Gordon-Gleichung"</u> genannte, relativistische Verallgemeinerung der Schrödinger-Gleichung:

$$(\Delta - \frac{1}{c^2}\frac{\partial^2}{\partial t^2} - \frac{m^2\, c^2}{\hbar^2})\psi = 0 \qquad (2.2.6)$$

Mit (2.2.6) ergibt sich ein Problem: Diese Wellengleichung ist eine Differential-Gleichung zweiter Ordnung in der Zeit t. Die Lösung erfordert also Anfangsbedingungen für ψ und $\dot{\psi}$. Die nichtrelativistische Schrödinger-Gleichung ist aber bekanntlich linear. Man muß sich also fragen, ob die Berücksichtigung von relativistischen Effekten zu solchen drastischen Änderungen in der benötigten Ausgangsinformation führen kann.

Dirac's Idee bestand nun darin, die <u>Wellengleichung (2.2.6)</u> zu <u>linearisieren:</u>

$$(E - c\sum_i \alpha_i\, p_i - \beta\ mc^2)(E + c\sum_j \alpha_j\, p_j + \beta\ mc^2) = 0$$

$$(2.2.7)$$

$i,\ j \in \{x,\ y,\ z\}$

Diese Gleichung ist mit (2.2.1) identisch, falls die

Operatoren (!) α_i und β wie folgt gewählt werden:

$$\alpha_i \alpha_j + \alpha_j \alpha_i = 2\delta_{ij} \cdot 1 \tag{2.2.8}$$

$$\alpha_i \beta + \beta \alpha_i = 0 \tag{2.2.9}$$

$$\beta^2 = 1 \tag{2.2.10}$$

Ferner sollen die α's und β mit $\underset{\sim}{p}$ kommutieren. Jede Lösung der linearisierten Gleichungen

$$(E \mp c \sum_i \alpha_i p_i \mp \beta mc^2)\psi = 0 \tag{2.2.11}$$

ist dann auch Lösung der Klein-Gordon-Gleichung; die Umkehrung gilt natürlich nicht notwendig. Damit haben wir die <u>Dirac-Gleichung des freien Teilchens</u>:

$$\{i\hbar \frac{\partial}{\partial t} - c \underset{\sim}{\alpha} \cdot \underset{\sim}{p} - \beta mc^2\}\psi = 0 \tag{2.2.12}$$

Diese Form der Wellengleichung ist auch vom relativistischen Standpunkt befriedigend. Typisch für die spezielle Relativitätstheorie ist eine gewisse Gleichberechtigung von Raum- und Zeitkomponenten. Eine relativistische Wellengleichung sollte deshalb formal symmetrisch zwischen Raum- und Zeitkoordinaten sein, d.h., sie sollte auch bzgl. der Raumkoordinaten von erster Ordnung sein. Das ist hier offensichtlich der Fall!

<u>Die Dirac-Gleichung für das Elektron im elektromagnetischen Feld</u>

$$\{i\hbar \frac{\partial}{\partial t} - c \cdot \underset{\sim}{\alpha} \cdot (\underset{\sim}{p} + e \cdot \underset{\sim}{A}) - \beta mc^2 + e\varphi\}\psi = 0 \tag{2.2.13}$$

erhalten wir aus (2.2.12) durch die üblichen Substitutionen:

$$\underset{\sim}{p} \rightarrow \underset{\sim}{p} + e \cdot \underset{\sim}{A} \tag{2.2.14}$$

$$E \rightarrow E + e \cdot \varphi \tag{2.2.15}$$

In kovarianter Form lauten diese Substitutionen

$$p_\mu \rightarrow p_\mu + e \cdot A_\mu \tag{2.2.16}$$

Dabei ist A_μ das Viererpotential

$$A_\mu \equiv (\underset{\sim}{A}, \frac{1}{c}\varphi) \tag{2.2.17}$$

Die Bedingungen (2.2.8) bis (2.2.10) an die α's und β's sind nicht durch gewöhnliche c-Zahlen erfüllbar. Ganz ähnliche Beziehungen befolgen jedoch die Pauli'schen Spinmatrizen:

$$\underset{\sim}{\sigma} = (\sigma_x, \sigma_y, \sigma_z) \tag{2.2.18}$$

$$\sigma_x = \begin{pmatrix} 0 & 1 \\ 1 & 0 \end{pmatrix} ; \sigma_y = \begin{pmatrix} 0 & -i \\ i & 0 \end{pmatrix} ; \sigma_z = \begin{pmatrix} 1 & 0 \\ 0 & -1 \end{pmatrix} \tag{2.2.19}$$

Eine Lösung für (2.2.8) bis (2.2.10) ist mit 4 x 4 Matrizen möglich:

$$\underset{\sim}{\alpha} = \begin{pmatrix} 0 & \underset{\sim}{\sigma} \\ \underset{\sim}{\sigma} & 0 \end{pmatrix} ; \quad \beta = \begin{pmatrix} \mathbb{1} & 0 \\ 0 & -\mathbb{1} \end{pmatrix} \tag{2.2.20}$$

Damit muß dann natürlich auch die Wellenfunktion ψ ein vierkomponentiges Gebilde sein

$$\psi \equiv \begin{pmatrix} \psi_1 \\ \psi_2 \\ \psi_3 \\ \psi_4 \end{pmatrix} \tag{2.2.21}$$

Für den durch

$$i\hbar \frac{\partial}{\partial t} \psi = H_D^{(0)} \psi \tag{2.2.22}$$

definierten Dirac'schen Hamiltonoperator $H_D^{(0)}$ des freien Elektrons gilt nach (2.2.12):

$$H_D^{(0)} = c \underset{\sim}{\alpha} \cdot \underset{\sim}{p} + \beta \, mc^2 \tag{2.2.23}$$

In Matrixform schreibt sich $H_D^{(0)}$:

$$H_D^{(0)} \equiv \begin{pmatrix} m\,c^2 & 0 & c\,p_z & c(p_x - i\,p_y) \\ 0 & m\,c^2 & c(p_x + i\,p_y) & -\,c\,p_z \\ c\,p_z & c(p_x - i\,p_y) & -\,m\,c^2 & 0 \\ c(p_x + i\,p_y) & -\,c\,p_z & 0 & -\,m\,c^2 \end{pmatrix}$$

(2.2.24)

offensichtlich gilt

$$[H_D^{(0)}, \underset{\sim}{p}]_- = 0 \quad , \tag{2.2.25}$$

d.h., wir können die Eigenfunktionen von $H_D^{(0)}$ als Impulseigenfunktionen wählen. Das sind ebene Wellen, deren Ausbreitungsrichtung die z-Achse definieren möge:

$$\psi \equiv \hat{a} \cdot e^{i/\hbar(pz - Et)} \tag{2.2.26}$$

Dabei ist â ein Spinor mit vier vom Ort unabhängigen Komponeten a_i:

$$\hat{a} = \begin{pmatrix} a_1 \\ a_2 \\ a_3 \\ a_4 \end{pmatrix} \tag{2.2.27}$$

Es bleibt die Eigenwertgleichung

$$\begin{pmatrix} (m\,c^2 - E) & 0 & cp & 0 \\ 0 & (m\,c^2 - E) & 0 & -\,cp \\ cp & 0 & -(m\,c^2 + E) & 0 \\ 0 & -\,cp & 0 & -(m\,c^2 + E) \end{pmatrix} \begin{pmatrix} a_1 \\ a_2 \\ a_3 \\ a_4 \end{pmatrix} = 0 \tag{2.2.28}$$

zu lösen. Das Verschwinden der Koeffizientendeterminante führt zu den Energieeigenwerten:

$$E = \varepsilon\, E_p; \quad \varepsilon = \pm 1; \; E_p = \sqrt{c^2\;p^2 + m^2\;c^4} \tag{2.2.29}$$

Jeder Eigenwert ist zweifach entartet, d.h., es gibt zu jedem Eigenwert zwei linear unabhängige Eigenlösungen. Vernünftigerweise erhalten wir als Resultat wieder das relativistische Energiegesetz.

Für die nicht-normierten Spinore findet man leicht:

$\underline{\varepsilon = +1}$

$$\hat{a}_1^{(+)} \equiv \begin{pmatrix} 1 \\ 0 \\ \dfrac{c\;p}{E_p + mc^2} \\ 0 \end{pmatrix}; \quad \hat{a}_2^{(+)} \equiv \begin{pmatrix} 0 \\ 1 \\ 0 \\ -\dfrac{c\;p}{E_p + mc^2} \end{pmatrix} \tag{2.2.30}$$

$\underline{\varepsilon = -1}$

$$\hat{a}_1^{(-)} \equiv \begin{pmatrix} -\dfrac{c\;p}{E_p + mc^2} \\ 0 \\ 1 \\ 0 \end{pmatrix}; \quad \hat{a}_2^{(-)} \equiv \begin{pmatrix} 0 \\ \dfrac{c\;p}{E_p + mc^2} \\ 0 \\ 1 \end{pmatrix} \tag{2.2.31}$$

Die <u>allgemeine Lösung</u> wird dann eine Linearkombination sein:

$$\psi^{(\pm)} = (A_\pm \cdot \hat{a}_1^{(\pm)} + B_\pm \cdot \hat{a}_2^{(\pm)}) \exp(\frac{i}{\hbar} (pz - E \cdot t)) \tag{2.2.32}$$

Wir definieren nun den <u>Dirac-Spinoperator</u>

$$\hat{\underset{\sim}{S}} = \frac{\hbar}{2} \hat{\underset{\sim}{\sigma}} \quad ; \quad \hat{\underset{\sim}{\sigma}} = \begin{pmatrix} \underset{\sim}{\sigma} & 0 \\ 0 & \underset{\sim}{\sigma} \end{pmatrix} \tag{2.2.33}$$

$\hat{\sigma}$ ist die vierkomponentige relativistische Verallgemeinerung des Pauli-Spinoperators $\underset{\sim}{\sigma} = (\sigma_x, \sigma_y, \sigma_z)$. Speziell gilt:

$$\hat{\sigma}_z \equiv \begin{pmatrix} 1 & 0 & 0 & 0 \\ 0 & -1 & 0 & 0 \\ 0 & 0 & 1 & 0 \\ 0 & 0 & 0 & -1 \end{pmatrix} \tag{2.2.34}$$

Damit folgt dann unmittelbar:

$$\hat{S}_z \, \hat{a}_1^{(\pm)} = + \frac{\hbar}{2} \hat{a}_1^{(\pm)} \tag{2.2.35}$$

$$\hat{S}_z \, \hat{a}_2^{(\pm)} = - \frac{\hbar}{2} \hat{a}_2^{(\pm)} \tag{2.2.36}$$

Die vierkomponentigen Spinore $\hat{a}_{1,2}^{(\pm)}$ unterscheiden sich also durch eine "neue" Quantenzahl, die wir ab jetzt <u>"Spin"</u> nennen wollen:

$$\begin{aligned} \hat{a}_1^{(+)} &\Leftrightarrow (+ E_p, + \tfrac{\hbar}{2}) \\ \hat{a}_2^{(+)} &\Leftrightarrow (+ E_p, - \tfrac{\hbar}{2}) \\ \hat{a}_1^{(-)} &\Leftrightarrow (- E_p, + \tfrac{\hbar}{2}) \\ \hat{a}_2^{(-)} &\Leftrightarrow (- E_p, - \tfrac{\hbar}{2}) \end{aligned} \tag{2.2.37}$$

Die allgemeine Lösung $\psi^{(\pm)}$ ist <u>keine</u> Eigenfunktion von $\hat{S}_z$. $\hat{S}_z$ vertauscht <u>nicht</u> mit $H_D^{(0)}$.

(2.3) ELEKTRONENSPIN

Wir haben im letzten Abschnitt aus der Lösung der Dirac-Gleichung Hinweise auf eine neue Quantenzahl "Spin" erhalten. Daß es sich dabei tatsächlich um so etwas wie einen Drehimpuls handelt, wollen wir uns zunächst mehr oder weniqualitativ klarmachen.

Wir erweitern den Dirac-Hamilton-Operator $H_D^{(0)}$ (2.2.23) um ein Zentralpotential V(r):

$$H_D^{(v)} = c \; \underset{\sim}{\alpha} \cdot \underset{\sim}{p} + \beta \, m \, c^2 + V(r) \tag{2.3.1}$$

Nicht-relativistisch erwarten wir, daß in einem Zentralpotential der Bahndrehimpuls

$$\underset{\sim}{l} = \underset{\sim}{r} \times \underset{\sim}{p} \tag{2.3.2}$$

des Elektrons eine Konstante der Bewegung ist. Man findet jedoch

$$[\underset{\sim}{l}, H_D^{(v)}]_- \neq 0 \tag{2.3.3}$$

Wir rechnen als Beispiel (2.3.3) für die x-Komponente $l_x = y\, p_z - z\, p_y$ explizit aus. Die anderen Komponenten ergeben sich dann analog:

$$\begin{aligned} [l_x, H_D^{(v)}]_- &= c \cdot \sum_{i=1}^{3} [l_x, \alpha_i \, p_i]_- + mc^2 [l_x, \beta]_- + [l_x, V(r)]_- \\ &= c \sum_{i=1}^{3} \alpha_i ([y\, p_z, p_i]_- - [z\, p_y, p_i]_-) \\ &= c \cdot (\alpha_y \cdot [y, p_y]_- \, p_z - \alpha_z [z, p_z]_- \, p_y) \end{aligned}$$

Das ergibt schließlich:

$$[l_x, H_D^{(v)}]_- = i\hbar \, c \cdot (\alpha_y \, p_z - \alpha_z \, p_y) \tag{2.3.4}$$

Analog berechnen sich die anderen Komponenten:

$$[l_y, H_D^{(v)}]_- = i\hbar\, c(\alpha_z\, p_x - \alpha_x\, p_z) \qquad (2.3.5)$$

$$[l_z, H_D^{(v)}]_- = i\hbar\, c(\alpha_x\, p_y - \alpha_y\, p_x) \qquad (2.3.6)$$

Eine Theorie, die trotz Zentralkraft die Drehimpulserhaltung verletzt, ist sicher etwas unbefriedigend. Möglicherweise entspricht der Bahndrehimpuls $\underset{\sim}{l}$ nicht dem Gesamtdrehimpuls des Elektrons. Wir betrachten deshalb nun einmal den Dirac'schen Spinoperator (2.2.33),

$$\hat{\underset{\sim}{S}} = \frac{\hbar}{2}\,\hat{\underset{\sim}{\sigma}}$$

und zwar ebenfalls die x-Komponente:

$$\hat{S}_x = \frac{\hbar}{2}\begin{pmatrix}\sigma_x & 0\\ 0 & \sigma_x\end{pmatrix} = \frac{\hbar}{2}\begin{pmatrix}0 & 1 & 0 & 0\\ 1 & 0 & 0 & 0\\ 0 & 0 & 0 & 1\\ 0 & 0 & 1 & 0\end{pmatrix} \qquad (2.3.7)$$

Bei der Berechnung des Kommutators von $\hat{S}_x$ mit dem Dirac-Hamilton-Operator $H_D^{(v)}$ nutzen wir aus, daß $\hat{S}_x$ mit p_i vertauscht:

$$[\hat{S}_x, H_D^{(v)}]_- = c \sum_{i=1}^{3} [\hat{S}_x, \alpha_i]p_i + mc^2[\hat{S}_x, \beta]_- \qquad (2.3.8)$$

Mit β nach (2.2.20) findet man:

$$\hat{S}_x \cdot \beta = \frac{\hbar}{2}\begin{pmatrix}0 & 1 & 0 & 0\\ 1 & 0 & 0 & 0\\ 0 & 0 & 0 & -1\\ 0 & 0 & -1 & 0\end{pmatrix} = \beta \cdot \hat{S}_x$$

Der zweite Summand in (2.3.8) verschwindet also:

$$[S_x, \beta]_- = 0 \qquad (2.3.9)$$

Mit α_x, definiert in (2.2.20), findet man:

$$\hat{S}_x \cdot \alpha_x = \frac{\hbar}{2}\begin{pmatrix}0 & 0 & 1 & 0\\ 0 & 0 & 0 & 1\\ 1 & 0 & 0 & 0\\ 0 & 1 & 0 & 0\end{pmatrix} = \alpha_x \cdot \hat{S}_x$$

und damit für den Kommutator von $\hat{S}_x$ und α_x:

$$[\hat{S}_x, \alpha_x]_- = 0 \tag{2.3.10}$$

Von Null verschiedene Beiträge liefern nur die Kommutatoren von $\hat{S}_x$ mit α_y und α_z. Aus

$$\hat{S}_x \cdot \alpha_y = \frac{\hbar}{2}\begin{pmatrix} 0 & 0 & i & 0 \\ 0 & 0 & 0 & -i \\ i & 0 & 0 & 0 \\ 0 & -i & 0 & 0 \end{pmatrix} = - \alpha_y \hat{S}_x = +i \frac{\hbar}{2} \alpha_z$$

folgt:

$$[\hat{S}_x, \alpha_y]_- = + i\hbar \alpha_z \tag{2.3.11}$$

Aus

$$\hat{S}_x \cdot \alpha_z = \frac{\hbar}{2}\begin{pmatrix} 0 & 0 & 0 & -1 \\ 0 & 0 & 1 & 0 \\ 0 & -1 & 0 & 0 \\ 1 & 0 & 0 & 0 \end{pmatrix} = - \alpha_z \cdot \hat{S}_x = - i \frac{\hbar}{2} \alpha_y$$

ergibt sich schließlich noch:

$$[\hat{S}_x, \alpha_z]_- = - i\hbar \alpha_y \tag{2.3.12}$$

Insgesamt haben wir damit gefunden:

$$[\hat{S}_x, H_D^{(v)}]_- = i\hbar\, c(\alpha_z p_y - \alpha_y p_z) \tag{2.3.13}$$

Ganz analog berechnen sich die anderen Komponenten:

$$[\hat{S}_y, H_D^{(v)}]_- = i\hbar\, c(\alpha_x p_z - \alpha_z p_x) \tag{2.3.14}$$

$$[\hat{S}_z, H_D^{(v)}]_- = i\hbar\, c(\alpha_y p_x - \alpha_x p_y) \tag{2.3.15}$$

Weder $\hat{\underset{\sim}{S}}$ noch $\underset{\sim}{l}$ vertauschen mit dem Hamiltonoperator,

$$[\underset{\sim}{l}, H_D^{(v)}]_- = - [\hat{\underset{\sim}{S}}, H_D^{(v)}]_-$$

wohl aber die Summe aus Spin und Bahndrehimpuls:

$$[\underset{\sim}{l} + \hat{\underset{\sim}{S}}, H_D^{(v)}]_- = 0 \qquad (2.3.16)$$

Das legt die folgende Interpretation nahe:

$$\begin{aligned} \underset{\sim}{l} + \hat{\underset{\sim}{S}} &= \underset{\sim}{l} + \frac{\hbar}{2} \hat{\underset{\sim}{\sigma}} \quad - \quad \text{Gesamtdrehimpuls-Operator} \\ \hat{S} &= \frac{\hbar}{2} \hat{\sigma} \quad - \quad \text{Spinoperator} \end{aligned} \qquad (2.3.17)$$

Der aus der Dirac-Theorie ganz zwanglos folgende "Spin" ist also offensichtlich als Drehimpuls interpretierbar. Der Gesamtdrehimpuls $\underset{\sim}{l} + \hat{\underset{\sim}{S}}$ ist im Zentralfeld V(r) eine Erhaltungsgröße.

Wir kehren nun zum Problem des Dirac-Teilchen im elektromagnetischen Feld zurück. Der Hamiltonoperator lautet gemäß (2.2.13)

$$H_D = c \underset{\sim}{\alpha} \cdot (\underset{\sim}{P} + e \underset{\sim}{A}) + \beta mc^2 - e\varphi \qquad (2.3.18)$$

Das Feld könnte z.B. durch Kernladungen entstanden sein.
- Wir betrachten ab jetzt nur Lösungen zu positiven Energien (Elektronen!).

Es erweist sich als zweckmäßig, den vierkomponentigen Dirac-Spinor in 2 Komponenten zu zerlegen:

$$\Psi \equiv \begin{pmatrix} \psi_1 \\ \psi_2 \\ \psi_3 \\ \psi_4 \end{pmatrix} \equiv \begin{pmatrix} \psi_+ \\ 0 \end{pmatrix} + \begin{pmatrix} 0 \\ \psi \end{pmatrix} \qquad (2.3.19)$$

mit

$$\psi_+ = \begin{pmatrix} \psi_1 \\ \psi_2 \end{pmatrix} \quad ; \quad \psi_- = \begin{pmatrix} \psi_3 \\ \psi_4 \end{pmatrix} \tag{2.3.20}$$

Das ist zunächst nur eine andere Schreibweise, wobei die beiden Summanden jeweils nun Eigenzustände des Operators β sind mit den Eigenwerten ± 1:

$$\beta \begin{pmatrix} \psi_+ \\ 0 \end{pmatrix} = \begin{pmatrix} \psi \\ 0 \end{pmatrix} \quad ; \quad \beta \begin{pmatrix} 0 \\ \psi_- \end{pmatrix} = -\begin{pmatrix} 0 \\ \psi_- \end{pmatrix} \tag{2.3.21}$$

Das Motiv für diese Zerlegung macht man sich wie folgt klar: Das, was uns letztlich interessieren wird, ist der nicht-relativistische Grenzfall $v \ll c$ der Dirac-Theorie. In dieser Grenze unterscheidet sich der Energieeigenwert E_p des freien Teilchens nur wenig von der Ruheenergie mc^2. Die Differenz

$$\begin{aligned} T = E_p - mc^2 &= \sqrt{c^2\ p^2 + m^2\ c^4} - mc^2 \\ &= mc^2\ \left(1 + \frac{p^2}{m^2\ c^2}\right)^{1/2} - mc^2 \\ &\approx \frac{p^2}{2m} \end{aligned} \tag{2.3.22}$$

ist dann gerade der bekannte Ausdruck für die kinetische Energie. In der Lösung für das freie Dirac-Teilchen können wir dann die relativen Größen der einzelnen Komponenten der beiden Spinore $\hat{a}^{(+)}_{1,2}$ (2.2.30) abschätzen:

$$\begin{aligned} \left(\frac{a^{(+)}_{13}}{a^{(+)}_{11}}\right)^2 = \left(\frac{a^{(+)}_{24}}{a^{(+)}_{22}}\right)^2 &= \frac{cp^2}{(E_p + mc^2)^2} \\ &= \frac{E_p^2 - (mc^2)^2}{(E_p + mc^2)^2} \\ &= \frac{E_p - mc^2}{E_p + mc^2} \\ &= \frac{T}{T + 2mc^2} = 0\left(\frac{v^2}{c^2}\right) \ll 1 \end{aligned} \tag{2.3.23}$$

Die beiden Spinorkomponenten $a_{13}^{(+)}$ und $a_{24}^{(+)}$ werden also in der nichtrelativistischen Grenze vernachlässigbar klein. An diesen Größenordnungen wird sich auch nach Einschalten eines "normalen" elektromagnetischen Feldes nichts ändern. Andererseits legen die $a_{13}^{(+)}$, $a_{24}^{(+)}$ dann die entsprechenden Komponenten ψ_- fest. In der Grenze $v \ll c$ werden also zwischen ψ_- und ψ_+ Größenordnungsunterschiede bestehen. Das ist letztlich das Motiv für die obige Zerlegung, denn damit wird die Dirac-Theorie in der nichtrelativistischen Grenze zu einer Zweikomponententheorie <u>(Pauli-Theorie)</u> äquivalent.

Mit H_D aus (2.3.18) und $\underset{\sim}{\alpha}$, β aus (2.2.20) können wir die Dirac-Gleichung wie folgt schreiben:

$$H_D\begin{pmatrix}\psi_+\\ \psi_-\end{pmatrix} = c(\underset{\sim}{p} + e\underset{\sim}{A}) \cdot \begin{pmatrix}\underset{\sim}{\sigma}\,\psi_-\\ \underset{\sim}{\sigma}\,\psi_+\end{pmatrix} + $$

$$+ mc^2\begin{pmatrix}\psi_+\\ -\psi_-\end{pmatrix} - e\varphi\begin{pmatrix}\psi_+\\ \psi_-\end{pmatrix} \overset{!}{=} E\begin{pmatrix}\psi_+\\ \psi_-\end{pmatrix}$$

Wir haben damit folgendes Gleichungssystem zu lösen:

$$(E - mc^2 + e\varphi)\,\psi_+ = c(\underset{\sim}{p} + e\underset{\sim}{A}) \cdot \underset{\sim}{\sigma}\,\psi_- \qquad (2.3.24)$$

$$(E + mc^2 + e\varphi)\,\psi_- = c(\underset{\sim}{p} + e\underset{\sim}{A}) \cdot \underset{\sim}{\sigma}\,\psi_+ \qquad (2.3.25)$$

Aus der zweiten Gleichung folgt

$$\psi_- = (E + mc^2 + e\varphi)^{-1}\, c(\underset{\sim}{p} + e\underset{\sim}{A}) \cdot \underset{\sim}{\sigma}\,\psi_+ \qquad (2.3.26)$$

Daran werden noch einmal die Größenordnungen klar:

$$\psi_- \approx \frac{"v"}{c} \cdot \psi_+$$

"kleine" , "große" Komponente

Im Rahmen der <u>Pauli-Theorie</u>, die den nicht-relativistischen

Grenzfall der Dirac-Theorie darstellt, d.h.

$$(E - mc^2), \; e\varphi, \; \frac{1}{2m} (\underset{\sim}{p} + e \underset{\sim}{A})^2 \ll mc^2 \quad , \qquad (2.3.27)$$

gilt also bis auf einen Fehler der Größenordnung $\mathcal{O}(v^2/c^2)$:

$$\psi_- \approx \frac{1}{2mc} (\underset{\sim}{p} + e \underset{\sim}{A}) \cdot \underset{\sim}{\sigma} \, \psi_+ \qquad (2.3.28)$$

Das Gleichungssystem (2.3.24) und (2.3.25) läßt sich dann mit einem entsprechenden Fehler als Eigenwertgleichung für ψ_+ schreiben:

$$H_p \, \psi_+ = (E - mc^2) \, \psi_+ \qquad (2.3.29)$$

$$H_p = \frac{1}{2m} \{(\underset{\sim}{p} + e \underset{\sim}{A}) \cdot \underset{\sim}{\sigma}\}\{(\underset{\sim}{p} + e \underset{\sim}{A}) \cdot \underset{\sim}{\sigma}\} - e\varphi \qquad (2.3.30)$$

Der Pauli-Hamilton-Operator H_p ist damit eine (2 x 2)-Matrix.

Mit der Identität

$$(\underset{\sim}{a} \cdot \underset{\sim}{\sigma})(\underset{\sim}{b} \cdot \underset{\sim}{\sigma}) = (\underset{\sim}{a} \cdot \underset{\sim}{b}) \, \mathbb{1} + i(\underset{\sim}{a} \times \underset{\sim}{b}) \cdot \underset{\sim}{\sigma} \qquad (2.3.31)$$

können wir H_p noch etwas umformen. Dazu benötigen wir:

$$\begin{aligned} &(\underset{\sim}{p} + e \underset{\sim}{A}) \times (\underset{\sim}{p} + e \underset{\sim}{A})\psi \\ &\qquad = (\underset{\sim}{p} \times \underset{\sim}{p} + e^2 \underset{\sim}{A} \times \underset{\sim}{A})\psi + e(\underset{\sim}{A} \times \underset{\sim}{p} + \underset{\sim}{p} \times \underset{\sim}{A})\psi \\ &\qquad = e \frac{\hbar}{i} (\underset{\sim}{A} \times \nabla\psi + \nabla \times (\underset{\sim}{A}\psi)) \\ &\qquad = e \frac{\hbar}{i} (\mathrm{rot} \, \underset{\sim}{A})\psi \end{aligned}$$

Mit $\mathrm{rot} \, \underset{\sim}{A} = \underset{\sim}{B}_0$ und $\underset{\sim}{S} = \frac{\hbar}{2} \underset{\sim}{\sigma}$ haben wir dann:

$$H_p = \frac{1}{2m} (\underset{\sim}{p} + e \underset{\sim}{A})^2 + 2 \frac{\mu_B}{\hbar} (\underset{\sim}{S} \cdot \underset{\sim}{B}_0) - e\varphi \qquad (2.3.32)$$

Das ist der Hamiltonoperator eines Teilchens mit der Masse m, der Ladung (-e) und dem magnetischen Eigenmoment:

$$\underset{\sim}{\hat{m}}_s = - 2 \frac{\mu_B}{\hbar} \underset{\sim}{S} \qquad (2.3.33)$$

Wir können die wichtigen Ergebnisse dieses Abschnitts wie folgt zusammenfassen:

(1) $\underset{\sim}{S} = \frac{\hbar}{2} \underset{\sim}{\sigma}$ endgültig als Drehimpuls klassifiziert, Name: "Spin", Eigenwerte: $\pm \frac{\hbar}{2}$

(2) magnetisches Moment des Elektrons gedeutet, Landé-Faktor $g_e = 2$

(2.4) SPIN-BAHN-KOPPLUNG

Die Spin-Bahn-Kopplung ist ein relativistischer Effekt und muß als solcher aus der Dirac-Theorie abgeleitet werden. Das wird weiter unten so durchgeführt. Das Wesentliche erkennt man jedoch bereits an einer einfachen "physikalischen" Abschätzung, die wir deshalb der exakten Ableitung vorausschicken wollen. Das Elektron bewegt sich im Ruhesystem des positiv geladenen Kerns, der ein elektrostatisches Feld

$$\underset{\sim}{E} = - \nabla\varphi \tag{2.4.1}$$

bewirkt. Da sich das Elektron relativ zum Kern bewegt, "sieht" es ein Magnetfeld $\underset{\sim}{\overline{B}}$, für das nach den Regeln der relativistischen Elektrodynamik gilt:

$$\underset{\sim}{\overline{B}} = \gamma(\underset{\sim}{B} - \frac{1}{c} \underset{\sim}{\beta} \times \underset{\sim}{E}) - \frac{\gamma^2}{\gamma + 1} \underset{\sim}{\beta}(\underset{\sim}{\beta} \cdot \underset{\sim}{B}) \quad (\underset{\sim}{\beta} = \frac{1}{c} \underset{\sim}{v}) \tag{2.4.2}$$

Dabei sind $\underset{\sim}{E}$, $\underset{\sim}{B}$ die Felder im Ruhesystem des Kerns ($\underset{\sim}{B} = 0$) und $\underset{\sim}{\overline{E}}$, $\underset{\sim}{\overline{B}}$ die Felder im Ruhesystem des Elektrons. Wegen $v \ll c$ ist $\gamma \approx 1$ und damit:

$$\underset{\sim}{\overline{B}} \approx - \frac{1}{c^2} \underset{\sim}{v} \times \underset{\sim}{E} \tag{2.4.3}$$

Postulieren wir die Existenz des Spinmoments, so bewirkt dieses Feld $\underset{\sim}{\overline{B}}$ einen Zusatzterm im Hamiltonoperator des Elektrons:

$$\overline{H}_{SB} = 2 \times \frac{\mu_B}{\hbar} \underset{\sim}{\overline{B}} \cdot \underset{\sim}{S} = \frac{e}{mc^2} (\underset{\sim}{E} \times \underset{\sim}{v}) \cdot \underset{\sim}{S} \tag{2.4.4}$$

Geht man von einem kugelsymmetrischen Kernpotential aus,

$$\underset{\sim}{E} = - \frac{\underset{\sim}{r}}{r} \frac{d\varphi}{dr} \tag{2.4.5}$$

so folgt mit $\underset{\sim}{l} = \underset{\sim}{r} \times \underset{\sim}{p} = m \underset{\sim}{r} \times \underset{\sim}{v}$:

$$\overline{H}_{SB} = - \frac{e}{m^2 c^2} (\frac{1}{r} \frac{d\varphi}{dr}) (\underset{\sim}{l} \cdot \underset{\sim}{s}) \tag{2.4.6}$$

Dieser Zusatzterm beschreibt in anschaulicher Weise die Kopplung des Elektronenspins an die Bahnbewegung im Kernfeld. Es erweist sich jedoch, daß $\bar{H}_{SB}$ um einen Faktor 2 zu groß ist.

Für die strenge Herleitung der Spin-Bahn-Wechselwirkung benutzen wir wie in Kap. (2.3) den <u>nicht-relativistischen Grenzfall der Dirac-Theorie</u>, wobei wir die Approximation nun allerdings einen Schritt weitertreiben müssen als im letzten Abschnitt. Bei der Diskussion des magnetischen Spinmoments haben wir Terme der Größenordnung $\mathcal{O}(v^2/c^2)$ bereits vernachlässigt. Die Idee war dabei in der Grenze $(v \ll c)$ die "kleine" Komponente ψ_- zu eliminieren, um damit von der 4-Komponenten- zu einer 2-Komponenten-Theorie zu kommen, wie in der nicht-relativistischen Physik üblich. Bei der Vernachlässigung von ψ_- machen wir möglicherweise in der Normierung der Wellenfunktion einen Fehler, was wir jetzt etwas sorgfältiger beobachten wollen.

$$\psi = \begin{pmatrix} \psi_+ \\ \psi_- \end{pmatrix} \Rightarrow \psi^* \psi = \psi_+^* \psi_+ + \psi_-^* \psi_- \qquad (2.4.7)$$

Beim Übergang zur Zweikomponententheorie soll die Normierung erhalten bleiben. Wir starten deshalb mit dem folgenden Ansatz:

$$\psi_+ = N \cdot \chi \qquad (2.4.8)$$

Der Normierungsfaktor N wird so festgelegt, daß

$$\psi^* \psi \stackrel{!}{=} \chi^* \chi = N^2 \chi^* \chi + \psi_-^* \psi_- \qquad (2.4.9)$$

χ ist nun die "neue" Wellenfunktion der Zweikomponententheorie. Das Elektron bewege sich in dem durch den Kern hervorgerufenen $\underset{\sim}{E}$-Feld $(\underset{\sim}{B}_0 = 0)$. Dann gilt nach (2.3.25)

$$\psi_- = \frac{c}{E + mc^2 + e\varphi} (\underset{\sim}{p} \cdot \underset{\sim}{\sigma}) \psi_+ \qquad (2.4.10)$$

Die in der nicht-relativistischen Grenze "kleine" Größe

ist nicht E, sondern

$$T = E - mc^2 \tag{2.4.11}$$

Wir substituieren entsprechend in (2.4.10) und entwickeln dann nach Potenzen von v/c:

$$\psi_- = \frac{1}{2mc}\left(1 + \frac{T + e\varphi}{2m\,c^2}\right)^{-1} (\underset{\sim}{p} \cdot \underset{\sim}{\sigma})\psi_+$$

$$= \frac{1}{2mc}\left(1 - \frac{T + e\varphi}{2m\,c^2} + \mathcal{O}(v^4/c^4)\right)(\underset{\sim}{p} \cdot \underset{\sim}{\sigma})N \cdot \chi \tag{2.4.12}$$

Dieses wird in die Normierungsbedingung (2.4.9) eingesetzt:

$$\chi^* \chi = N^2 \chi^* \chi \cdot \left(1 + \frac{1}{4m^2\,c^2}(\underset{\sim}{p} \cdot \underset{\sim}{\sigma})^2 + \mathcal{O}(v^4/c^4)\right) \tag{2.4.13}$$

Das Skalarprodukt wird mit der Vektorbeziehung (2.3.31) ausgewertet,

$$(\underset{\sim}{p} \cdot \underset{\sim}{\sigma})^2 = \underset{\sim}{p}^2 + i(\underset{\sim}{p} \times \underset{\sim}{p}) \cdot \underset{\sim}{\sigma} = \underset{\sim}{p}^2 \quad ,$$

und liefert dann den Normierungsfaktor N:

$$N = \left(1 + \frac{p^2}{4m^2\,c^2} + \mathcal{O}(v^4/c^4)\right)^{-1/2} = \left(1 - \frac{p^2}{8m^2\,c^2} + \mathcal{O}(v^4/c^4)\right) \tag{2.4.14}$$

Wir haben damit das folgende Zwischenergebnis für ψ_+:

$$\psi_+ \approx \left(1 - \frac{p^2}{8m^2\,c^2}\right)\chi \tag{2.4.15}$$

Das wird in (2.4.10) eingesetzt:

$$\psi_- \approx \frac{1}{2mc}\left(1 - \frac{T + e\varphi}{2m\,c^2}\right)(\underset{\sim}{p} \cdot \underset{\sim}{\sigma})\left(1 - \frac{p^2}{8m^2\,c^2}\right)\chi$$

und liefert schließlich

$$\psi_- \approx \frac{1}{2mc}\left((\underset{\sim}{p} \cdot \underset{\sim}{\sigma}) - (\underset{\sim}{p} \cdot \underset{\sim}{\sigma})\frac{p^2}{8m^2\,c^2} - \frac{T + e\varphi}{2m\,c^2}(\underset{\sim}{p} \cdot \underset{\sim}{\sigma})\right)\chi \tag{2.4.16}$$

Gegenüber der Abschätzung in Kap. (2.3) sind nun die beiden letzten Terme neu hinzugekommen. Dieser Ausdruck für ψ_- wird nun in die noch exakt gültige Gleichung (2.3.24) eingesetzt:

$$(T + e\varphi)\psi_+ = c(\underset{\sim}{p} \cdot \underset{\sim}{\sigma})\psi_- \quad , \qquad (2.4.17)$$

wodurch dann endgültig aus der vier- eine zweikomponentige Theorie geworden ist. Mit (2.4.15) und (2.4.16) erhalten wird dann eine Eigenwertgleichung für χ:

$$(T + e\varphi) \cdot (1 - \frac{p^2}{8m^2 c^2})\chi \approx \frac{1}{2m} \{(\underset{\sim}{p} \cdot \underset{\sim}{\sigma})^2 (1 - \frac{p^2}{8m^2 c^2})$$
$$- (\underset{\sim}{p} \cdot \underset{\sim}{\sigma}) \frac{T + e\varphi}{2m\, c^2} (\underset{\sim}{p} \cdot \underset{\sim}{\sigma})\}\chi \qquad (2.4.18)$$

Wir entwickeln auch $T + e\varphi$ nach Potenzen von v/c:

$$T + e\varphi = \sqrt{c^2\, p^2 + m^2\, c^4} - mc^2$$
$$= mc^2 \{(1 + \frac{p^2}{m^2\, c^2})^{1/2} - 1\}$$
$$= mc^2 \{1 + \frac{p^2}{2m^2\, c^2} - \frac{1}{8}\frac{p^4}{m^4\, c^4} - 1 + \mathcal{O}(v^6/c^6)\}$$
$$\approx \frac{p^2}{2m} - \frac{p^4}{8m^3\, c^2} \qquad (2.4.19)$$

Damit vereinfacht sich unsere Eigenwertgleichung für χ:

$$(T + e\varphi)\chi \approx \{\frac{p^2}{2m} - (\underset{\sim}{p} \cdot \underset{\sim}{\sigma}) \frac{T + e\varphi}{4m^2\, c^2} (\underset{\sim}{p} \cdot \underset{\sim}{\sigma})\}\chi \qquad (2.4.20)$$

Wir haben bei der weiteren Auswertung zu bedenken, daß $\varphi = \varphi(r)$ und $\underset{\sim}{p}$ nicht miteinander kommutieren. T wird dagegen als Energieeigenwert (s. (2.4.22)) und damit als c-Zahl aufgefaßt:

$$(\underset{\sim}{p} \cdot \underset{\sim}{\sigma}) \frac{T + e\varphi}{4m^2\, c^2} (\underset{\sim}{p} \cdot \underset{\sim}{\sigma})$$
$$= \frac{T + e\varphi}{4m^2\, c^2}\, p^2 + \frac{\hbar}{i} \frac{e}{4m^2\, c^2} (\underset{\sim}{\nabla}\varphi \cdot \underset{\sim}{\sigma})(\underset{\sim}{p} \cdot \underset{\sim}{\sigma})$$

$$\approx \frac{p^4}{8m^3 c^2} + \frac{\hbar}{i} \frac{e}{4m^2 c^2} \{(\nabla\varphi \cdot p) + i (\nabla\varphi \times p) \cdot \sigma\}$$

Der letzte Schritt benutzte wieder die Vektoridentität (2.3.31). Wir definieren einen Operator, den wir weiter unter als Spin-Bahn-Wechselwirkung interpretieren werden,

$$H_{SB} = \frac{-e}{2m^2 c^2} \cdot \{(\nabla\varphi \times p) \cdot S\} \tag{2.4.21}$$

und haben dann die folgende Eigenwertgleichung für χ:

$$\tilde{H}\chi = T\chi \tag{2.4.22}$$

mit

$$\tilde{H} = \frac{p^2}{2m} - \frac{p^4}{8m^3 c^2} - e\varphi + \frac{i\hbar e}{4m^2 c^2} (\nabla\varphi \cdot p) + H_{SB} \tag{2.4.23}$$

Die einzelnen Terme haben die folgende Bedeutung:

$\frac{p^2}{2m}$: nicht-relativistische kinetische Energie des Elektrons

$-\frac{p^4}{8m^3 c^2}$: erste relativistische Korrektur zur kinetischen Energie

$-e\varphi$: potentielle Energie des Elektrons im Coulomb-Feld des Kerns, z.B.

$$4\pi \varepsilon_o \varphi(r) = \frac{Z^* e}{r} \tag{2.4.24}$$

Z^* = effektive Kernladungszahl

$\frac{e\hbar^2}{4m^2 c^2}(\nabla\varphi \cdot \nabla)$: "Darwin-Term", relativistische Korrektur der potentiellen Energie des Elektrons ohne klassisches Analogon.

H_{SB}: Spin-Bahn-Wechselwirkung

Sie unterscheidet sich von dem "phänomenologischen" Resultat $\overline{H}_{SB}$ (2.4. 4) gerade um einen Faktor 1/2:

$$H_{SB} = \frac{1}{2}\,\overline{H}_{SB} \qquad (2.4.25)$$

H_{SB} läßt sich für ein kugelsymmetrisches Potential $\varphi(\underset{\sim}{r})$, d.h.

$$\nabla\varphi(\underset{\sim}{r}) = \frac{\underset{\sim}{r}}{r}\frac{d\varphi}{dr} \quad ,$$

weiter umformen,

$$H_{SB} = -\frac{e}{2m^2c^2}\left(\frac{1}{r}\frac{d\varphi}{dr}\right)(\underset{\sim}{l}\cdot\underset{\sim}{s}) \qquad (2.4.26)$$

oder mit dem einfachen Ausdruck (2.4.24) für $\varphi(r)$:

$$H_{SB} = \lambda\cdot(\underset{\sim}{l}\cdot\underset{\sim}{s})$$

$$\lambda = \frac{1}{8\pi\,\varepsilon_o\,m^2\,c^2}\cdot\frac{Z^*\,e^2}{r^3} \qquad (2.4.27)$$

H_{SB} nimmt also sehr rasch mit dem Kernabstand r ab.

Wir diskutieren einige Folgen der Spin-Bahn-Kopplung:

(1) H_{SB} ist die Ursache, warum selbst bei abgeschaltetem äußeren Magnetfeld ($\underset{\sim}{B}_o = 0$) $\underset{\sim}{l}$ und $\underset{\sim}{s}$ nicht mehr mit H_D vertauschen (s. Kap. (2.3)). Man rechnet nämlich leicht nach, daß

$$[\underset{\sim}{l}\cdot\underset{\sim}{s},\,\underset{\sim}{l}]_- = i\hbar(\underset{\sim}{l}\times\underset{\sim}{s}) = -[\underset{\sim}{l}\cdot\underset{\sim}{s},\,\underset{\sim}{s}] \qquad (2.4.28)$$

Andererseits gilt

$$[\underset{\sim}{l}\cdot\underset{\sim}{s},\,\underset{\sim}{j}]_- = 0 \quad ; \quad \underset{\sim}{j} = \underset{\sim}{l} + \underset{\sim}{s} \qquad (2.4.29)$$

und außerdem

$$[\underset{\sim}{l}\cdot\underset{\sim}{s},\,\underset{\sim}{j}^2]_- = [\underset{\sim}{l}\cdot\underset{\sim}{s},\,\underset{\sim}{l}^2]_- = [\underset{\sim}{l}\cdot\underset{\sim}{s},\,\underset{\sim}{s}^2]_- = 0 \qquad (2.4.30)$$

Das bedeutet, daß sich die Energieeigenzustände durch die Quantenzahlen j, m_j, l, s klassifizieren lassen werden, ("gute" Quantenzahlen), nicht jedoch durch m_l und m_s. H_{SB} koppelt ("hybridisiert") also Zustände mit unterschiedlichem m_l, m_s.

(2) H_{SB} hebt die Entartung des LS-Multipletts (hier Dublett, da Betrachtungen nur für <u>ein</u> Elektron gelten: j = l ± 1/2) teilweise auf. Wegen

$$\underset{\sim}{j} = \underset{\sim}{l} + \underset{\sim}{s} \curvearrowright 2(\underset{\sim}{l} \cdot \underset{\sim}{s}) = \underset{\sim}{j}^2 - \underset{\sim}{l}^2 - \underset{\sim}{s}^2$$

führt H_{SB} zu einer <u>"Feinstruktur der Energieterme"</u>

$$E^{(0)}_{nlj} = E^{(0)}_{nl} + \frac{1}{2}\lambda_{nl} \cdot \hbar^2 \cdot \{j(j+1) - l(l+1) - s(s+1)\} \tag{2.4.31}$$

Dabei sind n die Hauptquantenzahl und $E^{(0)}_{nl}$ die Energie bei "ausgeschalteter" Spin-Bahn-Wechselwirkung. Für die Spin-Bahn-Kopplungskonstante λ_{nl} gilt nach (2.4.26)

$$\lambda_{nl} = -\frac{e}{2m^2c^2} \cdot \langle nls|\frac{1}{r}\frac{d\varphi}{dr}|nls\rangle \tag{2.4.32}$$

Die Terme j = l ± 1/2 haben also aufgrund der Spin-Bahn-Wechselwirkung bei l ≠ 0 unterschiedliche Energien. Es bleibt noch die (2j + 1)-fache Entartung bzgl. m_j.

(2.5) WIGNER-ECKART-THEOREM

Nachdem wir über die Dirac-Gleichung die Existenz des Spinmoments (Kap. 2.3) und das Auftreten der Spin-Bahn-Kopplung (Kap. 2.4) erklären konnten, wird uns nun das Verhalten des Elektrons im Kernfeld plus äußerem Magnetfeld interessieren, d.h., wir fragen uns, welche Energieniveaus dem betrachteten Elektron in diesen beiden Feldern zur Verfügung stehen. Das ist ein durchaus nicht-triviales Problem. Wir diskutieren dazu zunächst das sog. "Wigner-Eckart-Theorem", das auf den ersten Blick sehr speziell aussieht, sich aber gerade im Zusammenhang mit magnetischen Problemen dieser Art als außerordentlich nützlich erweist. Zur Formulierung und späteren Anwendung des Theorems sind einige vorbereitende Überlegungen angebracht:

(a) Drehung:

$\Sigma, \bar{\Sigma}$ seien gegeneinander verdrehte Koordinatensysteme mit gleichem Ursprung. Ihre Achsen seien durch die Einheitsvektoren

$$\underset{\sim}{e}_i, \; \bar{\underset{\sim}{e}}_i \qquad ; \qquad i = 1, 2, 3$$

definiert. Die $\bar{\underset{\sim}{e}}_i$ werden sich als Linearkombinationen der $\underset{\sim}{e}_i$ schreiben lassen:

$$\bar{\underset{\sim}{e}}_i = \sum_{j=1}^{3} R_{ji} \, \underset{\sim}{e}_j \tag{2.5.1}$$

Die Koeffizienten R_{ji},

$$R_{ji} = (\underset{\sim}{e}_j \cdot \bar{\underset{\sim}{e}}_i) \quad , \tag{2.5.2}$$

sind durch Drehwinkel und Drehachse eindeutig bestimmt. Bei einer Drehung transformiert sich ein Vektor $\underset{\sim}{r}$ <u>in Σ</u> wie folgt:

$$\underset{\sim}{r} = (x_1, x_2, x_3) \rightarrow \bar{\underset{\sim}{r}} = (\bar{x}_1, \bar{x}_2, \bar{x}_3) \tag{2.5.3}$$

Im mitgedrehten Koordinatensystem $\bar{\Sigma}$ gilt natürlich

$$\bar{\underset{\sim}{r}} = (x_1, x_2, x_3) \tag{2.5.4}$$

Das bedeutet

$$\bar{\underset{\sim}{r}} = R[\underset{\sim}{r}] = \sum_j x_j \cdot \bar{\underset{\sim}{e}}_j = \sum_i \bar{x}_i \cdot \underset{\sim}{e}_i$$

und damit

$$\bar{x}_i = \sum_j R_{ij} x_j \tag{2.5.5}$$

R_{ij} sind die Elemente der 3 x 3 - <u>Drehmatrix</u> mit den bekannten <u>Eigenschaften:</u>

(1) $R_{ij} = R^*_{ij}$

(2) $\tilde{R} = R^{-1}$ ($\tilde{R}$: transponierte Matrix)

(3) $\det R = 1$

<u>Beispiel:</u> Drehung um z-Achse um den Winkel φ:

$$R_z(\varphi) = \begin{pmatrix} \cos\varphi & -\sin\varphi & 0 \\ \sin\varphi & \cos\varphi & 0 \\ 0 & 0 & 1 \end{pmatrix} \tag{2.5.6}$$

Das bedeutet im Einzelnen:

$$\begin{aligned} \bar{x}_1 &= x_1 \cos\varphi - x_2 \sin\varphi \\ \bar{x}_2 &= x_2 \sin\varphi + x_2 \cos\varphi \\ \bar{x}_3 &= x_3 \end{aligned} \tag{2.5.7}$$

<u>(b) Drehoperator:</u>

Was heißt quantenmechanisch "Drehung eines physikalischen Systems"?

$$|\overline{\psi}\rangle = R|\psi\rangle \tag{2.5.8}$$

Die Zustände $|\overline{\psi}\rangle$ und $|\psi\rangle$ unterliegen der Bedingung, daß die Ergebnisse einer Messung im Zustand $|\overline{\psi}\rangle$ durch Rotation R aus den Ergebnissen derselben Messung im Zustand $|\psi\rangle$ hervorgehen. Betrachten wir als Beispiel dazu eine Ortsmessung. Im Zustand $|\psi\rangle$ finden wir den Meßwert $\underset{\sim}{r}_1$ mit der Meßwahrscheinlichkeit $|\psi(\underset{\sim}{r}_1)|^2$, im Zustand $|\overline{\psi}\rangle$ den Meßwert $\underset{\sim}{r}$ mit der Wahrscheinlichkeit $|\overline{\psi}(r)|^2$. Falls (2.5.8) gelten soll, müssen wir demnach fordern

$$\underset{\sim}{r} = R[\underset{\sim}{r}_1] \quad ; \quad |\overline{\psi}(\underset{\sim}{r})|^2 = |\psi(\underset{\sim}{r}_1)|^2 \tag{2.5.9}$$

Hinreichend dafür ist offensichtlich:

$$\overline{\psi}(\underset{\sim}{r}) = R\,\psi(\underset{\sim}{r}) = \psi(R^{-1}\underset{\sim}{r}) \tag{2.5.10}$$

Da die Normierung sich bei Rotation nicht ändern darf, muß der Drehoperator R notwendig unitär sein:

$$R^+ R = R R^+ = \mathbb{1} \Leftrightarrow R^+ = R^{-1} \tag{2.5.11}$$

Damit ist das Verhalten der Zustände bei Rotation klar. Wie verhalten sich nun Observable? Drehung einer Observablen heißt nichts anderes als Drehung des Meßinstruments. Logischerweise muß die Messung von A im Zustand $|\psi\rangle$ gleichbedeutend mit der von $\overline{A}$ im Zustand $|\overline{\psi}\rangle$ sein, d.h.

$$\langle\psi|A|\psi\rangle \overset{!}{=} \langle\overline{\psi}|\overline{A}|\overline{\psi}\rangle = \langle\psi|R^+\,\overline{A}\,R|\psi\rangle$$

Das bedeutet:

$$A = R^{-1}\,\overline{A}\,R$$
$$\overline{A} = R\,A\,R^{-1} \tag{2.5.12}$$

Observablen zeigen also unter Rotationen dasselbe Transformationsverhalten wie Zustände.

Zwei Typen von Operatoren sind von besonderem Interesse, nämlich der skalare Operator S, der von Raumdrehungen unbeeinflußt bleibt, d.h.

$$\bar{S} \overset{!}{=} S = R\, S\, R^{-1} \Leftrightarrow [R, S]_- = 0 \quad , \tag{2.5.13}$$

und der Vektoroperator $\underset{\sim}{V} = (V_1, V_2, V_3)$ mit den Komponenten

$$V_i = \underset{\sim}{V} \cdot \underset{\sim}{e}_i \quad , \tag{2.5.14}$$

die sich bei einer Drehung wie folgt transformieren:

$$\bar{V}_i = \underset{\sim}{V} \cdot \bar{\underset{\sim}{e}}_i = \sum_j R_{ji}\, \underset{\sim}{V} \cdot \underset{\sim}{e}_j = \sum_j R_{ji}\, V_j \tag{2.5.15}$$

Vergleicht man das mit (2.5.5), so sieht man, daß sich die Komponenten eines Vektoroperators bei einer Drehung R wie die Komponenten eines Vektors bei R^{-1} verhalten.

(c) Drehimpuls:

Wir betrachten nun die spezielle Drehung (2.5.6):

$$R_z(\varphi)\ \psi(x, y, z) = \psi(R_z^{-1}(\varphi)\ \underset{\sim}{r}) \tag{2.5.16}$$

$$= \psi(x \cos\varphi + y \sin\varphi\ ,\ - x \sin\varphi + y \cos\varphi\ ,\ z)$$

Falls φ ein infinitesimal kleiner Winkel ist,

$$\varphi \to \varepsilon = 0^+ \quad ,$$

so können wir cos φ durch 1 und sin φ durch $\varphi = \varepsilon$ ersetzen, und eine Taylor-Entwicklung anschließen:

$$R_z(\varepsilon)\ \psi(x, y, z) = \psi(x + \varepsilon y, - \varepsilon x + y, z)$$

$$= \psi(x, y, z) + \varepsilon\left(\frac{\partial\psi}{\partial x} \cdot y - \frac{\partial\psi}{\partial y} \cdot x\right) + \ldots$$

$$= \left(1 - \frac{i}{\hbar}\, \varepsilon\, l_z\right)\ \psi(x, y, z)$$

Das führt zu der folgenden wichtigen Beziehung:

$$R_z(\varepsilon) = 1 - \frac{i}{\hbar}\,\varepsilon\, l_z \quad , \qquad (2.5.17)$$

wobei l_z die z-Komponente des Bahndrehimpulsoperators

$$\underset{\sim}{l} = \underset{\sim}{r} \times \underset{\sim}{p} \qquad (2.5.18)$$

ist.

Etwas allgemeiner lautet die Beziehung (2.5.17), wenn $\underset{\sim}{n}$ der Einheitsvektor in Richtung der Drehachse ist:

$$R_{\underset{\sim}{n}}(\varepsilon) = 1 - \frac{i}{\hbar}\,\varepsilon(\underset{\sim}{n} \cdot \underset{\sim}{l}) \qquad (2.5.19)$$

Die totale Verallgemeinerung dieses Resultats auf beliebige Systeme definiert den Gesamtdrehimpuls $\underset{\sim}{j}$.

$$R_{\underset{\sim}{n}}(\varepsilon) = 1 - \frac{i}{\hbar}\,\varepsilon(\underset{\sim}{n} \cdot \underset{\sim}{j}) \qquad (2.5.20)$$

Daß es sich hier tatsächlich um eine sinnvolle Definition für $\underset{\sim}{j}$ handelt, folgt schon daraus, daß man mit (2.5.20) die bekannten Vertauschungsrelationen für $\underset{\sim}{j}$ ableiten kann.

Fig. 2.1

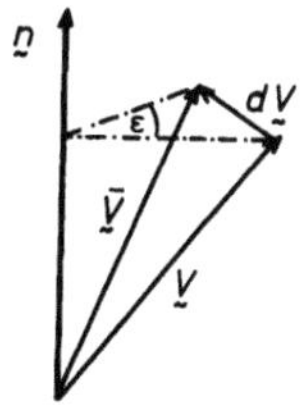

Man betrachte dazu zunächst einmal die infinitesimale Drehung des Vektors $\underset{\sim}{V}$ um die Achse $\underset{\sim}{n}$

$$\bar{\underset{\sim}{V}} = \underset{\sim}{V} + d\underset{\sim}{V}$$

An der Skizze liest man ab, daß sich $d\underset{\sim}{V}$ wie folgt schreiben läßt

$$d\underset{\sim}{V} = \varepsilon\, \underset{\sim}{n} \times \underset{\sim}{V} \quad ,$$

so daß also

$$\bar{\underset{\sim}{V}} = \underset{\sim}{V} + \varepsilon\, \underset{\sim}{n} \times \underset{\sim}{V} \qquad (2.5.21)$$

gilt. Sei nun

$$\underset{\sim}{K} = \sum_{i=1}^{3} K_i \, \underset{\sim}{e}_i \tag{2.5.22}$$

ein beliebiger Vektoroperator. Nach (2.5.12) und (2.5.20) transformieren sich die Komponenten K_i bei einer infinitesimalen Drehung gemäß

$$\bar{K}_i = R_{\underset{\sim}{n}}(\varepsilon) \cdot K_i \cdot R_{\underset{\sim}{n}}^{-1}(\varepsilon) \approx K_i + \frac{i}{\hbar} \varepsilon [K_i, \underset{\sim}{n} \cdot \underset{\sim}{j}]_- \tag{2.5.23}$$

Andererseits gilt auch mit (2.5.21):

$$\begin{aligned} \bar{K}_i &= \underset{\sim}{K} \cdot \bar{\underset{\sim}{e}}_i = \underset{\sim}{K} \cdot (\underset{\sim}{e}_i + \varepsilon \, \underset{\sim}{n} \times \underset{\sim}{e}_i) \\ &= K_i + \varepsilon \, \underset{\sim}{K} \cdot (\underset{\sim}{n} \times \underset{\sim}{e}_i) \end{aligned} \tag{2.5.24}$$

Durch Vergleich mit (2.5.23) ergibt sich die wichtige Beziehung

$$[(\underset{\sim}{n} \cdot \underset{\sim}{j}), (\underset{\sim}{e}_i \cdot \underset{\sim}{K})]_- = i\hbar \, (\underset{\sim}{n} \times \underset{\sim}{e}_i) \cdot \underset{\sim}{K} \tag{2.5.25}$$

Setzt man speziell $\underset{\sim}{K} = \underset{\sim}{j}$, so ergeben sich, wie behauptet, die fundamentalen Vertauschungsrelationen des Drehimpulses $\underset{\sim}{j}$.

(2.5.20) besagt, daß der Drehimpuls eines Systems dessen Transformationsverhalten bei infinitesimalen Koordinatenrotationen bestimmt. Das gilt natürlich auch für <u>endliche Drehungen</u>. Um das zu zeigen, nutzen wir aus, daß

$$\begin{aligned} R_{\underset{\sim}{n}}(\varphi + d\varphi) &= R_{\underset{\sim}{n}}(d\varphi) \, R_{\underset{\sim}{n}}(\varphi) \\ &= (1 - \frac{i}{\hbar} d\varphi (\underset{\sim}{n} \cdot \underset{\sim}{j})) \, R_{\underset{\sim}{n}}(\varphi) \end{aligned}$$

ist, was man auch als Differentialgleichung schreiben kann,

$$\frac{d}{d\varphi} R_{\underset{\sim}{n}}(\varphi) = - \frac{i}{\hbar} (\underset{\sim}{n} \cdot \underset{\sim}{j}) \, R_{\underset{\sim}{n}}(\varphi) \quad ,$$

die sich wiederum leicht integrieren läßt

$$R_{\underset{\sim}{n}}(\varphi) = \exp(-\frac{i}{\hbar}(\underset{\sim}{n} \cdot \underset{\sim}{j})\varphi) \qquad (2.5.26)$$

(d) Drehmatrizen

Seien $|p;\, jm\rangle$ die Eigenzustände der Drehimpulsoperatoren j^2 und j_z. p soll einen Satz von irgendwelchen Quantenzahlen symbolisieren, die zur Kennzeichnung des Zustands notwendig sind, aber nichts mit dem Drehimpuls zu tun haben. Es gelten die aus der Grundvorlesung bekannten Beziehungen:

$$j^2|p;\, jm\rangle = \hbar^2\, j(j+1)|p;\, jm\rangle \qquad (2.5.27)$$

$$j_z|p;\, jm\rangle = \hbar\, m|p;\, jm\rangle \qquad (2.5.28)$$

$$j_\pm = j_x \pm i\, j_y \qquad (2.5.29)$$

$$j_\pm|p;\, jm\rangle = \hbar \cdot \sqrt{j(j+1) - m(m \pm 1)}\,|j,\, m \pm 1\rangle \qquad (2.5.30)$$

Wir bezeichnen mit $\mathcal{H}^{(j)}$ den Raum,der durch die (2j + 1) Zustände $|p;\, jm\rangle$ zu festem j aufgespannt wird. In $\mathcal{H}^{(j)}$ gilt also:

$$\sum_{m_j} |p;\, j\, m_j\rangle\langle p;\, j\, m_j| = \mathbb{1} \qquad (2.5.31)$$

An der speziellen Gestalt des Drehoperators wird klar, daß $\mathcal{H}^{(j)}$ invariant gegenüber Drehungen ist. Eine Anwendung von $R_n(\varphi)$ auf $|p;\, jm\rangle$ betrifft nämlich nur die magnetische Quantenzahl m. Durch

$$\begin{aligned} R|p;\, jm\rangle &= \sum_{m'} |p;\, jm'\rangle\langle p;\, jm'|R|p;\, jm\rangle \\ &= \sum_{m'} |p;\, jm'\rangle \cdot R^{(j)}_{m'm} \end{aligned}$$

werden die Elemente der (2j + 1)-dimensionalen Drehmatrix definiert:

$$R^{(j)}_{m'm} = \langle p;\, jm'|R|p;\, jm\rangle \qquad (2.5.32)$$

Man nennt $\mathcal{H}^{(j)}$ einen irreduziblen Raum. Darunter versteht man einen Raum, bei dem alle Vektoren R • $|\psi\rangle$, die sich aus einem beliebig gewählten Vektor $|\psi\rangle$ dieses Raumes durch Anwendung des Drehoperators R ergeben, ausreichen, um den ganzen Raum aufzuspannen. - Würde nur ein $|\varphi\rangle$ existieren, für das die $\{R|\varphi\rangle\}$ den betrachteten Raum nur teilweise aufspannen, so wäre dieser reduzibel gegenüber Rotationen. Ein solches $|\varphi\rangle$ gibt es in $\mathcal{H}^{(j)}$ jedoch nicht.

Wir berechnen als Beispiele drei spezielle Drehmatrizen: ε sei wieder ein infinitesimaler Drehwinkel.

(a) $R_z(\varepsilon) = 1 - \frac{i}{\hbar}\,\varepsilon\, j_z$

Mit (2.5.28) folgt unmittelbar:

$$(R_z(\varepsilon))^{(j)}_{m'm} = \delta_{m'm}(1 - i\,\varepsilon\, m) \tag{2.5.33}$$

(b) $R_x(\varepsilon) = 1 - \frac{i}{\hbar}\,\varepsilon\, j_x$

Wegen $j_x = \frac{1}{2}(j_+ + j_-)$ und (2.5.30) gilt hier:

$$(R_x(\varepsilon))^{(j)}_{m'm} = \delta_{mm'} - \frac{i\varepsilon}{2}\sqrt{j(j+1) - m(m+1)} \cdot \delta_{m',m+1} - \frac{i\varepsilon}{2}\sqrt{j(j+1) - m(m-1)} \cdot \delta_{m',m-1} \tag{2.5.34}$$

(c) $R_y(\varepsilon) = 1 - \frac{i}{\hbar}\,\varepsilon\, j_y$

Mit $j_y = \frac{1}{2i}(j_+ - j_-)$ und (2.5.30) ergibt sich:

$$(R_y(\varepsilon))^{(j)}_{m'm} = \delta_{mm'} - \frac{\varepsilon}{2}\sqrt{j(j+1) - m(m+1)}\;\delta_{m',m+1} + \frac{\varepsilon}{2}\sqrt{j(j+1) - m(m-1)}\;\delta_{m',m-1} \tag{2.5.35}$$

(e) Tensoroperatoren

Unter einem

"Tensor k-ter Stufe in einem n-dimensionalen Raum"

versteht man bekanntlich ein n^k-Tupel von Zahlen, die sich bei einer Rotation nach bestimmten Gesetzen linear transformieren.

$k = 0$: Skalar : $\bar{x} = x$

$k = 1$: Vektor aus n-Komponenten x_i mit $\bar{x}_i = \sum_j R_{ij} x_j$

$k = 2$: n^2-Komponenten F_{ij} mit $\bar{F}_{ij} = \sum_{l,m} R_{il} R_{jm} F_{lm}$

Der Übergang vom Tensor zum Tensoroperator erfolgt exakt wie der vom Vektor zum Vektoroperator.

"Tensoroperator": Menge von Operatoren (Komponenten), die sich bei einer Drehung linear ineinander transformieren.

Für uns sind im Folgenden nur die "irreduziblen Tensoroperatoren" interessant. Darunter versteht man Tensoroperatoren, die in einem irreduziblen Raum wirken. Man zeigt nun, daß ein "irreduzibler Tensoroperator k-ter Stufe" aus einem Satz von (2k + 1) Operatoren ("Standardkomponenten")

$$T_q^{(k)} \quad , \; q = -k, -k+1, \ldots, +k$$

besteht, die sich unter Rotationen wie folgt transformieren:

$$R\, T_q^{(k)} \cdot R^{-1} = \sum_{q'=-k}^{+k} R_{q'q}^{(k)}\, T_{q'}^{(k)} \qquad (2.5.36)$$

Sie befolgen also dasselbe Transformationsgesetz wie die Zustände $|j, m\rangle$ in $\mathcal{H}^{(j)}$. Das klingt alles sehr speziell, ist jedoch von immenser Tragweite, d.h.,es gibt sehr viele physikalisch relevante Operatoren, die zu dieser Klasse zählen.

Die Relation (2.5.36) gilt genau dann, wenn sie für jede infinitesimale Drehung gültig ist. Setzt man für R eine solche an und benutzt die als Beispiele gerechneten Drehmatrizen (2.5.33 - 35), so erkennt man, daß zur obigen Definition die folgenden Vertauschungsrelationen streng äquivalent sind:

$$[j_z, T_q^{(k)}]_- = \hbar\, q\, T_q^{(k)}$$

$$[j_\pm, T_q^{(k)}]_- = \hbar \cdot \sqrt{k(k+1) - q(q \pm 1)}\; T_{q\pm 1}^{(k)} \qquad (2.5.37)$$

Man kann also auch diese "handlichen" Vertauschungsrelationen zur Definiton benützen.

Beispiele:

(1) $\hat{T}^{(0)}$: skalare Operatoren sind irreduzible Tensoroperatoren 0-ter Stufe. Sie vertauschen mit dem Drehimpuls $\underset{\sim}{j}$.

(2) $\hat{T}^{(1)}$: jeder Vektoroperator $\underset{\sim}{K}$ (2.5.22) ist ein irreduzibler Tensoroperator erster Stufe mit den Standardkomponenten

$$T_0^{(1)} = K_z \qquad (2.5.37)$$

$$T_{\pm 1}^{(1)} = \mp \frac{1}{\sqrt{2}} (K_x \pm i\, K_y) \qquad (2.5.38)$$

Der Beweis ist sehr einfach mit der allgemeinen Beziehung (2.5.25) zu führen, mit deren Hilfe man die Vertauschungsrelationen (2.5.37) verifizieren kann.

Ein spezielles Beispiel ist der Drehimpuls $\underset{\sim}{j}$ selbst:

$$j_0 = j_z \quad ; \quad j_{\pm 1} = \mp \frac{1}{\sqrt{2}}\, j_\pm \qquad (2.5.39)$$

(3) $\hat{T}^{(l)}$:

Man kann die Kugelflächenfunktionen $Y_{lm}(\vartheta, \varphi)$ formal als Operatoren auffassen. Dann erfüllen sie die Bedingungsgleichungen (2.5.37) für irreduzible Tensoroperatoren l-ter Stufe.

$$[j_\pm, Y_{lm}]_- = [l_\pm, Y_{lm}]_-$$

$$= l_\pm Y_{lm} - Y_{lm}\, l_\pm$$

$$= (l_\pm\, y_{lm}) + y_{lm}\, l_\pm - y_{lm}\, l_\pm$$

$$= \hbar \sqrt{l(l+1) - m(m \pm 1)} \cdot y_{lm\pm 1} \qquad (2.5.40)$$

Analog findet man

$$[j_z, y_{lm}]_- = \hbar m \cdot y_{lm} \qquad (2.5.41)$$

Also ist $T_m^{(l)} = y_{lm}$ ein irreduzibler Tensoroperator l-ter Stufe.

(f) Wigner-Eckart-Theorem

Tensoren haben ihre eigene Algebra mit einer Reihe von Theoremen. Eines der nützlichsten ist sicher das Wigner-Eckart-Theorem, das wir hier ohne Beweis angeben. - Es betrifft die Matrixelemente der Standardkomponenten irreduzibler Tensoroperatoren im Raum $\mathcal{H}^{(j)}$:

$$\langle p;\, j\, m_j | T_q^{(k)} | p';\, j'\, m_{j'} \rangle = $$
$$= T_{red}^{(k)}(pj;\, p'j') \langle j'k\, m_{j'}, q | j\, m_j \rangle \qquad (2.5.42)$$

$T_{red}^{(k)}(pj;\, pj')$ heißt das "reduzierte Matrixelement" des Tensors $\hat{T}^{(k)}$. Es ist unabhängig von den Quantenzahlen m_j, $m_{j'}$ und q. $\langle j'k\, m_j'\, q | j\, m_j \rangle$ ist ein Clebsch-Gordon-Koeffizient, wie er von der Addition zweier Drehimpulse her bekannt ist

$$|j_1\, j_2, j\, m_j\rangle = \sum_{m_1, m_2} |j_1\, m_1\rangle |j_2\, m_2\rangle \langle j_1\, j_2\, m_1\, m_2 | j\, m_j\rangle \qquad (2.5.43)$$

Dabei gilt

$$m_j = m_1 + m_2$$
$$|j_1 - j_2| \leq j \leq j_1 + j_2 \qquad (2.5.44)$$

Das bedeutet, daß das Matrixelement (2.5.42) nur dann von Null verschieden ist, wenn

$$q = m_j - m_j'$$
$$|j - j'| \leq k \leq j + j' \qquad (2.5.45)$$

erfüllt ist.

Die eigentliche Bedeutung des Theorems liegt in der Faktorisierung, die durch (2.5.42) erreicht wird. Der Clebsch-Gordon-Koeffizient ist unabhängig von $\hat{T}$, und $T^{(k)}_{red}$ ist unabhängig von m_j, m_j', q. Das bedeutet, daß die Matrixelemente von Tensoroperatoren gleicher Stufe proportional zueinander sind. Diese Tatsache werden wir im Folgenden noch sehr häufig ausnutzen.

Wir werden uns insbesondere für Tensoroperatoren erster Stufe, also Vektoroperatoren interessieren. Wir wollen diese deshalb jetzt noch etwas genauer diskutieren. Für den Drehimpuls $\underset{\sim}{j}$ mit seinem Standardkomponenten j_q gemäß (2.5.39) lautet das Wigner-Eckart-Theorem:

$$\langle p;\, j\, m_j | j_q | p';\, j'\, m_{j'}\rangle = \qquad (2.5.46)$$
$$= j_{red}(pj;\, p'j')\, \delta_{pp'}\, \delta_{jj'}\, \langle j' 1 m_{j'}\, q | j\, m_j\rangle$$

Wir können uns also von vornherein auf die in p und j diagonalen Matrixelemente beschränken. Dann gilt für einen beliebigen Tensoroperator erster Stufe:

$$\langle p;j\, m_j | T^{(1)}_q | p;\, j\, m_{j'}\rangle$$
$$= \frac{T^{(1)}_{red}\,(pj)}{j_{red}\,(pj)}\ \langle p;\, j\, m_j | j_q | p;j\, m_{j'}\rangle \qquad (2.5.47)$$

Den Vorfaktor bestimmen wir über das Skalarprodukt

$$T^{(1)} \cdot \underset{\sim}{j} = \sum_q^{0,1,-1} T^{(1)}_q \cdot j^+_q \qquad (2.5.48)$$

Als Skalarprodukt muß $T^{(1)} \cdot \underset{\sim}{j}$ richtungsunabhängig sein. Wir können deshalb zur Berechnung irgendein beliebiges m_j

ansetzen:

$$\langle T^{(1)} \cdot \underset{\sim}{j}\rangle = \langle pj\; m_j | T^{(1)} \cdot \underset{\sim}{j} | pj\; m_j\rangle$$

$$= \sum_q \sum_{\substack{p'j' \\ m_{j'}}} \langle pj\; m_j | T_q^{(1)} | p'j'\; m_{j'}\rangle \cdot \underbrace{\langle p'j'\; m_{j'} | j_q^+ | pj\; m_j\rangle}_{\sim\, \delta_{pp'}\, \delta_{jj'}}$$

$$= \frac{T_{red}^{(1)}\;(pj)}{j_{red}\;(pj)} \sum_{q, m_{j'}} \langle pj\; m_j | j_q | pj\; m_{j'}\rangle \cdot \langle pj\; m_{j'} | j_q^+ | pj\; m_j\rangle$$

$$= \frac{T_{red}^{(1)}\;(pj)}{j_{red}\;(pj)} \underbrace{\langle pj\; m_j | \underset{\sim}{j}^2 | pj\; m_j\rangle}_{\hbar^2\, j(j+1)}$$

Damit haben wir die für das Folgende wichtige Beziehung:

$$\langle pj\; m_j | T_q^{(1)} | pj\; m_{j'}\rangle = \frac{\langle T^{(1)} \cdot \underset{\sim}{j}\rangle}{\hbar^2\, j(j+1)} \langle pj\; m_j | j_q | pj\; m_{j'}\rangle \tag{2.5.49}$$

<u>(g) Anwendungsbeispiele</u>

<u>(1) $\hat{T}^{(1)} = \underset{\sim}{l} + 2\underset{\sim}{s} = \underset{\sim}{j} + \underset{\sim}{s}$</u>

Dieser Operator wird beim anschließend zu besprechenden Zeeman-Effekt wichtig. Wir interessieren uns für die $q = 0$ - Komponente:

$$T_0^{(1)} = l_z + 2s_z = j_z + s_z \tag{2.5.50}$$

In (2.5.49) benötigen wir den Ausdruck

$$\langle (T^{(1)} \cdot \underset{\sim}{j})\rangle = \langle j^2 + \underset{\sim}{s} \cdot \underset{\sim}{j}\rangle = \langle j^2 + s^2 + \underset{\sim}{s} \cdot \underset{\sim}{l}\rangle$$

$$= \langle j^2 + s^2 + \frac{1}{2}\,(j^2 - l^2 - s^2)\rangle$$

$$= \langle j^2 + \frac{1}{2}\,(j^2 - l^2 + s^2)\rangle$$

Beschränken wir uns auf den Raum, in dem j^2, l^2, s^2 gleichzeitig diagonal sind (p = l, s), dann gilt:

$$<(T^{(1)} \cdot \underset{\sim}{j})> = \hbar^2 \{j(j + 1) + \frac{1}{2} (j(j + 1) - l(l + 1) + s(s + 1) \tag{2.5.51}$$

Wir definieren an dieser Stelle den Landé-Faktor

$$g_j(l, s) = 1 + \frac{j(j + 1) - l(l + 1) + s(s + 1)}{2j(j + 1)} \tag{2.5.52}$$

mit dem dann schließlich folgt:

$$<pj\ m_j|(l_z + 2s_z)|pj\ m_{j'}> = g_j(l, s) \cdot \hbar\ m_j \cdot \delta_{m_j\ m_{j'}} \tag{2.5.53}$$

Wegen q = 0 und (2.5.45) muß natürlich $m_j = m_{j'}$ sein.

(2) $\hat{T}^{(1)} = \underset{\sim}{s}$

Auch hier interessieren wir uns für die q = 0 - Komponente

$$T_0^{(1)} = s_z \tag{2.5.54}$$

Wir benötigen wieder das Skalarprodukt

$$\hat{T}^{(1)} \cdot \underset{\sim}{j} = \underset{\sim}{s} \cdot \underset{\sim}{j} = s^2 + \underset{\sim}{s} \cdot \underset{\sim}{l} = s^2 + \frac{1}{2}(j^2 - l^2 - s^2)$$

$$= \frac{1}{2} (j^2 - l^2 + s^2)$$

Eingesetzt in (2.5.49) ergibt sich unter denselben Voraussetzungen wie in (1):

$$<pj\ m_j|s_z|pj\ m_{j'}> = (g_j(l, s) - 1)\hbar\ m_j\ \delta_{m_j\ m_{j'}} \tag{2.5.55}$$

Im Raum der Zustände $|ls, j\ m_j>$ ist also offensichtlich

$$\hat{s}_z = (g_j(l, s) - 1) \cdot \hat{j}_z \tag{2.5.56}$$

eine Operatoridentität. Das ist der Grund, warum in vielen Modellen des Magnetismus lediglich "wechselwirkende Spins" diskutiert werden (s. später: Heisenberg-Modell), obwohl es sich in der Regel um Gesamtdrehimpulse handelt.

(2.6) ELEKTRON IM ÄUSSEREN MAGNETFELD

Nach den Vorbereitungen der letzten Abschnitte haben wir bereits eine gewisse Vorstellung davon, wie ein halbwegs realistischer Hamiltonoperator für ein Einzelelektron aussehen wird, das sich

a) im Kernfeld $\underset{\sim}{E} = -\underset{\sim}{\nabla}\varphi$ und

b) in einem homogenen äußeren Magnetfeld $\underset{\sim}{B}_o = (0, 0, B_o)$

bewegt. Das Kernfeld setzen wir vorläufig noch als kugelsymmetrisch an (Kern ≈ positive Punktladung), Modifikationen dazu werden in den nächsten Abschnitten besprochen. Ohne relativistische Korrekturen sollte der Hamiltonoperator H dann die folgende Gestalt haben:

$$H = \frac{p^2}{2m} + V(r) + H_{dia} + H_{SB} + \frac{\mu_B}{\hbar}(\underset{\sim}{l} + 2\underset{\sim}{s}) \cdot \underset{\sim}{B}_o \qquad (2.6.1)$$

Die einzelnen Terme haben die folgende Bedeutung:

<u>(a) $H_o = \frac{p^2}{2m} + V(r)$:</u>

Das ist die Bewegung eines spinlosen Teilchens der Masse m und der Ladung (-e) im Feld des positiv geladenen Kerns ($V(r) = -e\varphi(r)$). Dieses Problem gelte als gelöst (s. Wasserstoffproblem der Grundvorlesung), d.h.,wir setzen die <u>Energieniveaus</u> $E_{nl}^{(0)}$ als bekannt voraus. Dabei sind n die Hauptquantenzahl und l die Bahndrehimpulsquantenzahl.

<u>(b) $H_{dia} = \frac{e^2 B_o^2}{8m}(x^2 + y^2)$:</u>

Das ist ein diamagnetischer Anteil,den wir bereits in Kap. (1.2) abgeleitet haben. Er resultiert aus der im elektromagnetischen Feld notwendigen Substitution $\underset{\sim}{p} \to \underset{\sim}{p} + e\underset{\sim}{A}$ und stellt eine sehr kleine Korrektur dar, die nur dann von Bedeutung ist, wenn die anderen Terme keine Rolle spielen. H_{dia} soll deshalb in diesem Abschnitt unberücksichtigt bleiben. Wir diskutieren diamagnetische Effekte ausgiebig in Kap. III.

(c) $H_{SB} = \lambda(\underset{\sim}{l} \cdot \underset{\sim}{s})$:

Die Spin-Bahn-Wechselwirkung wurde bereits in Kap. (2.4) diskutiert. Sie bewirkt eine "Feinstruktur der Terme", d.h., die Energieniveaus $E_{nl}^{(0)}$ spalten für $j \neq 0$ in ein (l, s)-Multiplett auf:

$$E_{nlj}^{(0)} = E_{nl}^{(0)} + \frac{1}{2}\lambda_{nl} \cdot \hbar^2 \cdot \{j(j+1) - l(l+1) - s(s+1)\} \tag{2.6.2}$$

Das ist in unserem Einelektronensystem natürlich ein Dublett.

$$j = l \pm \frac{1}{2} \tag{2.6.3}$$

Die Spin-Bahn-Wechselwirkung H_{SB} hebt also die Entartung bzgl. j auf. Wichtig sind die bereits früher berechneten Kommutatoren

$$\begin{aligned}
&[H_{SB}, j^2]_- = 0 \\
&[H_{SB}, l^2]_- = 0 \\
&[H_{SB}, s^2]_- = 0 \\
&[H_{SB}, j_z]_- = 0 \\
&[H_{SB}, l_z]_- \neq 0 \\
&[H_{SB}, s_z]_- \neq 0 \quad ,
\end{aligned} \tag{2.6.4}$$

die besagen, daß nur j, m_j, l und s "gute" Quantenzahlen sind, nicht jedoch m_l und m_s.

(d) $H_z = \frac{\mu_B}{\hbar}(\underset{\sim}{l} + 2\underset{\sim}{s}) \cdot \underset{\sim}{B}_o = \frac{\mu_B}{\hbar}(l_z + 2s_z)B_o$

Dieser Anteil wird "Zeeman-Term" genannt. Man rechnet leicht nach, daß j^2 und s_z nicht kommutieren

$$[j^2, s_z]_- = -2i\hbar\,(l_x s_y - l_y s_x) \neq 0 \tag{2.6.5}$$

Daraus folgt

$$[j^2, H_z]_- = \frac{\mu_B}{\hbar} B_0 [j^2, s_z]_- \neq 0 \tag{2.6.6}$$

Nach Einschalten des äußeren Feldes ist also auch j keine gute Quantenzahl mehr. Da aber auch jetzt noch

$$[j_z, H_z]_- = 0 \tag{2.6.7}$$

gilt, bleibt m_j weiterhin eine gute Quantenzahl. Energieeigenzustände lassen sich also nach wie vor durch die Quantenzahlen (n, m_j, l, s) klassifizieren, nicht jedoch durch j, m_l, m_s. Physikalisch heißt das, daß das äußere Feld Übergänge zwischen Zuständen mit unterschiedlichem j bei gleichem m_j erzwingt. Die Energieeigenzustände werden deshalb entsprechende Linearkombinationen sein:

$$|\psi\rangle = \alpha_+ |j = l + \tfrac{1}{2}, m_j\rangle + \alpha_- |j = l - \tfrac{1}{2}, m_j\rangle \tag{2.6.8}$$

Wir schreiben zur Abkürzung

$$|+\rangle = |j = l + \tfrac{1}{2}, m_j\rangle$$
$$|-\rangle = |j = l - \tfrac{1}{2}, m_j\rangle \tag{2.6.9}$$

und haben dann die folgende Schrödinger-Gleichung zu lösen:

$$H|\psi\rangle = \alpha_+ H|+\rangle + \alpha_- H|-\rangle \overset{!}{=} E|\psi\rangle \tag{2.6.10}$$

Wegen

$$\langle +|+\rangle = \langle -|-\rangle = 1$$

$$\langle +|-\rangle = \langle -|+\rangle = 0$$

folgt aus (2.6.10)

$$E \cdot \alpha_+ = \alpha_+ <+|H|+> + \alpha_- <+|H|->$$
$$E \cdot \alpha_- = \alpha_+ <-|H|+> + \alpha_- <-|H|-> \qquad (2.6.11)$$

Mit den Abkürzungen

$$E_\pm = <\pm|H|\pm> \quad ; \quad \eta = <-|H|+> \qquad (2.6.12)$$

ergeben sich aus der Lösbarkeitsbedingung für das homogene Gleichungssystem

$$(E - E_+)\,\alpha_+ - \eta^*\,\alpha_- = 0$$
$$-\eta \cdot \alpha_+ + (E - E_-)\alpha_- = 0$$

die gesuchten Energieniveaus:

$$E_{1,2}(l\ s\ m_j) = \frac{1}{2}\left[(E_+ + E_-) \pm \sqrt{(E_+ - E_-)^2 + 4|\eta|^2}\right] \qquad (2.6.14)$$

Die Matrixelemente E_+, E_- und η berechnen wir mit Hilfe des Wigner-Eckart-Theorems:

$$E_\pm = <j = l \pm \frac{1}{2}, m_j|(H_o + H_{SB})|j = l \pm \frac{1}{2}, m_j> +$$
$$+ \frac{\mu_B}{\hbar} B_o <j = l \pm \frac{1}{2}, m_j|(l_z + 2s_z)|j = l \pm \frac{1}{2}, m_j> \qquad (2.6.15)$$

Der erste Summand ist gerade $E^{(0)}_{nlj=l\pm\frac{1}{2}}$ und damit nach (2.6.2) bekannt. Der zweite Summand wurde als Anwendungsbeispiel zum Wigner-Eckart-Theorem auf S. 74 gerechnet. Das Resultat steht in Gleichung (2.5.53):

$$E_\pm = E^{(0)}_{nlj=l\pm\frac{1}{2}} + \mu_B \cdot m_j\, B_o \cdot g_{j=l\pm\frac{1}{2}}\,(l, s) \qquad (2.6.16)$$

Der Landé-Faktor, definiert in (2.5.52), wird in diesem Fall

$$g_{j=l\pm\frac{1}{2}} = 1 \pm \frac{1}{2l + 1} \qquad (2.6.17)$$

Ferner findet man mit (2.6.2):

$$E^{(0)}_{nlj=l+\frac{1}{2}} = E^{(0)}_{nl} + \frac{1}{2}\lambda_{nl} \cdot \hbar^2 \cdot l \qquad (2.6.18)$$

$$E^{(0)}_{nlj=l-\frac{1}{2}} = E^{(0)}_{nl} - \frac{1}{2}\lambda_{nl} \cdot \hbar^2 \cdot (l + 1) \qquad (2.6.19)$$

Damit sind die Matrixelemente E_+ und E_- bestimmt:

$$E_+ = E^{(0)}_{nl} + \frac{1}{2}\lambda_{nl} \cdot \hbar^2\, l + \mu_B\, B_o \cdot m_j \frac{2l + 2}{2l + 1} \qquad (2.6.20)$$

$$E_- = E^{(0)}_{nl} - \frac{1}{2}\lambda_{nl} \cdot \hbar^2 (l + 1) + \mu_B\, B_o\, m_j \frac{2l}{2l + 1} \qquad (2.6.21)$$

Das "gemischte" Matrixelement η läßt sich ebenfalls relativ leicht mit dem Wigner-Eckart-Theorem berechnen. Es gilt nach Definition (2.6.12):

$$\eta = \langle j = l - \tfrac{1}{2}, m_j|(H_o + H_{SB})|j = l + \tfrac{1}{2}, m_j\rangle + \frac{\mu_B}{\hbar} B_o \langle j = l - \tfrac{1}{2}, m_j|(l_z + 2s_z)|j = l + \tfrac{1}{2}, m_j\rangle \qquad (2.6.22)$$

Der erste Summand verschwindet, da bzgl. $(H_o + H_{SB})$ j eine gute Quantenzahl ist, d.h., $(H_o + H_{SB})$ ist diagonal im Raum der $|j, m_j\rangle$. Wenn ich im zweiten Summanden $(l_z + 2s_z)$ durch $(j_z + s_z)$ ersetze, dann gilt dasselbe für den Term mit j_z. Also bleibt

$$\eta = \frac{\mu_B}{\hbar} B_o \cdot \langle j = l - \tfrac{1}{2}, m_j|s_z|j = l + \tfrac{1}{2}, m_j\rangle \qquad (2.6.23)$$

Das wird allerdings in der Regel ungleich Null sein, da s_z Übergänge erzwingt. Gemäß der Definition von s_z in (2.2.18) gilt:

$$s_z^2 = \frac{\hbar^2}{4} \cdot \mathbb{1} \qquad (2.6.24)$$

Das läßt sich wie folgt ausnutzen:

$$\frac{\hbar^2}{4} = \langle j\, m_j|s_z^2|j\, m_j\rangle$$

$$= \sum_{j',m_{j'}} \langle j\, m_j|s_z|j'\, m_{j'}\rangle\langle j'\, m_{j'}|s_z|j\, m_j\rangle$$

Beide Faktoren liefern nur für $m_j = m_{j'}$ einen Betrag, da der Kommutator $[s_z, j_z]_- = 0$ ist. Es bleibt damit:

$$\frac{\hbar^2}{4} = \sum_{j'} \langle j\ m_j | s_z | j'\ m_j \rangle \langle j'\ m_j | s_z | j\ m_j \rangle \qquad (2.6.25)$$

Das bedeutet speziell für $j = l + \frac{1}{2}$ $(j' = l \pm \frac{1}{2})$:

$$\begin{aligned} \frac{\hbar^2}{4} = & |\langle l + \tfrac{1}{2},\ m_j | s_z | l + \tfrac{1}{2}\ m_j \rangle|^2 \\ & + |\langle l - \tfrac{1}{2},\ m_j | s_z | l + \tfrac{1}{2},\ m_j \rangle|^2 \end{aligned} \qquad (2.6.26)$$

Der zweite Summand ist bis auf Faktoren mit η identisch (2.6.23):

$$\frac{\hbar^2}{\mu_B^2\ B_o^2}|\eta|^2 = \frac{\hbar^2}{4} - |\langle j = l + \tfrac{1}{2}\ m_j | s_z | j = l + \tfrac{1}{2}\ m_j \rangle|^2 \qquad (2.6.27)$$

Das verbleibende Matrixelement haben wir als Anwendungsbeispiel zum Wigner-Eckart-Theorem gerechnet. Nach (2.5.55) und (2.6.17) ergibt sich für η:

$$|\eta|^2 = \mu_B^2 \cdot B_o^2\ \left(\frac{1}{4} - \frac{m_j^2}{(2l + 1)^2}\right) \qquad (2.6.28)$$

Setzt man (2.6.28) zusammen mit (2.6.20) und (2.6.21) in (2.6.14) ein, so erhält man den folgenden relativ komplizierten Ausdruck für die bei gegebenem (n, l) möglichen $2 \cdot (2l + 1)$ Niveaus, die dem Elektron im Magnetfeld zur Verfügung stehen:

$$\begin{aligned} E_{1,2}(l\ s\ m_j) = & \left(E_{nl}^{(0)} - \frac{1}{4}\hbar^2\ \lambda_{nl} + \mu_B B_o \cdot m_j\right) \\ & \pm \frac{1}{2}\sqrt{\lambda_{nl}^2 \cdot \hbar^4 (l + \tfrac{1}{2})^2 + 2m_j\ \lambda_{nl}\ \hbar^2\ \mu_B\ B_o + \mu_B^2\ B_o^2} \end{aligned}$$

Wir diskutieren einige <u>Grenzfälle:</u>

<u>(1) Schwache Felder: $\mu_B\ B_o \ll \lambda_{nl}$</u>

In diesem Fall sind Terme in B_o^2 vernachlässigbar und damit auch $|\eta|^2$. Das bedeutet, daß $E_\pm$ bereits die Lösungen sind.

j^2 vertauscht in dieser Näherung noch mit H, so daß j eine "gute" Quantenzahl bleibt:

$$E_{nljm_j} = E^{(0)}_{nlj} + g_j(l, s)\, m_j\, \mu_B\, B_o \qquad (2.6.30)$$

Man spricht vom "anomalen Zeeman-Effekt", der durch eine lineare Feldabhängigkeit der Energieniveaus charakterisiert ist.

(2) Starke Felder: $\mu_B\, B_o >> \lambda_{nl}$

Jetzt können wir in erster Näherung die Spin-Bahn-Kopplung vernachlässigen, so daß m_l, m_s noch "gute" Quantenzahlen sind

$$m_j = m_{l \pm \frac{1}{2}}$$

$$E_{nlm_lm_s} = E^{(0)}_{nl} + (m_l + 2m_s)\mu_B\, B_o \qquad (2.6.31)$$

Man spricht jetzt vom "normalen Zeeman-Effekt", der ebenfalls eine lineare Feldabhängigkeit aufweist.

(3) Mittlere Felder: $\mu_B \cdot B_o \approx \lambda_{nl}$

Hier müssen wir die vollen Ausdrücke $E_{1,2}(l, m_j)$ verwenden. Die Feldabhängigkeit ist damit nicht mehr linear. Erwähnenswert ist noch der Spezialfall,

$$|m_j| = l + \frac{1}{2} \Leftrightarrow |\eta|^2 = 0 \quad , \qquad (2.6.32)$$

für den Fall (1) unabhängig von B_o zutrifft.

(2.7) KERN-QUADRUPOLFELD

Bisher haben wir den Einfluß des Kerns auf die Elektronenbewegung nur in allereinfachster Form berücksichtigt, nämlich dadurch, daß wir den Kern als positive Punktladung aufgefaßt haben. Die potentielle Energie des Elektrons im Kernfeld ergibt sich dann aus

$$V(r) = - e\varphi(r) = - \frac{1}{4\pi\,\varepsilon_o} \frac{z^* e^2}{r} \tag{2.7.1}$$

Das ist natürlich genaugenommen zu einfach, man vernachlässigt damit die höheren Multipolmomente des Kerns. Dieses soll nun etwas genauer betrachtet werden. Wir nehmen allerdings weiterhin an, daß das Elektron außerhalb des Bereiches bleibt, in dem Kernladungen und Kernströme merklich sind. Diese Annahme ist natürlich problematisch für s-Elektronen, die eine endliche Aufenthaltswahrscheinlichkeit am Kernort haben. Bezeichnet man mit $\underset{\sim}{R} = (R, \theta, \Phi)$ den Ortsvektor im Kernbereich, und mit $\underset{\sim}{r} = (r, \vartheta, \varphi)$ einen Ortsvektor außerhalb des Kerns, so lautet die allgemeine Lösung für das Kernpotential $\varphi(\underset{\sim}{r})$

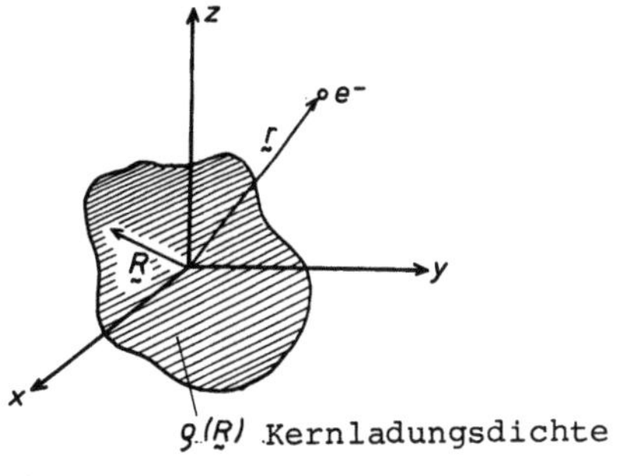

Fig. 2.2

$$4\pi\,\varepsilon_o\,\varphi(\underset{\sim}{r}) = \int_{(\text{Kern})} d^3R\, \frac{\rho(\underset{\sim}{R})}{|\underset{\sim}{r} - \underset{\sim}{R}|} \tag{2.7.2}$$

Dabei setzen wir voraus, daß die Kernladung auf ein endliches Volumen beschränkt ist. Aus der Elektrodynamik kennen wir die zugehörige Multipolentwicklung:

$$4\pi\,\varepsilon_o\,\varphi(\underset{\sim}{r}) = \sum_{l=0}^{\infty} \frac{4\pi}{2l+1} \frac{1}{r^{l+1}} \sum_{m=-1}^{+1} Q_{lm} \cdot Y_{lm}(\vartheta, \varphi) \tag{2.7.3}$$

Die Kernkoordinaten stecken ausschließlich in den "sphärischen Multipolmomenten":

$$Q_{lm} = \int d^3R\, Y^*_{lm}(\theta, \Phi)\, \rho(\underset{\sim}{R}) \cdot R^l \tag{2.7.4}$$

Da wir r >> R annehmen können, können wir uns auf die ersten Summanden der Entwicklung beschränken. Das Monopolmoment (l = 0) ergibt sich mit

$$Y_{00}(\vartheta,\ \varphi) = Y_{00}(\theta,\ \Phi) = \frac{1}{\sqrt{4\pi}} \tag{2.7.5}$$

und

$$\int d^3R\ \rho(\underset{\sim}{R}) = Z \cdot e \tag{2.7.6}$$

zu

$$4\pi\ \varepsilon_o\ \varphi^{(0)}(\underset{\sim}{r}) = \frac{Z\ e}{r} \tag{2.7.7}$$

Es ist damit nichts anderes als das Potential einer Punktladung im Koordinatenursprung. Das Dipolmoment (l = 1) berechnet man am einfachsten mit dem Additionstheorem für Kugelflächenfunktionen

$$\sum_{m=-l}^{+l} Y^*_{lm}(\theta\ ,\ \Phi)\ Y_{lm}(\vartheta,\ \varphi) = \frac{2l+1}{4\pi}\ P_l\ (\cos\gamma) \tag{2.7.8}$$

$$\underset{l=1}{\rightarrow}\ \frac{3}{4\pi}\cos\gamma$$

γ ist der Winkel zwischen den Raumrichtungen $(\theta,\ \Phi)$ und $(\vartheta,\ \varphi)$ und damit

$$\cos\gamma = \frac{\underset{\sim}{r} \cdot \underset{\sim}{R}}{r\ R} \tag{2.7.9}$$

Führt man wie üblich das Dipolmoment $\underset{\sim}{P}$ ein,

$$\underset{\sim}{P} = \int d^3R\ \rho(\underset{\sim}{R}) \cdot \underset{\sim}{R} \tag{2.7.10}$$

so schreibt sich der (l = 1)-Summand in der Multipolentwicklung (2.7.3):

$$4\pi\ \varepsilon_o\ \varphi^{(1)}(\underset{\sim}{r}) = \frac{\underset{\sim}{r} \cdot \underset{\sim}{P}}{r^3} \tag{2.7.11}$$

Man weiß, daß das elektrische Dipolmoment der Atomkerne in aller Regel Null ist. Wir müssen also die Entwicklung noch einen Schritt weiter treiben bis zum Quadrupolmoment (l = 2):

$$4\pi\,\varepsilon_o\,\varphi^{(2)}(\underset{\sim}{r}) = \frac{4\pi}{5}\cdot\frac{1}{r^3}\{Q_{20}\cdot Y_{20} + Q_{21}\,Y_{21} + Q_{2-1}\cdot Y_{2-1} + Q_{22}\cdot Y_{22} + Q_{2-2}\,Y_{2-2}\} \qquad (2.7.12)$$

Mit den Kugelflächenfunktionen

$$Y_{20}(\vartheta,\varphi) = \frac{1}{2}\sqrt{\frac{5}{4\pi}}\cdot\frac{1}{r^2}\,(3z^2 - r^2)$$
$$Y_{2\pm1}(\vartheta,\varphi) = \mp\sqrt{\frac{15}{8\pi}}\,\frac{z}{r^2}\,(x \pm iy) \qquad (2.7.13)$$
$$Y_{2\pm2}(\vartheta,\varphi) = \frac{1}{4}\sqrt{\frac{15}{2\pi}}\,\frac{1}{r^2}\,(x \pm iy)^2$$

ergeben sich für die Komponenten des elektrischen Quadrupoltensors die folgenden Ausdrücke ($\underset{\sim}{R} = (X, Y, Z)$)

$$Q_{20} = \frac{1}{2}\sqrt{\frac{5}{4\pi}}\int d^3R\;\rho(\underset{\sim}{R})\;(3Z^2 - R^2)$$
$$Q_{2\pm1} = \mp\sqrt{\frac{15}{8\pi}}\int d^3R\;\rho(\underset{\sim}{R})\;Z\cdot(X \pm iY) \qquad (2.7.14)$$
$$Q_{2\pm2} = \frac{1}{4}\sqrt{\frac{15}{2\pi}}\int d^3R\;\rho(\underset{\sim}{R})\,(X \pm iY)^2$$

Bekanntlich kann man den Quadrupolanteil am Potential auch wie folgt zusammenfassen:

$$4\pi\,\varepsilon_o\,\varphi^{(2)}(\underset{\sim}{r}) = \frac{1}{2}\sum_{i,j} q_{ij}\,\frac{x_i\,x_j}{r^5} \qquad (2.7.15)$$
$$q_{ij} = \int d^3R\;\rho(\underset{\sim}{R})\,(3X_i\,X_j - \delta_{ij}\,R^2)$$

Damit sind wir eigentlich fertig. Das Kern-Quadrupolfeld erscheint im Hamiltonoperator in der Form $H_Q = -e\,\varphi^{(2)}(\underset{\sim}{r})$. Es ist jedoch unmittelbar klar, daß es nicht ganz einfach sein wird, für einen solchen Operator Eigenwerte, Eigenzustände und Matrixelemente zu berechnen.

Wir werden deshalb nun mit Hilfe des Wigner-Eckart-Theorems einen äquivalenten Hamilton-Operator in Termen der Drehimpulsoperatoren $\underset{\sim}{I}$ und $\underset{\sim}{j}$ formulieren:

$\underset{\sim}{I}$: Operator des Gesamtkernspins

$\underset{\sim}{j}$: Operator des Gesamtdrehimpulses des Elektrons

Dem sich anschließenden Verfahren liegt die folgende Idee zugrunde: Da $Q_{2m} \sim Y^*_{2m}$ ist, ist $\hat{Q}_2$ ein irreduzibler Tensoroperator zweiter Stufe mit dem Standardkomponenten Q_{2m} (s. Beispiel (3) auf S. 70. Wir konstruieren nun einen speziellen Tensoroperator zweiter Stufe aus Kernspin-Operatorkombinationen. In dem Raum, in dem I^2 und I_z diagonal sind, sind deren Matrixelemente nach dem Wigner-Eckart-Theorem dann proportional zu den Matrixelementen des Quadrupoloperators.

Wie finden wir die genannten Operatorkombinationen? Nach (2.5.37) müssen sie ja die folgenden Relationen erfüllen:

$$[I_\pm, T_q^{(2)}]_- = \sqrt{6 - q(q \pm 1)}\, \hbar\, T_{q\pm 1}^{(2)} \tag{2.7.16}$$

$$[I_z, T_q^{(2)}]_- = \hbar q \cdot T_q^{(2)} \tag{2.7.17}$$

Die Gestalt von Q_{20} (2.7.14) legt für $T_0^{(2)}$ den folgenden Ansatz nahe:

$$T_0^{(2)} = I^2 - 3I_z^2 \tag{2.7.18}$$

Man sieht unmittelbar, daß

$$[I_z, T_0^{(2)}]_- = 0 \tag{2.7.19}$$

und damit (2.7.17) erfüllt ist. Mit

$$I_\pm = I_x \pm i\, I_y \tag{2.7.20}$$

gilt auch:

$$T_0^{(2)} = \frac{1}{2} (I_- I_+ + I_+ I_- - 4I_z^2) \qquad (2.7.21)$$

Damit findet man

$$[I_\pm , T_0^{(2)}]_- = \pm 3\hbar (I_z I_\pm + I_\pm I_z) \stackrel{!}{=} \sqrt{6} \cdot \hbar \cdot T_{\pm 1}^{(2)}$$

Der letzte Schritt wird von (2.7.16) gefordert. Wir sollten deshalb

$$T_{\pm 1}^{(2)} = \pm\frac{1}{2} \sqrt{6} (I_z I_\pm + I_\pm I_z) \qquad (2.7.22)$$

wählen. Wir berechnen dann

$$[I_\pm, T_{\pm 1}^{(2)}]_- = - \sqrt{6} \cdot \hbar \cdot I_\pm^2 \stackrel{!}{=} \sqrt{6 - 2} \cdot \hbar\, T_{\pm 2}^{(2)}$$

und definieren

$$T_{\pm 2}^{(2)} = - \frac{1}{2} \sqrt{6} \cdot (I_\pm)^2 \qquad (2.7.23)$$

Durch Überprüfung der Vertauschungsrelationen (2.7.16) und (2.7.17) zeigen wir endgültig, daß es sich bei den so festgelegten $T_0^{(2)}$, $T_{\pm 1}^{(2)}$, $T_{\pm 2}^{(2)}$ tatsächlich um die Standardkomponenten eines irreduziblen Tensors zweiter Stufe handelt. Man beachte die zu den Q_{2m} in (2.7.14) ähnliche Struktur dieser Operatoren.

Wir nutzen nun das Wigner-Eckart-Theorem aus, dessen wesentliche Aussage ja in der Proportionalität der Matrixelemente von verschiedenen Tensoroperatoren gleicher Stufe besteht. Sei $|I, M\rangle$ ein Eigenzustand der Kernspinoperatoren I^2 und I_z, dann muß also gelten:

$$\langle IM|Q_{2m}^+|IM'\rangle = \alpha_K \cdot \langle IM|T_m^{(2)}|IM'\rangle \qquad (2.7.24)$$

Dabei ist die Proportionalitätskonstante α_K unabhängig von M, M' und m! Man definiert überlicherweise als "Quadrupolmoment des Kerns"

$$+ e\,Q = \alpha_K \cdot \langle II|T_0^{(2)}|II\rangle \qquad (2.7.25)$$

wobei für uns hier Q ein experimentell festzulegender Parameter sein möge. Durch ihn ist α_K bestimmt:

$$+ e\,Q = \alpha_K\langle II|(I^2 - 3I_z^2)|II\rangle = \alpha_K \cdot \hbar^2\{I(I + 1) - 3I^2\}$$

Für I = 1/2 ist Q = 0. Für I ≠ 1/2 kann man diese Gleichung nach α_K auflösen:

$$\alpha_K = \frac{-\,e\,Q}{\hbar^2\; I(2I - 1)} \qquad (2.7.26)$$

In dem Raum, in dem I eine gute Quantenzahl ist, kann man (2.7.24) dann auch als Operatoridentität lesen:

$$Q_{2m} = \frac{-\,e\,Q}{\hbar^2\; I(2I - 1)} \cdot (T_m^{(2)})^+ \qquad (2.7.27)$$

Den Kernanteil am Quadrupolterm im Hamiltonoperator haben wir damit festgelegt:

$$4\pi\,\varepsilon_0 \cdot \varphi^{(2)}(\underset{\sim}{r}) = \frac{4\pi}{5}\,\frac{1}{r^3}\sum_{m=-2}^{+2} Q_{2m}\,Y_{2m}(\vartheta,\varphi) \qquad (2.7.28)$$

$$= \sum_{m=-2}^{+2} \underbrace{\left[\frac{4\pi}{5}\,\frac{1}{r^3} \cdot Y_{2m}(\vartheta,\varphi)\right]}_{\text{elektronischer Beitrag}} \cdot \underbrace{\left[\alpha_K \cdot (T_m^{(2)})^+\right]}_{\text{Kernbeitrag}}$$

Da auch der Elektronenanteil proportional zu $Y_{2m}(\vartheta,\varphi)$ ist und damit als irreduzibler Tensoroperator zweiter Stufe aufgefaßt werden kann, können wir dasselbe Verfahren wie oben für den Kernanteil noch einmal für den Elektronenanteil wiederholen. Wir haben nun überall dort, wo I und M stehen, j und m_j einzusetzen. Mit

$$\hat{t}^{(2)}:\; t_{\pm 2}^{(2)} = -\,\frac{1}{2}\sqrt{6}\; j_\pm^2$$

$$t_{\pm 1}^{(2)} = \pm\frac{1}{2}\sqrt{6}\,(j_z\, j_\pm + j_\pm\, j_z)$$

$$t_0^{(2)} = j^2 - 3j_z^2 \qquad (2.7.29)$$

erhalten wir dann den folgenden Quadrupolterm:

$$4\pi\,\varepsilon_o \cdot \varphi^{(2)}(\underset{\sim}{r}) = \alpha_e\,\alpha_K \cdot \sum_{m=-2}^{+2} t_m^{(2)} \cdot (T_m^{(2)})^+ \qquad (2.7.30)$$

Dabei ist α_e proportional zum reduzierten Matrixelement des elektronischen Tensors $\hat{t}^{(2)}$.

Für den Quadrupolbeitrag des Kerns zum Hamiltonoperator erhalten wir schließlich durch Einsetzen und Umsortieren der Ausdrücke für $t_m^{(2)}$ und $(T_m^{(2)})^+$:

$$H_Q = -\,e\,\varphi^{(2)}(\underset{\sim}{r}) =$$

$$= \frac{\alpha_e}{4\pi\,\varepsilon_o} \cdot \frac{e^2\,Q}{\hbar^2 I(2I-1)} \cdot \{6(\underset{\sim}{j}\cdot\underset{\sim}{I})^2$$

$$+ 3\hbar^2\,(\underset{\sim}{j}\cdot\underset{\sim}{I}) - 2\underset{\sim}{I}^2 \cdot \underset{\sim}{j}^2\} \qquad (2.7.31)$$

Das Quadrupolfeld ist i.a. klein verglichen mit anderen Feldern, die auf ein Atomelektron wirken.

Durch die Ableitung wird klar, daß ein formal völlig analoger Ausdruck gelten würde, wenn der Kernquadrupol nicht mit einer einzelnen Elektronen-, sondern einer beliebig komplizierten Ladung wechselwirken würde. Dann würde sich nur der ohnehin unbekannte Vorfaktor ändern.

(2.8) HYPERFEIN-FELD

Wir haben noch einen zweiten Einfluß des Kerns auf die Elektronenbewegung zu berücksichtigen, der durch Bewegungen der Kernladungen hervorgerufen wird, also letztlich durch eine Kernstromdichte $\underset{\sim}{j}(\underset{\sim}{R})$. Diese bewirkt ein Vektorpotential $\underset{\sim}{A}_K(\underset{\sim}{r})$, für das nach den Regeln der Elektrodynamik gilt:

$$\underset{\sim}{A}_K(\underset{\sim}{r}) = \frac{\mu_o}{4\pi} \int\limits_{(\text{Kern})} d^3R \, \frac{\underset{\sim}{j}(\underset{\sim}{R})}{|\underset{\sim}{r} - \underset{\sim}{R}|} \qquad (2.8.1)$$

Wegen $r >> R$ läßt sich schreiben

$$\frac{1}{|\underset{\sim}{r} - \underset{\sim}{R}|} \approx \frac{1}{r} + \frac{\underset{\sim}{r} \cdot \underset{\sim}{R}}{r^3} \qquad (2.8.2)$$

Der erste Summand liefert für die lokalisierte Kernstromdichte $\underset{\sim}{j}(\underset{\sim}{R})$ keinen Beitrag. Der erste nichtverschwindende Term hat dann die Form

$$\begin{aligned} \underset{\sim}{A}_K(\underset{\sim}{r}) &\approx \frac{\mu_o}{4\pi} \frac{\underset{\sim}{m}_K \times \underset{\sim}{r}}{r^3} \\ &= \frac{\mu_o}{4\pi} \, \text{rot}\left(\frac{1}{r} \underset{\sim}{m}_K\right) \end{aligned} \qquad (2.8.3)$$

Dabei ist $\underset{\sim}{m}_K$ das Kernmoment (s. (1.1.20)):

$$\underset{\sim}{m}_K = \frac{1}{2} \int d^3R \, (\underset{\sim}{R} \times \underset{\sim}{j}(\underset{\sim}{R})) \qquad (2.8.4)$$

Das vom Kernmoment herrührende Vektorpotential $\underset{\sim}{A}_K(\underset{\sim}{r})$ hat natürlich dieselben Auswirkungen wie das, das von einem äußeren Magnetfeld bewirkt wird; d.h.,es geht ein in die kinetische Energie des Elektrons,

$$\frac{p^2}{2m} \to \frac{1}{2m} (\underset{\sim}{p} + e\,\underset{\sim}{A}_K)^2 = \frac{p^2}{2m} + \frac{e}{m} \underset{\sim}{p} \cdot \underset{\sim}{A}_K + \mathcal{O}(A_K^2),$$

(Coulomb-Eichung!)

und in die "Zeeman-Energie" durch

$$2 \frac{\mu_B}{\hbar} \underset{\sim}{S} \cdot \text{rot}\, \underset{\sim}{A}_K \qquad (2.8.6)$$

Das ergibt insgesamt zwei Zusatzterme im Hamiltonoperator,

$$H_{HF} = H_{HF}^{(1)} + H_{HF}^{(2)} \quad , \qquad (2.8.7)$$

die jetzt einzeln berechnet werden sollen. $H_{HF}^{(1)}$ betrifft die Bahnbewegung des Elektrons,

$$H_{HF}^{(1)} = \frac{e}{m} \underset{\sim}{p} \cdot \underset{\sim}{A}_K = \frac{\mu_o}{4\pi} \frac{e}{m} \frac{1}{r^3} \underset{\sim}{p} \cdot (\underset{\sim}{m}_K \times \underset{\sim}{r})$$

$$= \frac{\mu_o}{4\pi} \frac{e}{m} \frac{1}{r^3} \underset{\sim}{m}_K \cdot (\underset{\sim}{r} \times \underset{\sim}{p}) \quad ,$$

und liefert die sog. Bahn-Hyperfein-Wechselwirkung:

$$H_{HF}^{(1)} = 2 \frac{\mu_B}{\hbar} \cdot \frac{1}{r^3} \cdot \frac{\mu_o}{4\pi} (\underset{\sim}{m}_K \cdot \underset{\sim}{l}) \qquad (2.8.8)$$

Dieser Anteil verschwindet offenbar dann, wenn sich das Elektron in einem reinen s-Zustand befindet.

Wir kommen nun zum zweiten Teil der Hyperfein-Wechselwirkung. Dazu berechnen wir zunächst:

$$\text{rot } \underset{\sim}{A}_K = \frac{\mu_o}{4\pi} \text{ rot rot } (\frac{1}{r} \underset{\sim}{m}_K)$$

$$= \frac{\mu_o}{4\pi} (\text{grad } (\text{div} (\frac{1}{r} \underset{\sim}{m}_K)) - \Delta \frac{1}{r} \underset{\sim}{m}_K)$$

$$= \frac{\mu_o}{4\pi} (\text{grad } (\underset{\sim}{m}_K \cdot \text{grad } \frac{1}{r}) - \underset{\sim}{m}_K \Delta \frac{1}{r})$$

Den letzten Term können wir zunächst vernachlässigen, da

$$\Delta \frac{1}{r} = - 4\pi \, \delta(\underset{\sim}{r})$$

und $r >> R$ sein soll. Es bleibt:

$$\text{rot } \underset{\sim}{A}_K = - \frac{\mu_o}{4\pi} \text{ grad } (\frac{1}{r^3} \underset{\sim}{r} \cdot \underset{\sim}{m}_K) \qquad (2.8.9)$$

Wir berechnen die x-Komponente:

$$\frac{d}{dx}\left(\frac{\underset{\sim}{r} \cdot \underset{\sim}{m}_K}{r^3}\right) = \frac{(\underset{\sim}{m}_K)_x}{r^3} - \frac{\underset{\sim}{r} \cdot \underset{\sim}{m}_K}{r^6} \cdot 3r^2 \frac{x}{r}$$

Die anderen Komponenten berechnen sich analog hierzu:

$$\text{rot } \underset{\sim}{A}_K = \frac{\mu_o}{4\pi} \frac{3\underset{\sim}{r}(\underset{\sim}{m}_K \cdot \underset{\sim}{r}) - \underset{\sim}{m}_K r^2}{r^5} \qquad (2.8.10)$$

Das ist natürlich kein überraschendes Ergebnis. Es ist nichts anderes als das durch das Kernmoment $\underset{\sim}{m}_K$ hervorgerufene Dipolfeld. Mit diesem wechselwirkt das magnetische Spinmoment des Elektrons

$$\underset{\sim}{m}_s = -2 \frac{\mu_B}{\hbar} \underset{\sim}{S} \quad ,$$

und ergibt dann die "dipolare Hyperfein-Wechselwirkung"

$$H_{dip} = 2 \frac{\mu_B}{\hbar} \frac{\mu_o}{4\pi} \underset{\sim}{S} \cdot \left(\frac{3\underset{\sim}{r}(\underset{\sim}{m}_K \cdot \underset{\sim}{r})}{r^5} - \frac{\underset{\sim}{m}_K}{r^3}\right) \qquad (2.8.11)$$

Die Resultate für $H_{HF}^{(1)}$ und H_{dip} wurden unter der Voraussetzung abgeleitet, daß sich das Elektron nicht im Kernbereich aufhält ($r >> R$). Diese Annahme ist für s-Elektronen unrealistisch,die bekanntlich eine endliche Aufenthaltswahrscheinlichkeit am Kernort aufweisen. Das spielt für $H_{HF}^{(1)}$ keine Rolle, da die Matrixelemente hier für $l = 0$ verschwinden. Für H_{dip} bedeutet es jedoch eine Einschränkung. Wir wollen diesen Beitrag deshalb noch einmal etwas genauer untersuchen, indem wir den entsprechenden Zusatzterm im Hamiltonoperator zumindest plausibel machen.

Sei $\psi(\underset{\sim}{r})$ die Wellenfunktion des Elektrons (ohne Spinanteil). Wir lassen unwichtige Vorfaktoren weg und berechnen mit $\psi(\underset{\sim}{r})$ den Erwartungswert von $\underset{\sim}{S} \cdot \text{rot } \underset{\sim}{A}_K$. Der Kern befinde sich innerhalb einer fiktiven,sehr kleinen Kugel vom Radius R. Dann können wir den zu berechnenden Erwartungswert in zwei Anteile aufspalten:

$$\int d^3r \, \psi^*(\underset{\sim}{r})[\underset{\sim}{S} \cdot \text{rot } \underset{\sim}{A}_K]\psi(\underset{\sim}{r}) =$$

$$= \int_{r<R} d^3r \, \psi^*(\underset{\sim}{r}) \cdot [\underset{\sim}{S} \cdot \text{rot } \underset{\sim}{A}_K] \, \psi(\underset{\sim}{r}) + \qquad (2.8.12)$$

$$+ \int_{r>R} d^3r\, \psi^*(\underset{\sim}{r})[\underset{\sim}{S} \cdot \text{rot}\, \underset{\sim}{A}_K]\psi(\underset{\sim}{r})$$

Der zweite Term führt zu der oben abgeleiteten dipolaren Hyperfein-Wechselwirkung. Neu ist deshalb nur der erste Summand. Mit

$$\text{div}(\underset{\sim}{A}_K \times \underset{\sim}{S}) = \underset{\sim}{S} \cdot \text{rot}\, \underset{\sim}{A}_K - \underset{\sim}{A}_K \cdot \text{rot}\, \underset{\sim}{S} = \underset{\sim}{S} \cdot \text{rot}\, \underset{\sim}{A}_K$$

haben wir zunächst, wenn wir annehmen, daß das Betragsquadrat der elektronischen Wellenfunktion $|\psi(\underset{\sim}{r})|^2$ sich über dem Kernbereich nur wenig ändert:

$$\int_{r<R} d^3r\, \psi^*(\underset{\sim}{r})[\underset{\sim}{S} \cdot \text{rot}\, \underset{\sim}{A}_K]\psi(\underset{\sim}{r})$$

$$\approx \int_{r<R} d^3r\, \text{div}\, ((\underset{\sim}{A}_K \times \underset{\sim}{S})|\psi(\underset{\sim}{r})|^2)$$

$$= \int_{O_R} d\underset{\sim}{f} \cdot (\underset{\sim}{A}_K \times \underset{\sim}{S})|\psi(\underset{\sim}{R})|^2$$

$$= \underset{\sim}{S} \cdot \int_{O_R} d\underset{\sim}{f} \times \underset{\sim}{A}_K|\psi(\underset{\sim}{R})|^2$$

Die Kugel mit dem Radius R sei einerseits so klein, daß wir für die elektronische Wellenfunktion $|\psi(\underset{\sim}{R})|^2 \approx |\psi(0)|^2$ setzen können, andererseits aber auch groß genug, um die Näherungsformel (2.8.3) für $\underset{\sim}{A}_K(\underset{\sim}{R})$ verwenden zu können. Dann gilt weiter, wenn die Richtung des Kernmoments $\underset{\sim}{m}_K$ die z-Achse definiert:

$$\int_{r<R} d^3r\, \psi^*(\underset{\sim}{r})[\underset{\sim}{S} \cdot \text{rot}\, \underset{\sim}{A}_K]\psi(\underset{\sim}{r})$$

$$= \underset{\sim}{S} \cdot \int_{O_R} R^2\, d\Omega \cdot \frac{\underset{\sim}{R}}{R} \times \left(\frac{\mu_0}{4\pi} \frac{\underset{\sim}{m}_K \times \underset{\sim}{R}}{R^3}\right)|\psi(0)|^2$$

$$= \frac{\mu_0}{4\pi} |\psi(0)|^2 \cdot \frac{1}{R^2} \iint d\cos\Theta\, d\Phi\, (\underset{\sim}{m}_K \cdot R^2 - \underset{\sim}{R}\,(\underset{\sim}{R} \cdot \underset{\sim}{m}_K)) \cdot \underset{\sim}{S}$$

$$= \frac{\mu_o}{4\pi} |\psi(0)|^2 \underset{\sim}{S} \cdot \iint d\Phi \, d\cos\Theta \, m_K\{(0, 0, 1)$$

$$- \cos\Theta \, (\sin\Theta \cos\Phi, \sin\Theta \sin\Phi, \cos\Theta)\}$$

$$= \frac{2}{3} \mu_o (\underset{\sim}{m}_K \cdot \underset{\sim}{S}) |\psi(0)|^2$$

Dieses führt in Operatorform zu dem folgenden Beitrag zur Hyperfein-Wechselwirkung:

$$H_{kont} = \frac{4}{3} \mu_o \frac{\mu_B}{\hbar} (\underset{\sim}{S} \cdot \underset{\sim}{m}_K) \delta(\underset{\sim}{r}) \tag{2.8.13}$$

Man nennt diesen Ausdruck die "Kontakt-Hyperfein-Wechselwirkung", die offensichtlich nur für s-Elektronen in Betracht kommt. Die Wechselwirkung des Elektronenspins $\underset{\sim}{S}$ mit dem durch die Kernströme hervorgerufenen Magnetfeld liefert dann insgesamt den Beitrag

$$H_{HF}^{(2)} = H_{dip} + H_{kont} \tag{2.8.14}$$

Drückt man noch wie üblich das Kernmoment $\underset{\sim}{m}_K$ durch den Kernspin $\underset{\sim}{I}$ aus,

$$\underset{\sim}{m}_K = g_K \frac{\mu_K}{\hbar} \cdot \underset{\sim}{I} \tag{2.8.15}$$

wobei μ_K das Kernmagneton und g_K der nukleare g-Faktor sind, so können wir insgesamt den Beitrag des Kerns zum Gesamt-Hamiltonoperator des Elektrons formulieren:

$$H_{HF} = \frac{\mu_o}{2\pi} \cdot \frac{\mu_B}{\hbar^2} \cdot g_K \cdot \mu_K \cdot \{\frac{1}{r^3} (\underset{\sim}{I} \cdot \underset{\sim}{l})$$

$$+ (\frac{3(\underset{\sim}{S} \cdot \underset{\sim}{r})(\underset{\sim}{I} \cdot \underset{\sim}{r})}{r^5} - \frac{\underset{\sim}{S} \cdot \underset{\sim}{I}}{r^3}) \tag{2.8.16}$$

$$+ \frac{8\pi}{3} (\underset{\sim}{S} \cdot \underset{\sim}{I}) \, \delta(\underset{\sim}{r})\}$$

Das versteht man insgesamt unter "Hyperfein-Wechselwirkung". Es wechselwirkt also sowohl der Bahndrehimpuls $\underset{\sim}{l}$ als auch der Spin $\underset{\sim}{S}$ des Elektrons mit dem Kernspin $\underset{\sim}{I}$. H_{HF} sorgt für die Hyperfeinstruktur der Elektronenterme. Wegen $\mu_K \approx 10^{-3}\ \mu_B$ ($\mu_K = \frac{e \cdot \hbar}{2\ m_p}$; m_p: Masse des Protons) ist H_{HF} für den statischen Magnetismus relativ unbedeutend, ist jedoch wichtig für Frequenzverschiebungen in Resonanzexperimenten.

(2.9) MAGNETISCHER HAMILTONOPERATOR DES ATOMELEKTRONS

Zur besseren Übersicht wollen wir noch einmal in Form einer Liste die Einflüsse zusammenstellen, die nach unseren bisherigen Überlegungen ein Atomelektron "spüren" sollte. Für ein

(a) spinloses Teilchen

in einem kugelsymmetrischen Zentralfeld und einem homogenen äußeren Magnetfeld $\underset{\sim}{B}_o = (0, 0, B_o)$ setzt sich der Hamilton-Operator aus drei Bestandteilchen zusammen:

$$H_a = H_o + H_{dia} + H_B \qquad (2.9.1)$$

H_o enthält die kinetische Energie des Elektrons und seine potentielle Energie im Zentralfeld:

$$H_o = \frac{p^2}{2m} + V(r) \qquad (2.9.2)$$

Der diamagnetische Anteil

$$H_{dia} = \frac{e^2\, B_o^2}{8m}\,(x^2 + y^2) \qquad (2.9.3)$$

und die Wechselwirkung des Feldes mit dem Bahnmoment des Elektrons

$$H_B = \frac{\mu_B}{\hbar}\,(\underset{\sim}{l} \cdot \underset{\sim}{B}_o) \qquad (2.9.4)$$

resultieren aus der Substitution $\underset{\sim}{p} \rightarrow \underset{\sim}{p} + e\,\underset{\sim}{A}$, wenn man für das Vektorpotential

$$\underset{\sim}{A} = \frac{1}{2}\,B_o\,(-y, x, 0) \qquad (2.9.5)$$

wählt, um die Coulomb-Eichung div $\underset{\sim}{A} = 0$ zu erfüllen. Durch den

(b) Spin des Elektrons

ergeben sich zwei weitere Terme,

$$H_b = H_{SB} + H_z \qquad (2.9.6)$$

nämlich die Spin-Bahn-Wechselwirkung

$$H_{SB} = - \frac{e}{2m^2 c^2} \left(\frac{1}{r} \frac{d\varphi}{dr}\right) (\underset{\sim}{l} \cdot \underset{\sim}{s}) = \lambda (\underset{\sim}{l} \cdot \underset{\sim}{s}), \qquad (2.9.7)$$

die eine Feinstruktur der Terme bewirkt, und den Zeeman-Term,

$$H_z = 2 \frac{\mu_B}{\hbar} \underset{\sim}{S} \cdot \underset{\sim}{B}_o \quad , \qquad (2.9.8)$$

der aus der Wechselwirkung des Spinmoments mit dem Feld resultiert und Übergänge zwischen Zuständen mit unterschiedlichem j, aber gleichem m_j induziert.

Eine voll relativistische Rechnung würde im wesentlichen zwei zusätzliche
<u>(c) relativistische Korrekturen</u>
bedingen:

$$H_c = H_{o,rel} + H_D \qquad (2.9.9)$$

$H_{o,rel}$ stellt eine relativistische Korrektur zur kinetischen Energie dar,

$$H_{o,rel} = - \frac{p^4}{8m^3 c^2} \qquad (2.9.10)$$

während der sog. "Darwin-Term" keine einfache anschauliche Deutung zuläßt:

$$H_D = \frac{e \hbar^2}{4m^2 c^2} (\nabla\varphi \cdot \nabla) \qquad (2.9.11)$$

Falls die Annahme eines kugelsymmetrischen, elektrostatischen Kernpotentials, die letztlich in (2.9.2) steckt, zu grob ist, haben wir noch vier
<u>(d) Kerneinflüsse</u>
zu berücksichtigen:

$$H_d = H_Q + H_{Bahn} + H_{dip} + H_{kont} \qquad (2.9.12)$$

H_Q rührt vom elektrischen Kernquadrupolfeld her:

$$H_Q = \frac{\alpha}{4\pi\,\varepsilon_o} (6(\underset{\sim}{j} \cdot \underset{\sim}{I})^2 + 3\hbar^2 (\underset{\sim}{j} \cdot \underset{\sim}{I}) - 2I^2 j^2) \qquad (2.9.13)$$

$\underset{\sim}{I}$ ist der Kernspin, α eine Konstante. Die Existenz des Kernspins führt noch zu einer Bahn-Hyperfein-Wechselwirkung

$$H_{Bahn} = \mu_o\, g_K \frac{\mu_B\, \mu_K}{2\pi\, \hbar^2} \frac{(\underset{\sim}{I} \cdot \underset{\sim}{l})}{r^3} \qquad (2.9.14)$$

und einer dipolaren Hyperfein-Wechselwirkung

$$H_{dip} = \mu_o\, g_K \frac{\mu_B\, \mu_K}{2\pi\, \hbar^2} \{\frac{3(\underset{\sim}{S} \cdot \underset{\sim}{r})(\underset{\sim}{I} \cdot \underset{\sim}{r})}{r^5} - \frac{\underset{\sim}{S} \cdot \underset{\sim}{I}}{r^3}\} \qquad (2.9.15)$$

Für s-Elektronen, die eine endliche Aufenthaltswahrscheinlichkeit am Kernort aufweisen, ist schließlich noch eine Kontakt-Hyperfein-Wechselwirkung zu berücksichtigen:

$$H_{kont} = \mu_o\, g_K \frac{4\mu_B\, \mu_K}{3\hbar^2} (\underset{\sim}{S} \cdot \underset{\sim}{I})\, \delta(\underset{\sim}{r}) \qquad (2.9.16)$$

(2.10) VIELELEKTRONENSYSTEME

Eine exakte Theorie der Atome mit $Z > 1$ Elektronen ist bis heute nicht möglich. Man kommt nicht ohne mehr oder weniger drastische Näherungen aus, deren Rechtfertigung häufig nur aus einem Vergleich mit dem Experiment abgeleitet werden kann. Gefüllte Elektronenschalen machen dabei keine Schwierigkeiten, da sie zu kugelsymmetrischen Potentialen führen, die die einzelnen Energieterme nicht gegeneinander verschieben. Da ohnehin nur Energiedifferenzen meßbar sind, sind Verschiebungen des gesamten Spektrums aufgrund eines kugelsymmetrischen Potentials völlig uninteressant.

Wir betrachten ein Atom mit Z Elektronen, davon p in einer unvollständig gefüllten Schale. Was bereitet Schwierigkeiten?

(1) Es gibt keine Dirac-Theorie für Mehrelektronensysteme. Man hat also Probleme mit der korrekten Behandlung der Spin-Bahn-Wechselwirkung.

(2) Die Coulomb-Wechselwirkung der Elektronen untereinander muß berücksichtigt werden.

Wir beschränken uns zunächst auf eine mehr oder weniger qualitative Diskussion der infrage kommenden Wechselwirkungssysteme.

(a) Coulomb-Wechselwirkung

Diese besteht aus zwei Anteilen, nämlich aus der Wechselwirkung H_K der Elektronen mit dem positiv geladenen Kern sowie der Wechselwirkung H_e der Elektronen untereinander:

$$H_c = H_K + H_e \qquad (2.10.1)$$

Läßt man die "höheren" Kernkorrekturen (Kernquadrupolfeld, Kernströme) zunächst außer acht, so gilt:

$$H_K = \frac{-Z\ e^2}{4\pi\ \varepsilon_0} \sum_{i=1}^{p} \frac{1}{r_i} \qquad (2.10.2)$$

$$H_e = \frac{e^2}{4\pi\,\varepsilon_o}\,\frac{1}{2}\sum_{\substack{i,j=1\\ i\neq j}}^{p}\frac{1}{|\underset{\sim}{r}_i - \underset{\sim}{r}_j|} \tag{2.10.3}$$

H_e macht das Problem in der Regel unlösbar. Die Theorie muß sich mit Näherungslösungen begnügen. Oft hilft man sich mit der sog. "Zentralfeld-Näherung", bei der sich die p Elektronen in einem Zentralpotential ("Hartree-Potential") unabhängig voneinander bewegen.

$$H_z = -\,e\,\varphi_z(\underset{\sim}{r}) = -\,e\,\varphi_z(r) \tag{2.10.4}$$

Dieses setzt sich aus dem üblichen Kernpotential H_K plus einem gemittelten Abstoßungspotential zusammen. Das Geschick bei der Auswahl des Abstoßungspotentials bestimmt natürlich die Güte dieser Näherung. In erster Linie führt für ein herausgegriffenes Elektron die Anwesenheit der anderen Elektronen zu einer Abschirmung des Coulomb-Feldes des Kerns.

In einem nächsten Näherungsschritt schreibt man dann

$$H_c = H_z + H_1 \tag{2.10.5}$$

mit

$$H_1 = (H_K + H_e) - H_z \tag{2.10.6}$$

und approximiert das Spektrum von H_c störungstheoretisch aus dem von H_z. Im allgemeinen sind die zunächst bestimmten Eigenwerte von H_z hoch entartet, wobei diese Entartung durch H_1 ganz oder teilweise aufgehoben wird. Die Eigenzustände $|E_{o,\alpha}\rangle$ zur Grundzustandsenergie E_o von H_z spannen einen Eigenraum auf, in dem man H_1 diagonalisiert. Die Bedingung

$$\det(\langle E_{o,\beta}|H_1|E_{o,\alpha}\rangle - E\cdot\delta_{\alpha\beta}) \overset{!}{=} 0 \tag{2.10.7}$$

liefert dann einen verbesserten Grundzustand und erste angeregte Zustände.

Insgesamt bestimmt H_c die "Grobstruktur" der Terme. - Entsprechende Rechnungen führen z.B. für den Grundzustand des Kohlenstoffs ($1s^2\ 2s^2\ 2p^2$) grob schematisch zu dem skizzierten Resultat

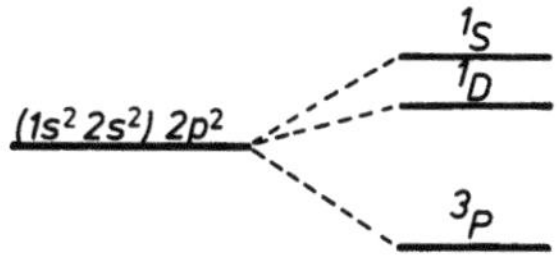

Fig. 2.3

Zentralfeld-
Näherung

störungstheoretische Korrektur

Die 4 s-Elektronen sitzen in abgeschlossenen Schalen. Man braucht also nur die beiden p-Elektronen zu beachten. Wir werden die Skizze später vervollständigen.

(b) Spin-Bahn-Kopplung

Es treten zwei Typen von Spin-Bahn-Kopplungen auf, nämlich solche zwischen

(b,1) Spin und Bahn desselben Elektrons

$$\sim (\underset{\sim}{l}_i \cdot \underset{\sim}{s}_i),$$

und solche zwischen

(b,2) Spin und Bahn verschiedener Elektronen

$$\sim (\underset{\sim}{l}_i \cdot \underset{\sim}{s}_j)$$

Man macht sich jedoch leicht klar, daß die beiden Kopplungstypen von unterschiedlichem Gewicht sein dürften:
Bei der "normalen" Spin-Bahn-Wechselwirkung (b,1) bewegt sich, vom Ruhesystem des Elektrons aus gesehen, der positiv geladene Kern um das Elektron, bildet damit einen starken Ringstrom, an dessen Magnetfeld das magnetische Spinmoment koppelt. Diese Wechselwirkung hat in jedem Moment dasselbe Vorzeichen, wird daher i.a. beträchtlich sein. - Die Wechselwirkung zwischen Spin und Bahnelementen zweier auf verschiedenen Bahnen umlaufender Elektronen wird dagegen möglicherweise während einer Periode mehrmals ihr Vorzeichen wechseln, so daß insgesamt der Beitrag (b,2) im Vergleich zu (b,1)

klein sein wird.

Man vernachlässigt deshalb (b,2) und korrigiert den dabei entstehenden Faktor in gewisser Weise dadurch, daß man in der Spin-Bahn-Kopplung (b,1) das Potential φ durch ein effektives Potential $\tilde{\varphi}$ ersetzt.

$$H_{SB} \leftrightarrow \tilde{\lambda}(\underset{\sim}{l}_i \cdot \underset{\sim}{s}_i) \tag{2.10.8}$$

$$\tilde{\lambda} = - \frac{e}{2m^2 c^2} \left(\frac{1}{r} \frac{d\tilde{\varphi}}{dr}\right) \tag{2.10.9}$$

Diese Näherung hat sich zumindest bei nicht zu leichten Atomen als brauchbar herausgestellt.

(c) Spin-Spin-Kopplung:

In Kap. (2.8) haben wir die Kopplung des Elektronenspins an den Kernspin $\underset{\sim}{I}$ diskutiert. Exakt dieselbe Argumentation führt zu einer Kopplung des i-ten Elektronenspins an den j-ten:

$$\{\underbrace{3 \frac{(\underset{\sim}{s}_i \cdot \underset{\sim}{r}_{ij})(\underset{\sim}{s}_j \cdot \underset{\sim}{r}_{ij})}{r_{ij}} - \frac{\underset{\sim}{s}_i \cdot \underset{\sim}{s}_j}{r_{ij}^3}}_{\text{dipolare Wechselwirkung}} + \underbrace{\frac{8\pi}{3} (\underset{\sim}{s}_i \cdot \underset{\sim}{s}_j)\, \delta(\underset{\sim}{r}_{ij})}_{\text{Kontaktterm}}\}$$

$$(\underset{\sim}{r}_{ij} = \underset{\sim}{r}_i - \underset{\sim}{r}_j)$$

Da auch hier über die Bahnen verschiedener Elektronen gemittelt werden muß, wird auch dieser Term von anderen Beiträgen im Hamiltonoperator dominiert und ist damit relativ uninteressant. Dasselbe gilt für eine

(d) Bahn-Bahn-Kopplung,

die in einfachster Form als

$$\sim (\underset{\sim}{l}_i \cdot \underset{\sim}{l}_j)$$

anzusetzen wäre.

(e) Kerneinflüsse

Diese sollten sich in erster Näherung einfach additiv aus den in Kap. (2.7) und (2.8) für das Einzelelektron abgeleiteten Beiträgen ergeben. Wegen $\mu_K \approx 10^{-3}\ \mu_B$ sind sie relativ klein, werden deshalb nur "bei Bedarf" berücksichtigt.

(f) Relativistische Korrekturen,
wie die zur kinetischen Energie (2.9.10) oder der Darwin-Term (2.9.11), sind für unsere Zwecke unwichtig.

Es bleibt also insgesamt als Hamiltonoperator für p Elektronen in einer nicht-gefüllten Schale:

$$H^{(0)} = \sum_{i=1}^{p} \left(\frac{p_i^2}{2m} - e\,\varphi_K(\underset{\sim}{r}_i) + \lambda(r_i)\,(\underset{\sim}{l}_i \cdot \underset{\sim}{s}_i)\right)$$

$$+ \frac{1}{2} \sum_{i,j=1}^{p} \frac{e^2}{4\pi\,\varepsilon_0 \cdot |\underset{\sim}{r}_i - \underset{\sim}{r}_j|} = H_o + H_{SB} + H_e \qquad (2.10.10)$$

Die ersten drei Summanden sind nach den einzelnen Elektronen separierbar, so daß wir ohne den vierten Term nur die Ergebnisse der letzten Abschnitte aufzusummieren hätten. Aber selbst dann wird das Problem hier komplizierter. Mit

$$\underset{\sim}{L} = \sum_{i=1}^{p} \underset{\sim}{l}_i \qquad \text{Gesamtbahndrehimpuls}$$

$$\underset{\sim}{S} = \sum_{i=1}^{p} \underset{\sim}{s}_i \qquad \text{Gesamtspin} \qquad (2.10.11)$$

interessieren uns nun nicht mehr die Quantenzahlen l, s des Einzelelektrons, sondern L, S, die Quantenzahlen der unvollständig gefüllten Schale. Man erkennt unmittelbar, daß L^2 und S^2 wegen der Spin-Bahn-Wechselwirkung nicht mit $H^{(0)}$ kommutieren. Das war beim Einzelelektron noch anders (2.4.30). Hier liegt es daran, daß z.B. L^2 nicht einfach $= \sum_{i=1}^{p} \underset{\sim}{l}_i^2$ ist. Das bedeutet, daß H_{SB} Übergänge zwischen den LS-Multipletts induziert. Die Frage ist nur, wie stark diese Beimischungen sind, d.h. wie wahrscheinlich solche Übergänge sind.

Das wiederum ist durch die relative Stärke der einzelnen Terme im Hamiltonoperator bestimmt. Man unterscheidet 2 Grenzfälle:

$$\underline{H_e \gg H_{SB}:} \begin{cases} \underset{\sim}{L} = \sum\limits_i \underset{\sim}{l}_i, \ \underset{\sim}{S} = \sum\limits_i \underset{\sim}{s}_i \\ \underset{\sim}{J} = \underset{\sim}{L} + \underset{\sim}{S} \end{cases} \qquad \underline{\text{(LS)-Kopplung}}$$

$$\underline{H_{SB} \gg H_e:} \begin{cases} \underset{\sim}{j}_i = \underset{\sim}{l}_i + \underset{\sim}{s}_i \\ \underset{\sim}{J} = \sum\limits_i \underset{\sim}{j}_i \end{cases} \qquad \underline{\text{(jj)-Kopplung}}$$

Nach Abschätzungen, die wir hier nicht im einzelnen durchführen wollen,sollte H_e etwa $\sim Z^{1/2}$ sein, H_{SB} dagegen $\sim Z^2$. Die (LS)-Kopplung ist deshalb für leichte und mittelschwere Kerne eine ausgezeichnete Näherung. Bei schweren Kernen dominiert dagegen die (jj)-Kopplung. So etwa von Pb an sind H_e und H_{SB} von derselben Größenordnung. - Betrachten wir die

<u>(α) LS-Kopplung (Russell-Saunders)</u>,

einmal etwas genauer. Wegen $\underline{H_e \gg H_{SB}}$ sind L, S "noch gute" Quantenzahlen. Die energetischen Abstände zwischen den LS-Multipletts sind um 1 bis 2 Größenordnungen größer als Multiplettaufspaltungen. Man kann deshalb in erster Näherung Übergänge in die höheren Multipletts vernachlässigen. Mögliche Basiszustände werden durch die Quantenzahlen γ, L, S, M_L und M_S gekennzeichnet:

$$|\gamma LS\ M_L\ M_S\rangle$$

Dabei meint γ einen Satz von Quantenzahlen, die zusätzlich zur Festlegung der Konfiguration benötigt werden. Wir diskutieren die Spin-Bahn-Wechselwirkung im Raum eines <u>festen</u> (L,S)-Paares, wobei wiederum das Wigner-Eckart-Theorem eine entscheidende Rolle spielen wird:

$$\sum_{i=1}^{p} \langle \gamma LS\ M_L\ M_S | \chi_i (\underset{\sim}{l}_i \cdot \underset{\sim}{s}_i) | \gamma LS\ M_L'\ M_S' \rangle = \qquad (2.10.12)$$

$$= \sum_{i=1}^{p} \sum_{q}^{0,\pm 1} \sum_{M''_L, M''_S} \langle \gamma LS\ M_L\ M_S | l_{qi} | \gamma LS\ M''_L\ M''_S \rangle$$

$$\cdot \langle \gamma LS\ M''_L\ M''_S | \chi_i (s_{qi})^+ | \gamma LS\ M'_L\ M'_S \rangle$$

Die $\sum_q$ läuft über die drei Standardkomponenten (2.5.37,38) der Vektoroperatoren $\hat{l}$ und $\hat{s}$. Für beide Matrixelemente benutzen wir das Wigner-Eckart-Theorem. Das Matrixelement

$$\langle \gamma LS\ M_L\ M_S | l_{qi} | \gamma LS\ M''_L\ M''_S \rangle = \langle \bar{\gamma} L\ M_L | l_{qi} | \bar{\gamma} L\ M''_L \rangle \qquad (2.10.13)$$

ist sicher nur für $M_S = M''_S$ ungleich Null, da $\underset{\sim}{l}_i$ natürlich mit $\underset{\sim}{S} = \sum_i \underset{\sim}{S}_i$ vertauscht. Damit enthält $\bar{\gamma}$ im Prinzip M''_S gar nicht mehr. Wegen des Wigner-Eckart-Theorems können wir von einer Proportionalität der Matrixelemente (2.10.13) und der entsprechenden Matrixelemente des Gesamtbahndrehimpulses $\underset{\sim}{L}$ ausgehen:

$$\langle \bar{\gamma} L\ M_L | l_{qi} | \bar{\gamma} L\ M''_L \rangle = \alpha(\bar{\gamma}, L) \langle \bar{\gamma} L\ M_L | L_q | \bar{\gamma} L\ M''_L \rangle \qquad (2.10.14)$$

Der Koeffizient α hängt <u>nicht</u> von M''_L und M''_S ab.

Dasselbe Verfahren können wir auf das zweite Matrixelement in (2.10.12) anwenden

$$\begin{aligned} &\langle \gamma LS\ M''_L\ M''_S | (s_{qi})^+ | \gamma LS\ M'_L\ M'_S \rangle \\ &= \langle \bar{\bar{\gamma}} S\ M''_S | (s_{qi})^+ | \bar{\bar{\gamma}} S\ M'_S \rangle \end{aligned} \qquad (2.10.15)$$

$\bar{\bar{\gamma}}$ enthält nun M''_L nicht. Über das Wigner-Eckart-Theorem können wir nun den Gesamtspin $\underset{\sim}{S}$ ins Spiel bringen:

$$\begin{aligned} &\langle \bar{\bar{\gamma}}\ S\ M''_S | \chi_i (s_{qi})^+ | \bar{\bar{\gamma}}\ S\ M'_S \rangle = \\ &= \beta(\bar{\bar{\gamma}}, S) \langle \bar{\bar{\gamma}}\ S M''_S | S_q^+ | \bar{\bar{\gamma}} S\ M'_S \rangle \end{aligned} \qquad (2.10.16)$$

Setzt man nun (2.10.14) und (2.10.16) in (2.10.12) ein, so können die Koeffizienten α und β vor die Summen gezogen werden. Das bedeutet letztlich:

$$\langle\gamma LS\, M_L\, M_S|H_{SB}|\gamma LS\, M_L'\, M_S'\rangle \sim \langle\gamma LS\, M_L\, M_S|(\underset{\sim}{L}\cdot\underset{\sim}{S})|\gamma LS\, M_L'\, M_S'\rangle \qquad (2.10.17)$$

Im Raum eines (LS)-Multipletts können wir daraus eine Operatoridentität ablesen:

$$H_{SB} = \Lambda(\gamma, LS)\,(\underset{\sim}{L}\cdot\underset{\sim}{S}) \qquad (2.10.18)$$

Diese Form der Spin-Bahn-Kopplung gilt also nur dann, wenn Übergänge zu anderen (LS)-Multipletts vernachlässigt werden können.

Die Folgen der Spin-Bahn-Kopplung sind in diesem Fall völlig analog zu denen im Einelektronensystem:

$$\underset{\sim}{J}^2 = (\underset{\sim}{L} + \underset{\sim}{S})^2 \Rightarrow \underset{\sim}{L}\cdot\underset{\sim}{S} = \frac{1}{2}(J^2 - L^2 - S^2) \qquad (2.10.19)$$

Man berechnet leicht die folgenden Kommutatoren:

$$[(\underset{\sim}{L}\cdot\underset{\sim}{S}), J^2]_- = 0 \Rightarrow [H^{(0)}, J^2]_- = 0 \qquad (2.10.20)$$

$$[(\underset{\sim}{L}\cdot\underset{\sim}{S}), L_z]_- = -[(\underset{\sim}{L}\cdot\underset{\sim}{S}), S_z]_- \neq 0 \qquad (2.10.21)$$

Das bedeutet, daß $J\ M_J\ L\ S$ "gute" Quantenzahlen und $M_L\ M_S$ "keine guten" Quantenzahlen sind. H_{SB} ist also in der $|\gamma LS\, M_L\, M_S\rangle$-Darstellung <u>nicht</u> diagonal, wohl aber in der $|\gamma LS\, J\, M_J\rangle$-Darstellung. H_{SB} spaltet das entartete LS-Multiplett nach den Quantenzahlen J des Gesamtdrehimpulses auf,

$$|L - S| \leq J \leq L + S \quad , \qquad (2.10.22)$$

und sorgt damit für eine <u>Feinstruktur der Terme:</u>

$$E^{(0)}_{\gamma LSJ} = E^{(0)}_{\gamma LS} + \frac{1}{2}\hbar^2\Lambda(\gamma, LS)\cdot\{J(J+1) - L(L+1) - S(S+1)\} \qquad (2.10.23)$$

Wir können nun die in Fig. 2.3 schematisch skizzierte Lösung für den Grundzustand des Kohlenstoffs vervollständigen. Gemäß (2.10.23) sorgt H_{SB} für eine zusätzliche Aufspaltung, falls L und S ungleich Null sind:

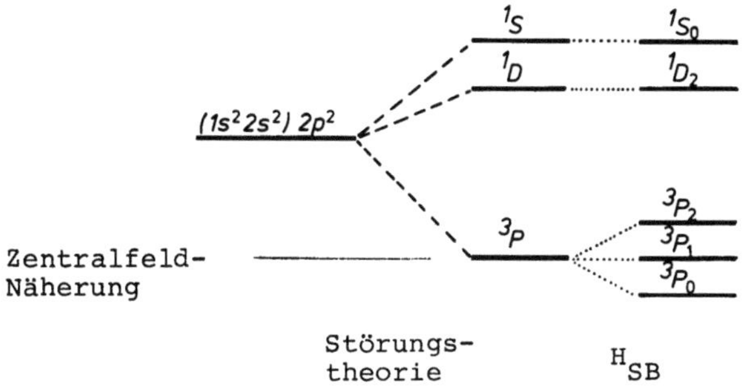

Fig. 2.4

Man erkennt an (2.10.23) die berühmte Landé-Intervallregel, die die Energiedifferenz zweier benachbarter Terme in einem LS-Multiplett betrifft:

$$\Delta E = E^{(0)}_{\gamma LSJ} - E^{(0)}_{\gamma LSJ-1} = \hbar^2 \; \Lambda(\gamma, LS) \cdot J \qquad (2.10.24)$$

Diese Beziehung kann sowohl als experimentelles Kriterium für LS-Kopplung gelten als auch zur Bestimmung von Λ dienen.

Jedes $E^{(0)}_{\gamma LSJ}$ ist wegen

$$-J \leq M_J \leq +J$$

noch (2J + 1)-fach richtungsentartet. Diese verbleibende Entartung wird durch ein äußeres Feld ganz oder teilweise aufgehoben.

Der Einfluß eines äußeren Magnetfeldes ist leicht in unseren Hamiltonoperator einzubauen:

$$H = H^{(0)} + \frac{\mu_B}{\hbar} (L_z + 2S_z) B_0 \qquad (2.10.25)$$

Es treten dieselben Komplikationen auf, wie wir sie in Kap. (2.6) für das Einelektronensystem diskutiert haben.

$$[H, J^2]_- \neq 0 \quad \Downarrow \quad J \text{ "keine gute" Quantenzahl mehr}$$
$$[H, J_z]_- = 0 \quad \Downarrow \quad M_J \text{ bleibt "gute" Quantenzahl} \qquad (2.10.26)$$

Im Gültigkeitsbereich der Russell-Saunders-Kopplung erzwingt das Magnetfeld Übergänge zwischen Zuständen mit verschiedenem J, aber gleichem M_J. Die Energieniveaus berechnen sich nach demselben Schema, wie in Kap. (2.6) für das Einelektronensystem vorgeführt. Wir haben nur die kleinen durch die entsprechenden großen Buchstaben zu ersetzen. Es ergeben sich natürlich auch dieselben Grenzfälle:

(1) schwache Felder: $\mu_B B_o << \Lambda(\gamma, LS)$

J kann als "noch gute" Quantenzahl aufgefaßt werden; in J nicht diagonale Matrixelemente des Hamiltonoperators sind vernachlässigbar:

$$E_{\gamma LSJM_J} = E^{(0)}_{\gamma LSJ} + g_J(L, S) \cdot M_J \mu_B B_o$$
$$g_J(L,S) = 1 + \frac{J(J+1) - L(L+1) + S(S+1)}{2J(J+1)} \qquad (2.10.27)$$

"anomaler Zeeman-Effekt"

(2) starke Felder: $\mu_B \cdot B_o >> \Lambda(\gamma, LS)$

Jetzt sind M_L, M_S "noch gute" Quantenzahlen:

$$E_{\gamma LSM_LM_S} = E^{(0)}_{\gamma LS} + (M_L + 2M_S)\mu_B B_o \qquad (2.10.28)$$

"normaler Zeeman-Effekt"

(3) Übergangsgebiet ($\mu_B B_o \approx \Lambda(\gamma, LS)$)

Hier ergibt sich eine komplizierte Feldabhängigkeit, die sich im Prinzip wie in Kap. (2.6) berechnen läßt. Für

$S > 1/2$ treten jedoch mehr Nichtdiagonalelemente als im Dublett-Fall des Kap. (2.6) auf.

Der andere Kpplungs-Grenzfall, die

<u>(β) jj-Kopplung</u>, ist bei den "schweren" Atomen in der rechten unteren Ecke des Periodensystems realisiert:

$$\underline{H_e \ll H_{SB}} \qquad (2.10.29)$$

Man hat in erster Näherung keine Kopplung verschiedener Elektronen. Jedes Elektron ist "ein System für sich" mit einem Gesamtdrehimpuls

$$\underset{\sim}{j}_i = \underset{\sim}{l}_i + \underset{\sim}{s}_i \qquad i = 1, 2, \ldots, p \qquad (2.10.30)$$

H_{SB} hebt die Entartung der Einzelteilchenzustände auf, jedes Niveau mit $l \neq 0$ spaltet in zwei Niveaus mit $j = l \pm 1/2$ auf, die entsprechenden Eigenzustände sind durch die Quantenzahlen $(\gamma l\ j\ m_j)$ gekennzeichnet.

Infolge H_e ist strenggenommen nur noch J eine gute Quantenzahl, j_i dann nur noch angenähert. Die Hundschen Regeln des Kap. (2.1) gelten nur für LS-Kopplung, sind bei der jj-Kopplung außer Kraft.

Für die

<u>(γ) mittlere Kopplung</u>

$$H_e \approx H_{SB} \qquad (2.10.31)$$

die bei den Atomen in der Mitte des Periondensystems am ehesten realisiert ist, existiert so gut wie keine brauchbare Theorie. Sie stellt mathematisch den kompliziertesten Fall dar.

Ergänzende Literatur

Bethe, H.A., Salpeter, E.E., "Hdb. Physik XXXV", Springer 1957, 133

Condor, E.U., Shortley, G.H., "The Theory of Atomic Spectra", Cambridge Univ. Press 1959

Edmonds, A.R., "Drehimpulse in der Quantenmechanik", BI, Mannheim, 1964

Finkelnburg, W., "Einführung in die Atomphysik", Springer, 1964

Gradmann, U., Wolter, H., "Grundlagen der Atomphysik", Akademische Verlagsgesellschaft, 1979

Kessler, J., "Polarized Electrons", Springer, 1976, Ch. 3.1

Messiah, R., "Quantenmechanik", Bd. 2, de Gruyter, 1979

Schift, L.I., "Quantum Mechanics", McGraw Hill, 1968, Ch. 13

Slater, J.C., "Quantum Theory of Atomic Structure", McGraw Hill, 1960

Wagner, D., "Einführung in die Theorie des Magnetismus", Vieweg, 1966

White, R.M., "Quantum Theory of Magnetism", Springer, 1983

(III) Diamagnetismus 111

Zusammenfassung

Diamagnetismus ist eine Eigenschaft aller Stoffe und wird halbklassisch häufig als Induktionseffekt gedeutet ($\chi < 0$). Mit Hilfe des Bohr-van Leeuwen-Theorems läßt sich jedoch beweisen, daß Magnetismus in jeder Form, also auch der Diamagnetismus, ein rein quantenmechanisches Phänomen ist. Es bestehen qualitative Unterschiede zwischen dem Diamagnetismus der Isolatoren und dem der Metalle. Der sog. Larmor-Diamagnetismus der Isolatoren wird durch die Reaktion gefüllter Elektronenschalen auf ein äußeres Magnetfeld bewirkt. Begrifflich schwieriger ist der Landau-Diamagnetismus der Leitungselektronen eines metallischen Festkörpers. Deren Suszeptibilität setzt sich aus drei Anteilen zusammen, einer diamagnetischen Komponente ($\chi_{Landau} < 0$), die der Bahnbewegung der Elektronen zuzuschreiben ist, einer paramagnetischen Komponente ($\chi_{Pauli} > 0$), die durch die Kopplung des Feldes an den Elektronenspin bewirkt wird, und einer oszillatorischen Komponente, die als Funktion des Feldes periodisch ihr Vorzeichen ändert. Letztere führt zum de Haas-van Alphen-Effekt.

(III) Diamagnetismus

(3.1) BOHR-VAN-LEEUWEN-THEOREM

Üblicherweise wird der Diamagnetismus in einem klassischen, anschaulichen Vektormodell auf den Magnetismus bewegter Ladungen zurückgeführt und als Induktionseffekt (s. Kap. (1.4)) gedeutet. Die Landau-Präzession des Bahndrehimpulsvektors um die Magnetfeldrichtung bewirkt ein Zusatzmoment, das dem erregenden Feld nach der Lenz'schen Regel entgegengerichtet ist. In Wirklichkeit stecken in diesen Ableitungen Inkonsistenzen, d.h. mehr oder weniger verborgene "quantenmechanische Elemente". Es gilt nämlich das streng beweisbare Bohr-van Leeuwen-Theorem:

"Magnetismus ist ein quantenmechanischer Effekt. Streng klassisch gibt es keinen Dia-, Para- oder kollektiven Magnetismus."

Beweis:

Der Festkörper möge aus gleichartigen Ionen bestehen und Translationssymmetrie besitzen. Dann gilt nach (1.2.24) für die Magnetisierung,

$$\underset{\sim}{M} = \frac{N}{V} \langle \underset{\sim}{m} \rangle \quad , \tag{3.1.1}$$

wobei $\underset{\sim}{m}$ das magnetische Moment eines Einzelatoms ist. N ist die Zahl der Ionen im Volumen V. Nun gilt nach (1.2.2)

$$\underset{\sim}{m} = - \frac{\partial W}{\partial \underset{\sim}{B}_0} = - \frac{\partial H}{\partial \underset{\sim}{B}_0} \tag{3.1.2}$$

Hier ist mit H die klassische Hamilton-Funktion gemeint. Den klassischen Mittelwert bildet man wie folgt:

$$\langle \underset{\sim}{m} \rangle = \frac{1}{Z} \int \ldots \int dx_1 \ldots dx_{3N_e}\, dp_1 \ldots dp_{3N_e} \cdot \underset{\sim}{m}\, e^{-\beta H} \tag{3.1.3}$$

Dabei ist

$$Z = \int \ldots \int dx_1 \ldots dx_{3N_e}\, dp_1 \ldots dp_{3N_e} \cdot e^{-\beta H} \tag{3.1.4}$$

die "klassische Zustandssumme" und N_e die Zahl der Elektronen pro Ion. Mit (3.1.2) und (3.1.3) folgt dann:

$$\langle m \rangle = \frac{1}{\beta\, Z} \frac{\partial\, Z}{\partial B_o}$$

$$(\beta = \frac{1}{k_B T}) \qquad (k_B = 1{,}3805 \cdot 10^{-16}\ \text{erg/K}) \qquad (3.1.5)$$

$k_B =$ Boltzmann-Konstante

Das Bohr-van-Leeuwen-Theorem ist bewiesen, wenn wir zeigen können, daß Z auch bei eingeschaltetem Feld nicht von diesem abhängt.

Im Magnetfeld $B_o = \text{rot}\, A$ hat H die allgemeine Form:

$$H = \frac{1}{2m} \sum_{i=1}^{3N_e} (p_i + e\, A_i)^2 + H_1(x_1, \dots x_{3N_e}) \qquad (3.1.6)$$

Die Zustandssumme (3.1.4) läßt sich dann wie folgt schreiben:

$$Z = \int_V \dots \int dx_1 \dots dx_{3N_e}\, e^{-\beta H_1 (x_1 \dots x_{3N_e})} \cdot \int_{-\infty}^{+\infty} \int dp_1 \dots dp_{3N_e} \cdot \qquad (3.1.7)$$

$$\cdot \exp(- \frac{\beta}{2m} \sum_{i=1}^{3N_e} (p_i + e\, A_i)^2)$$

Entscheidend ist nun, daß die Impuls-Integration von $-\infty$ bis $+\infty$ läuft, d.h. wir können substituieren,

$$u_i = p_i + e\, A_i \qquad , \qquad (3.1.8)$$

ohne die Grenzen der Impulsintegrationen ändern zu müssen

$$Z = \int_V \dots \int dx_1 \dots dx_{3N_e}\, e^{-\beta H_1} \int_{-\infty}^{+\infty} \int du_1 \dots du_{3N_e} \exp(- \frac{\beta}{2m} \sum_{i=1}^{3N_e} u_i^2)$$

$$(3.1.9)$$

Damit ist die Zustandssumme Z in der Tat feldunabhängig,

$$Z \neq Z(B_o) \qquad , \qquad (3.1.10)$$

so daß nach (3.1.5) das magnetische Moment in jedem Fall verschwindet:

$$\langle m \rangle \equiv 0 \qquad (3.1.11)$$

Streng klassisch gibt es also keinen Magnetismus. Wir werden deshalb von vorneherein quantenmechanisch argumentieren und auf halbklassische Modelle verzichten.

Materie besteht aus geladenen Teilchen, die auf ein äußeres Magnetfeld $\underset{\sim}{B}_0$ reagieren. Zwei Situationen sind zu unterscheiden. (a) Das System enthält bereits permanente magnetische Momente. Dann werden sich diese im Feld ordnen. Das führt zu einem der später zu besprechenden Phänomene Para-, Ferro-, Ferri- oder Antiferromagnetismus. (b) Das Feld <u>induziert</u> magnetische Momente. Dieser sog. <u>Diamagnetismus</u> ist letztlich eine Eigenschaft <u>aller</u> Stoffe, allerdings nur dann beobachtbar, wenn (a) nicht zutrifft. Mit diesem Phänomen wollen wir uns zunächst beschäftigen. Es gibt qualitative Unterschiede zwischen dem Diamagnetismus der Isolatoren ("Larmor-Diamagnetismus")und dem Diamagnetismus der Metalle ("Landau-Diamagnetismus"), die deshalb in den nächsten Abschnitten getrennt diskutiert werden sollen.

(3.2) LARMOR-DIAMAGNETISMUS (ISOLATOREN)

Diamagnetismus ist eine Eigenschaft aller Stoffe, beobachtbar jedoch nur dann, wenn das betreffende System nicht noch zusätzlich eine para-, ferro-, ferri- oder antiferromagnetische Komponente aufweist. Der Festkörper bestehe deshalb aus Ionen mit vollständig gefüllten Elektronenschalen. Für den Grundzustand $|0\rangle$ gilt dann:

$$\underset{\sim}{J}|0\rangle = \underset{\sim}{L}|0\rangle = \underset{\sim}{S}|0\rangle = 0 \qquad (3.2.1)$$

Die Bedingung "gefüllte Elektronenschale" für die Beobachtbarkeit von Diamagnetismus ist klassisch unverständlich. Hieran erkennt man bereits einen Vorteil der korrekten quantenmechanischen Beschreibung gegenüber der "anschaulicheren", halbklassischen Beschreibung.

Wir schalten auf einen Diamagneten ein homogenes äußeres Magnetfeld

$$\underset{\sim}{B}_o = \mu_o \underset{\sim}{H} = (0, 0, B_o)$$

und fragen nach der "Reaktion" des Systems, d.h. nach dem durch das Feld induzierten magnetischen Moment, bzw. gleichbedeutend damit nach der Magnetisierung.

Bei dem betrachteten Festkörper handele es sich um einen Isolator, d.h. alle Elektronen seien streng lokalisiert. Dann gilt:

$$\underset{\sim}{M}(B_o) = \frac{N}{V} \langle 0|\underset{\sim}{m}|0\rangle \qquad (3.2.2)$$

N ist die Zahl der Ionen im Volumen V. Magnetische Energien ($\approx \mu_B \cdot B_o$) sind in der Regel so klein, daß das System in seinem Grundzustand bleibt. Wir können uns also bei der Mittelung auf den Grundzustand $|0\rangle$ beschränken.

Zwei Terme des Hamiltonoperators enthalten das Magnetfeld (s. Kap. (2.10)):

$$H_z = \frac{\mu_B}{\hbar} (L_z + 2S_z) B_o \tag{3.2.3}$$

$$H_{dia} = \frac{e^2 B_o^2}{8m} \sum_{j=1}^{N_e} (x_j^2 + y_j^2) \tag{3.2.4}$$

N_e ist die Zahl der Elektronen des Atoms oder Ions. Um $\underset{\sim}{m}$ zu erhalten, müssen wir nach B_o differenzieren. Wegen der gefüllten Elektronenschalen gilt nach (3.2.1)

$$\langle 0 | \frac{\partial H_z}{\partial B_o} | 0 \rangle = 0 \tag{3.2.5}$$

Also bleibt lediglich

$$\underset{\sim}{M}(B_o) = - \frac{N}{V} \langle 0 | \frac{\partial H_{dia}}{\partial B_o} | 0 \rangle \tag{3.2.6}$$

Wegen der Kugelsymmetrie des Einzelions (Edelgas-Konfiguration!) gilt:

$$\begin{aligned} \sum_{j=1}^{N_e} \langle 0 | x_j^2 | 0 \rangle &= \sum_{j=1}^{N_e} \langle 0 | y_j^2 | 0 \rangle = \sum_{j=1}^{N_e} \langle 0 | z_j^2 | 0 \rangle \\ &= \frac{1}{3} \sum_{j=1}^{N_e} \langle 0 | r_j^2 | 0 \rangle \end{aligned} \tag{3.2.7}$$

Das ergibt dann für die Magnetisierung:

$$M(B_o) = - \frac{Ne^2}{6mV} B_o \sum_{j=1}^{N_e} \langle r_j^2 \rangle . \tag{3.2.8}$$

Durch nochmaliges Differenzieren nach dem Feld B_o erhalten wir schließlich die diamagnetische Suszeptibilität

$$\chi^{dia} = \mu_o \left(\frac{\partial M}{\partial B_o}\right)_T = - \frac{Ne^2 \mu_o}{6mV} \sum_{j=1}^{N_e} \langle 0 | r_j^2 | 0 \rangle \tag{3.2.9}$$

Typisch für Diamagnete (s. Kap. 1.4) ist die negative Suszeptibilität. Ein Diamagnet wird von einem magnetischen Pol stets abgestoßen. Das Vorzeichen kann als Ausdruck der Lenzschen Regel gedeutet werden. Das äußere Feld induziert ein magnetisches Moment, dessen Feld dem erregenden entgegengerichtet ist. Wir wollen einmal die Größenordnung abschätzen. In Publikationen werden Zahlenwerte in der Regel für die "molare Suszeptibilität" angegeben:

$$\chi_m^{dia} = \chi^{dia} \cdot \frac{N_L}{N/V} \left[\frac{cm^3}{Mol}\right] \qquad (3.2.10)$$

Hier ist $N_L = 6.022 \cdot 10^{23}$ 1/Mol die Lochschmidt-Zahl. Wir führen zur Abschätzung den mittleren Ionenradius ein,

$$\langle r^2 \rangle = \frac{1}{N_e} \sum_{j=1}^{N_e} \langle 0 | r_j^2 | 0 \rangle \quad , \qquad (3.2.11)$$

und messen diesen in Einheiten des Bohrschen Radius:

$$a_B = \frac{4\pi\ \varepsilon_o\ \hbar^2}{m\ e^2} = 0.529\ \mathring{A} \qquad (3.2.12)$$

Damit ergibt sich für die molare Suszeptibilität:

$$\chi_m^{dia} = -\ 0.995 \cdot 10^{-5} \cdot N_e \cdot \langle r^2/a_B^2 \rangle \left[\frac{cm^3}{Mol}\right] \qquad (3.2.13)$$

Der Mittelwert ist von der Größenordnung 1, d.h., χ_m^{dia} ist sehr klein. Diamagnetismus wird deshalb nur beobachtbar sein, falls er nicht durch Paramagnetismus oder kollektiven Magnetismus überdeckt wird.

Beispiele für Diamagneten sind
(a) (feste) Edelgase
(b) einfache ionische Kristalle (Alkali-Halide)

Bei letzteren addieren sich in erster Näherung die Beiträge der beiden Ionen.

χ_m^{dia} in $10^{-6}\ \frac{cm^3}{Mol}$

	He: - 1.9	Li^+: - 0.7
F^-: - 9.4	Ne: - 7.2	Na^+: - 6.1
Cl^-: - 24.2	Ar: - 19.4	K^+: - 14.6
Br^-: - 34.5	K: - 28.0	Rb^+: - 22.0
J^-: - 50.6	Xe: - 43.0	Cs^+: - 35.1

Trend: (a) In der Tabelle nimmt von oben nach unten die Elektronenzahl N_e zu und in Übereinstimmung mit (3.2.9) auch $|\chi|$.

(b) Die Elektronenzahl in einer Reihe ist gleich, jedoch nimmt die Kernladungszahl Z von links nach rechts zu. Das bedeutet eine zunehmende Anziehungskraft auf die Elektronenhülle und damit eine von links nach rechts abnehmende Ionengröße. Ein Maß für die Ionengröße ist aber $<r^2>$, so daß auch hier der Trend mit (3.2.9) übereinstimmt.

Die Berechnung des mittleren Ionenradius $<r^2>$ ist ein nichttriviales quantenmechanisches Problem. Man benutzt häufig die folgende halbempirische Methode:
Man betrachte ein Elektron in einem Zustand mit der Hauptquantenzahl n und der Bahndrehimpulsquantenzahl l. Dann findet man mit exakten Wasserstoffeigenfunktionen (Bethe, Salpeter (1957))

$$<r^2_{nl}> = \frac{a_B^2\, n^2}{2\, Z^2}\,(5n^2 + 1 - 3l(l + 1)) \qquad (3.2.14)$$

Die magnetische Quantenzahl spielt wegen der Kugelsymmetrie der Elektronenschalen keine Rolle. Bei mehreren Elektronen hat man die Abschirmung der Kernladung zu berücksichtigen. Das geschieht in erster Näherung durch

$$Z \rightarrow Z^* = Z - \sigma_{nl} \quad , \qquad (3.2.15)$$

wobei σ_{nl} als Parameter aufzufassen ist, den man aus anderen unabhängigen Messungen zu bestimmen hat. Wenn man dann noch die $2 \cdot (2l + 1)$-fache Entartung der Niveaus berücksichtigt, so ergibt sich

$$\chi^{dia} = - \frac{Ne^2\, \mu_o}{6m\, V}\; a_B^2 \sum_n \sum_l \frac{(2l + 1)n^2(5n^2 + 1 - 3l(l + 1))}{(Z - \sigma_{nl})^2} \qquad (3.2.16)$$

Die Summen laufen über alle besetzten Schalen.

(3.3) DAS SOMMERFELD-MODELL EINES METALLS

Metallische Festkörper haben zwei "diamagnetische Quellen", nämlich

(1) die gefüllten Elektronenschalen der Ionenrümpfe (~ Larmor)

und

(2) die frei beweglichen Leitungselektronen (~ Landau)

Der Beitrag (1) wurde in Kap. (3.2) diskutiert. Wir diskutieren in Kap. (3.4) den Beitrag (2).

Da das Leitungselektron einen Spin und damit ein permanentes magnetisches Moment besitzt,treten bei Anlegen eines magnetischen Feldes sowohl para- als auch diamagnetische Effekte auf. Die Kopplung des Feldes an den Elektronenspin führt zu Paramagnetismus, die Kopplung des Feldes an die Bahnbewegung zu Diamagnetismus. Die beiden Phänomene lassen sich jedoch nicht trennen. Es gibt Interferenzterme, die je nach Feldstärke paramagnetisches oder diamagnetisches Verhalten zeigen. So werden wir finden, daß sich die isotherme magnetische Suszeptibilität χ_T der Leitungselektronen additiv aus drei Teilchen zusammensetzt:

$$\chi_T = \chi_{Pauli} + \chi_{Landau} + \chi_{osz} \qquad (3.3.1)$$

Die Pauli-Suszeptibilität χ_{Pauli} ist positiv und eindeutig auf den Elektronenspin zurückzuführen. χ_{Landau} ist negativ (Diamagnetismus !) und eine Folge der Bahnbewegung der Elektronen. χ_{osz} zeigt als Funktion des Feldes B_0 ein oszillatorisches Verhalten und führt zum de Haas-von Alphen-Effekt (s. Kap. 3.5).

Zur Berechnung der Suszeptibilität (3.3.1) beschreiben wir die Leitungselektronen im Rahmen des sog. Sommerfeld-Modells. Da dieses Modell auch in späteren Kapiteln noch reichliche Verwendung finden wird, wollen wir zunächst mit einer ausführlichen Diskussion der wichtigsten Aussagen dieses Modells beginnen.

(3.3.1) MODELLEIGENSCHAFTEN

Das Sommerfeld-Modell kann in guter Näherung die elektronischen Eigenschaften der sog. "einfachen Metalle" wie Na, K, Mg, Cu, Ag, Au, ... erklären. Es ist definiert durch die folgenden Modellannahmen:

(1) ideales Fermi-Gas im Volumen $V = L^3$

(2) periodische Randbedingungen auf V

(3) Gitterpotential $V(\underset{\sim}{r}) \equiv$ const

Wir listen die wichtigsten Eigenschaften des Modells auf:

(a) Eigenlösungen, Eigenenergien:

Wegen (1) und (3) sind ebene Wellen

$$\psi_{\underset{\sim}{k}\sigma}(\underset{\sim}{r}) = \frac{1}{\sqrt{V}} e^{i\underset{\sim}{k}\underset{\sim}{r}} \cdot \chi_\sigma \tag{3.3.2}$$

$$\chi_\uparrow = \begin{pmatrix}1\\0\end{pmatrix} \quad ; \quad \chi_\downarrow = \begin{pmatrix}0\\1\end{pmatrix} \tag{3.3.3}$$

im Volumen V die Eigenlösungen zum Hamiltonoperator

$$H = H_0 = -\frac{\hbar^2}{2m}\Delta \tag{3.3.4}$$

Die Energieeigenwerte liest man unmittelbar ab

$$\varepsilon(\underset{\sim}{k}) = \frac{\hbar^2 k^2}{2m} \tag{3.3.5}$$

Die Annahme periodischer Randbedingungen bedeutet für die Wellenfunktion:

$$\psi_{\underset{\sim}{k}\sigma}(x, y, z) = \psi_{\underset{\sim}{k}\sigma}(x + L, y, z) = \psi_{\underset{\sim}{k}\sigma}(x, y + L, z)$$
$$= \psi_{\underset{\sim}{k}\sigma}(x, y, z + L) \tag{3.3.6}$$

Mit (3.3.2) ist das nur für bestimmte Wellenvektoren erfüllbar

$$k_{x,y,z} = n_{x,y,z} \cdot \frac{2\pi}{L}, \quad n_x, n_y, n_z \in \mathbb{Z} \tag{3.3.7}$$

Die erlaubten $\underset{\sim}{k}$-Vektoren liegen damit im $\underset{\sim}{k}$-Raum nicht mehr beliebig dicht. Pro Rastervolumen

$$\Delta \underset{\sim}{k} = \frac{(2\pi)^3}{V} \qquad (3.3.8)$$

gibt es genau einen, allerdings noch zweifach spinentarteten Zustand.

Die Energieniveaus $\varepsilon(\underset{\sim}{k})$ liegen damit diskret:

$$\begin{aligned} \varepsilon(\underset{\sim}{k}) &= \frac{\hbar^2}{2m} (k_x^2 + k_y^2 + k_z^2) \\ &= \frac{2\pi^2 \hbar^2}{m \cdot L^2} (n_x^2 + n_y^2 + n_z^2) \end{aligned} \qquad (3.3.9)$$

Die Klammer ist eine nicht-negative ganze Zahl.

(b) Grundzustand des N_e-Elektronensystems

Im Grundzustand (T = 0) besetzen die Elektronen alle Zustände mit

$$\varepsilon(\underset{\sim}{k}) \leq \varepsilon_F = \frac{\hbar^2 k_F^2}{2m} \quad \text{"Fermi-Energie"} \qquad (3.3.10)$$

ε_F ist das höchste, bei T = 0 noch besetzte Energie-Niveau, alle tieferen sind von 2 Elektronen entgegengesetzten Spins besetzt, alle höheren sind unbesetzt. Wegen der isotropen Energie-Dispersion

Fig. 3.1

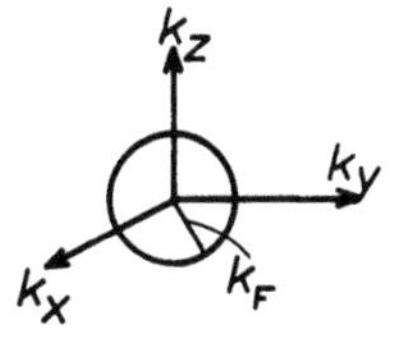

$$\varepsilon(\underset{\sim}{k}) = \varepsilon(k)$$

nehmen die N_e Elektronen im Grundzustand alle Zustände innerhalb der "Fermi-Kugel" ein. Der Radius der Fermi-Kugel definiert den "Fermi-Wellenvektor" k_F. k_F ist letztlich durch die Elektronenzahl N_e festgelegt. Für diese gilt nämlich:

$$N_e = 2 \cdot \sum_{\underset{\sim}{k}}^{k \leq k_F} 1 = \frac{2}{\Delta \underset{\sim}{k}} \int_{k \leq k_F} d^3k = \frac{2V}{8\pi^3} \cdot \frac{4\pi}{3} k_F^3$$

Das ergibt die wichtigen Beziehungen:

$$k_F = (3\pi^2 \cdot N_e/V)^{1/3} \tag{3.3.11}$$

$$\varepsilon_F = \frac{\hbar^2}{2m} (3\pi^2 N_e/V)^{2/3} \tag{3.3.12}$$

Für die mittlere Energie pro Elektron berechnet man leicht:

$$\overline{\varepsilon} = \frac{2}{N_e} \sum_{\underset{\sim}{k}}^{k \leq k_F} \frac{\hbar^2 k^2}{2m} = \frac{3}{5} \varepsilon_F \tag{3.3.13}$$

In der Tabelle findet man ein paar typische Zahlenwerte für die "einfachen" Metalle. Die letzte Spalte betrifft die sog. "Fermi-Temperatur":

$$T_F = \varepsilon_F/k_B \tag{3.3.14}$$

	$N_e/V[cm^{-3}]$	$k_F[cm^{-1}]$	$v_F[\frac{cm}{sec}]$	$\varepsilon_F[eV]$	$T_F[K]$
Li	$4.6 \cdot 10^{22}$	$1.10 \cdot 10^8$	$1.30 \cdot 10^8$	4.7	$5.5 \cdot 10^4$
Na	2.50	0.90	1.10	3.1	3.7
K	1.34	0.73	0.85	2.1	2.4
Rb	1.08	0.68	0.79	1.8	2.1
Cs	0.86	0.63	0.73	1.5	1.8
Cu	8.50	1.35	1.56	7.0	8.2
Ag	5.76	1.19	1.38	5.5	6.4
An	5.90	1.20	1.39	5.5	6.4

Eine fundamentale Größe der Festkörperphysik ist die

(c) Zustandsdichte $\rho(E)$,

definiert durch

$\rho(E) \cdot dE$ = Zahl der Zustände im Energieintervall $[E, E + dE]$

Das bedeutet

$$\rho(E)\, dE = 2 \cdot \frac{1}{\Delta \underset{\sim}{k}} \int_{\substack{\text{Schale}\\(E,E+dE)}} d^3k \qquad (3.3.15)$$

Integriert wird über eine Schale im $\underset{\sim}{k}$-Raum, die die $\underset{\sim}{k}$-Vektoren enthält, die zu Energien zwischen E und E + dE gehören. Mit dem Phasenvolumen

$$\varphi(E) = \int_{\varepsilon(\underset{\sim}{k}) \leq E} d^3k \qquad (3.3.16)$$

kann man auch schreiben:

$$\rho(E)\, dE = \frac{2V}{(2\pi)^3} \cdot \left(\frac{d}{dE}\, \varphi(E)\right) dE \qquad (3.3.17)$$

$\varphi(E)$ ist für das Sommerfeld-Modell leicht berechenbar

$$\varphi_o(E) = \frac{4\pi}{3}\, k^3 \Big|_{\varepsilon(k) = E} = \frac{4\pi}{3} \left(\frac{2m\, E}{\hbar^2}\right)^{3/2} \qquad (3.3.18)$$

Leiten wir diesen Ausdruck nach E ab,

$$\frac{d\varphi_o}{dE} = 2\pi \left(\frac{2m}{\hbar^2}\right)^{3/2} \cdot \sqrt{E} \quad ,$$

und setzen dieses dann in (3.3.17) ein, so ergibt sich:

$$\rho_o(E) = \begin{cases} d \cdot \sqrt{E}\ , & \text{falls } E \geq 0 \\ 0 & \text{sonst} \end{cases} \qquad (3.3.19)$$

$$d = \frac{V}{2\pi^2} \left(\frac{2m}{\hbar^2}\right)^{3/2} = \frac{3N_e}{2\varepsilon_F^{3/2}} \qquad (3.3.20)$$

Typisch ist die $\sqrt{E}$-Abhängigkeit. Wegen

$$\rho_o(\varepsilon_F) = \frac{3N_e}{2\varepsilon_F} \qquad (3.3.21)$$

gilt auch

$$d = \rho_o(\varepsilon_F) \cdot \frac{1}{\sqrt{\varepsilon_F}} \qquad (3.3.22)$$

(d) Besetzungswahrscheinlichkeit

Die großkanonische Zustandssumme der statistischen Mechanik wird wie folgt definiert:

$$\Xi(T, V, \mu) = Sp(e^{-\beta(H-\mu\hat{N})}) \qquad (3.3.23)$$

μ ist das chemische Potential und $\hat{N}$ der Teilchenzahloperator. Die Spur läßt sich am einfachsten in der Energiedarstellung auswerten

$$\Xi(T, V, \mu) = \sum_{N=0}^{\infty} \sum_{n} e^{-\beta(E_n^{(N)} - \mu \cdot N)} \qquad (3.3.24)$$

N ist jetzt die Teilchenzahl und $E_n^{(N)}$ die n-te Eigenenergie des N-Teilchensystems. Für wechselwirkungsfreie Systeme lassen sich diese Größen durch die Einteilchen-Niveaus ε_i und deren Besetzungszahlen n_i ausdrücken:

$$N = \sum_i n_i$$
$$E_n^{(N)} = \sum_i n_i \varepsilon_i \qquad (3.3.25)$$

Der Index i läuft über alle Einteilchenzustände. Mit (3.3.25) läßt sich wiederum die Zustandssumme umformulieren:

$$\Xi(T, V, \mu) = \sum_{N=0}^{\infty} \sum_{\substack{\{n_i\} \\ \Sigma n_i = N}} \exp(-\beta \sum_i n_i (\varepsilon_i - \mu)) \qquad (3.3.26)$$

Die zweite Summe läuft über alle denkbaren Verteilungen von N Teilchen auf die zur Verfügung stehenden Einteilchen-Niveaus. Mit

$$\exp(-\beta \sum_i n_i(\varepsilon_i - \mu)) = \prod_i \exp(-\beta\, n_i(\varepsilon_i - \mu))$$

und

$$\sum_{N=0}^{\infty} \sum_{\substack{\{n_i\} \\ \Sigma n_i = N}} \rightarrow \sum_{n_1=0}^{\infty} \sum_{n_2=0}^{\infty} \cdots \sum_{n_r=0}^{\infty} \cdots\cdots$$

können wir für Ξ schreiben:

$$\Xi(T, V, \mu) = \prod_r \left(\sum_{n_r} \exp(-\beta\, n_r(\varepsilon_r - \mu)) \right) \qquad (3.3.27)$$

In unserem Fall sind die Teilchen Elektronen und damit Fermionen, für die nur die Besetzungszahlen

$$n_i = 0 \text{ und } 1$$

erlaubt sind:

$$\Xi_e(T, V, \mu) = \prod_r (1 + \exp(-\beta\, (\varepsilon_r - \mu))) \qquad (3.3.28)$$

Die statistische Mechanik definiert den Erwartungswert $\langle\hat{A}\rangle$ einer Observablen $\hat{A}$ bekanntlich wie folgt:

$$\langle\hat{A}\rangle = \frac{1}{\Xi}\, \mathrm{Sp}(\hat{A} \cdot e^{-\beta(H-\mu\hat{N})}) \qquad (3.3.29)$$

Die Besetzungswahrscheinlichkeit eines bestimmten Niveaus eines Fermi-Systems ist gleich dem Erwartungswert des Besetzungszahloperators $\hat{n}_r$ (A.3.21):

$$\begin{aligned} \langle\hat{n}_r\rangle &= \frac{1}{\Xi}\, \mathrm{Sp}(\hat{n}_r\, e^{-\beta(H-\mu\hat{N})}) \\ &= \frac{1}{\Xi} \sum_{N=0}^{\infty} \sum_{\substack{\{n_i\} \\ \Sigma n_i = N}} n_r \cdot \exp(-\beta \sum_j n_j\, (\varepsilon_j - \mu)) \end{aligned} \qquad (3.3.30)$$

Vergleicht man diesen Ausdruck mit (3.3.26), so ergibt sich die einfache Beziehung:

$$\langle\hat{n}_r\rangle = -\frac{1}{\beta} \frac{\partial}{\partial\varepsilon_r} \ln \Xi \qquad (3.3.31)$$

Verwendet man zur expliziten Auswertung (3.3.28), so folgt schließlich:

$$\langle\hat{n}_r\rangle = \{1 + \exp(\beta(\varepsilon_r - \mu))\}^{-1} \qquad (3.3.32)$$

Das ist die bekannte "Fermi-Funktion" $f_-(\varepsilon_r)$, die also angibt, mit welcher Wahrscheinlichkeit ($0 \leq \langle \hat{n}_r \rangle \leq 1$) bei der Temperatur T das Niveau ε_r besetzt ist. $(1 - f_-(\varepsilon_r))$ ist dann die Wahrscheinlichkeit dafür, daß der entsprechende Zustand unbesetzt ist.

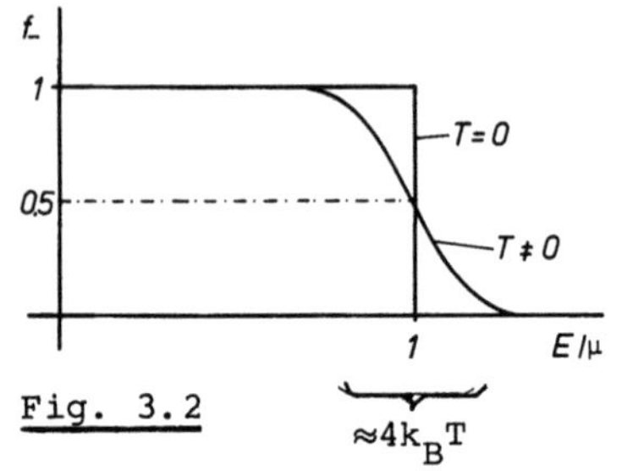

Fig. 3.2

Bei T = o ist $f_-(E)$ eine Stufenfunktion

$$f_-(E;\, T = 0) = \theta(\varepsilon_F - E) \tag{3.3.33}$$

entsprechend der Tatsache, daß bei T = 0 alle Zustände unterhalb der Fermi-Energie $\varepsilon_F = \mu(T = 0)$ besetzt und oberhalb ε_F unbesetzt sind.

Für T > 0 "weicht" die Fermi-Funktion an der Fermikante "auf". Es gilt jedoch für alle Temperaturen

$$f_-(E = \mu) = \frac{1}{2} \tag{3.3.34}$$

Dieses "Aufweichen" erfolgt symmetrisch, d.h.,der Zustand mit der Energie $\mu + \Delta E$ ist mit derselben Wahrscheinlichkeit besetzt wie der mit der Energie $\mu - \Delta E$ unbesetzt ist:

$$f_-(\mu + \Delta E) = 1 - f_-(\mu - \Delta E) \tag{3.3.35}$$

Mit (3.3.34) und

$$\frac{df_-}{dE} \underset{E\to\mu}{\to} -\frac{1}{4k_B T} \tag{3.3.36}$$

kann man die Breite der "aufgeweichten Fermi-Schicht" auf etwa 4 $k_B T$ abschätzen. An den typischen Werten der Tabelle von S. 124 erkennt man, daß selbst bei Zimmertemperatur diese Schicht höchstens ein Prozent der gesamten Verteilung ausmacht.

Für den hochenergetischen Ausläufer der Verteilung reproduziert sich die klassische Maxwell-Boltzmann-Verteilung:

$$f_-(E) \approx \exp(-\beta\,(E - \mu)) \text{ für } E - \mu >> k_B T \tag{3.3.37}$$

(e) Thermodynamik des Sommerfeld-Modells

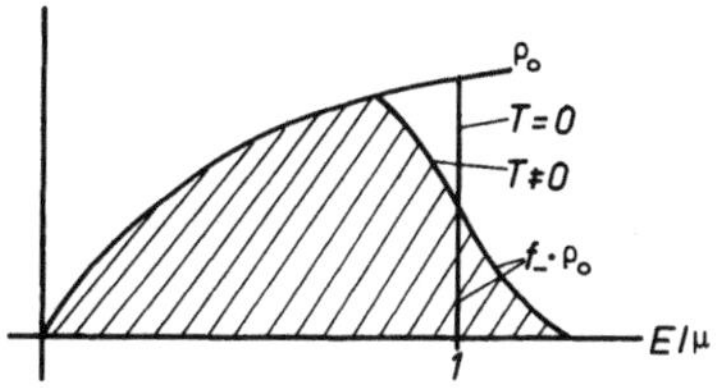

Fig. 3.3

Das Produkt aus Zustandsdichte und Fermi-Funktion liefert die Dichte der besetzten Zustände. Das Energieintegral über diese ergibt die Gesamtelektronenzahl N_e:

$$N_e = \int_{-\infty}^{+\infty} dE \cdot f_-(E) \cdot \rho_0(E) \tag{3.3.38}$$

Unmittelbar einleuchtend ist auch der Zusammenhang zwischen der inneren Energie U und der Dichte der besetzten Zustände:

$$U = \int_{-\infty}^{+\infty} dE \cdot E \cdot f_-(E) \cdot \rho_0(E) \tag{3.3.39}$$

Damit liegt im Prinzip die gesamte Thermodynamik des Sommerfeld-Modells fest, z.B. die spezifische Wärme

$$c_V = \left(\frac{\partial U}{\partial T}\right)_V \tag{3.3.40}$$

oder die freie Energie

$$F(T, V) = U(0) - T \int_0^T dT' \frac{U(T') - U(0)}{T'^2} \tag{3.3.41}$$

oder die Entropie

$$S = -\left(\frac{\partial F}{\partial T}\right)_V = \frac{U(T) - U(0)}{T} + \int_0^T dT' \frac{U(T') - U(0)}{T'^2}$$

$$= \frac{1}{T}(U - F) \tag{3.3.42}$$

Die Integrale, die für U oder N_e zu bestimmen sind,sind vom Typ

$$I(T) = \int_{-\infty}^{+\infty} dE \cdot g(E) \cdot f_{-}(E) \quad , \qquad (3.3.43)$$

wobei $f_{-}(E)$ die Fermi-Funktion ist. Dieses Integral wird von seinem T = 0 - Wert

$$I(T = 0) = \int_{-\infty}^{\varepsilon_F} dE \cdot g(E)$$

durch einen Ausdruck abweichen, der praktisch allein durch das Verhalten der Funktion g(E) in der "Fermi-Schicht" bestimmt ist. Da diese wiederum sehr schmal ist, sollten Reihenentwicklungen recht vielversprechend sein.

(3.3.2) SOMMERFELD-ENTWICKLUNG

Wir diskutieren als Einschub die extrem nützliche Sommerfeld-Entwicklung, um für die Festkörperphysik typische Integrale wie I(T) in (3.3.43) berechnen zu können.

Die Funktion g(E) möge drei Bedingungen erfüllen:

(1) g(E) ist nicht-singulär in der Fermi-Schicht

(2) $g(E) \underset{E \to -\infty}{\to} 0$

(3) Für $E \to \infty$ divergiert g(E) höchstens wie eine Potenz von E.

Dann gilt:

$$\begin{aligned} I(T) &= \int_{-\infty}^{+\infty} dE\, g(E) \cdot f_-(E) \\ &= \int_{-\infty}^{\mu} g(E)\, dE + \sum_{n=1}^{\infty} \alpha_n (k_B T)^{2n} \cdot g^{(2n-1)}(E)\Big|_{E=\mu} \end{aligned} \tag{3.3.44}$$

Die Koeffizienten α_n haben die Bedeutung:

$$\alpha_n = 2\left(1 - \frac{1}{2^{2n-1}}\right) \zeta(2n) \tag{3.3.45}$$

$\zeta(n)$ ist die Riemannsche ζ-Funktion

$$\zeta(n) = \sum_{p=1}^{\infty} \frac{1}{p^n} \quad , \tag{3.3.46}$$

Einige spezielle Werte dieser Funktion sind

$$\zeta(2) = \frac{\pi^2}{6} \quad ; \quad \zeta(4) = \frac{\pi^4}{90} \quad ; \quad \zeta(6) = \frac{\pi^6}{945} \quad \ldots$$

Der Wert dieser Entwicklung wird besonders deutlich für Funktionen g(E), für die gilt:

$$g^{(n)}(E)\Big|_{E=\mu} \approx \frac{g(\mu)}{\mu^n} \quad , \tag{3.3.47}$$

wie es z.B. in den Integralen für N_e und U(T) der Fall ist. Dann konvergiert die Reihe nämlich sehr rasch, da die Verhältnisse aufeinanderfolgender Reihenglieder von der Größenordnung

$$\left(\frac{k_B T}{\mu}\right)^2 \ll 1$$

sind. In der Regel kommt man dann bereits mit den ersten Summanden aus:

$$I(T) = \int_{-\infty}^{\mu} dE\; g(E) + \frac{\pi^2}{6} (k_B T)^2 \cdot g'(\mu) + \frac{7 \cdot \pi^4}{360} (k_B T)^4 \cdot g'''(\mu) + \mathcal{O}\left(\left(\frac{k_B T}{\mu}\right)^6\right) \qquad (3.3.48)$$

Bevor wir die Sommerfeld-Entwicklung beweisen, wollen wir ein paar Anwendungen diskutieren.

<u>(1) chemisches Potential μ:</u>

Die Temperaturabhängigkeit des chemischen Potentials können wir leicht mit Hilfe der Sommerfeld-Entwicklung über die Teilchenzahl N_e (3.3.38) bestimmen. Die Zustandsdichte $\rho_o(E)$ des Sommerfeld-Modells (3.3.19) erfüllt alle Bedingungen der Sommerfeld-Entwicklung. Wir setzen also in (3.3.44) bzw. (3.3.48) $g(E) = \rho_o(E)$ und erhalten dann:

$$N_e = \int_{-\infty}^{\mu} dE\; \rho_o(E) + \frac{\pi^2}{6} (k_B T)^2\; \rho_o'(\mu) + \ldots \qquad (3.3.49)$$

Wir benutzen die Beziehung (3.3.19) für ρ_o und finden dann:

$$N_e \approx N_e \left(\frac{\mu}{\varepsilon_F}\right)^{3/2} + \frac{\pi^2}{6} (k_B T)^2 \cdot \frac{3}{4} N_e \frac{1}{\varepsilon_F^{3/2}\, \mu^{1/2}}$$

Die Teilchenzahl N_e fällt heraus:

$$1 \approx \left(\frac{\mu}{\varepsilon_F}\right)^{3/2} \left[1 + \frac{\pi^2}{8} \cdot \left(\frac{k_B T}{\mu}\right)^2\right]$$

Der zweite Summand in der Klammer ist für typische Fälle $\leq 10^{-4}$, so daß wir weiter entwickeln können,

$$\frac{\mu}{\varepsilon_F} \approx 1 - \frac{2}{3} \frac{\pi^2}{8} \left(\frac{k_B T}{\mu}\right)^2$$

was letztlich zu dem bekannten Resultat der statistischen Mechanik führt:

$$\mu \approx \varepsilon_F \left[1 - \frac{\pi^2}{12} \left(\frac{k_B T}{\varepsilon_F}\right)^2\right] \qquad (3.3.50)$$

Unter normalen Bedingungen ist in "entarteten" Elektronensystemen die Temperaturabhängigkeit des chemischen Potentials praktisch vernachlässigbar.

(2) innere Energie U:

Die Funktion $E \cdot \rho_o(E)$ in (3.3.39) erfüllt die Voraussetzungen der Sommerfeld-Entwicklung

$$U(T) \approx \int_0^{\mu} dE \cdot E\, \rho_o(E) + \frac{\pi^2}{6} (k_B T)^2 \left[\mu\, \rho_o'(\mu) + \rho_o(\mu)\right]$$

$$= \frac{2}{5} \mu^2 \rho_o(\mu) + \frac{\pi^2}{4} (k_B T)^2 \rho_o(\mu)$$

$$= d \cdot \frac{2}{5} \varepsilon_F^{5/2} \left[\left(\frac{\mu}{\varepsilon_F}\right)^{5/2} + \frac{5\pi^2}{8} \left(\frac{k_B T}{\varepsilon_F}\right)^2 \cdot \left(\frac{\mu}{\varepsilon_F}\right)^{1/2}\right]$$

Die geschilderten Größenordnungen gestatten die Vereinfachung:

$$\left(\frac{\mu}{\varepsilon_F}\right)^n \approx 1 - n \frac{\pi^2}{12} \left(\frac{k_B T}{\varepsilon_F}\right)^2 \qquad (3.3.51)$$

Mit $U(0) = \frac{3}{5} N_e \cdot \varepsilon_F$ folgt dann:

$$U(T) = U(0) \left[1 - \frac{5\pi^2}{24} \left(\frac{k_B T}{\varepsilon_F}\right)^2 + \frac{5\pi^2}{8} \left(\frac{k_B T}{\varepsilon_F}\right)^2 + \mathcal{O}\left(\left[\frac{k_B T}{\varepsilon_F}\right]^4\right)\right]$$

Zusammengefaßt ergibt das

$$U(T) - U(0) = U(0) \frac{5\pi^2}{12} \left(\frac{k_B T}{\varepsilon_F}\right)^2 + \mathcal{O}\left(\left[\frac{k_B T}{\varepsilon_F}\right]^4\right) \qquad (3.3.52)$$

(3) spezifische Wärme c_V

$$c_V = \left(\frac{\partial U}{\partial T}\right)_V = U(0) \cdot \frac{5\pi^2}{6} \left(\frac{k_B}{\varepsilon_F}\right)^2 \cdot T \qquad (3.3.53)$$

Charakteristisch ist die lineare Temperaturabhängigkeit, die eindeutig experimentell bestätigt wird:

$$c_V = \gamma \cdot T \text{ mit } \gamma = \frac{a}{\varepsilon_F} = b \cdot \rho_o(\varepsilon_F) \qquad (3.5.54)$$

$$a = \frac{1}{2} N_e \pi^2 k_B^2 \quad , \quad b = \frac{1}{3} \pi^2 k_B^2 \qquad (3.5.55)$$

Wir kommen nach diesen Anwendungsbeispielen (weitere folgen später) nun zum Beweis der Sommerfeld-Entwicklung:
Wir berechnen

$$I(T) = \int_{-\infty}^{+\infty} dE \; g(E) \; f_-(E) \qquad (3.5.56)$$

und definieren dazu

$$p(E) = \int_{-\infty}^{E} d\eta \; g(\eta) \Leftrightarrow g(E) = \frac{dp(E)}{dE} \qquad (3.3.57)$$

Es folgt dann zunächst mit partieller Integration:

$$I(T) = p(E) \; f(E) \Big|_{-\infty}^{+\infty} - \int_{-\infty}^{+\infty} dE \; p(E) \; f_-'(E) \qquad (3.5.58)$$

Der ausintegrierte Teil verschwindet an der oberen Grenze wegen $f_-(E)$ und der Voraussetzung (3) und an der unteren Grenze wegen $p(E)$.

Wir benutzen die Taylor-Entwicklung von $p(E)$ um $E = \mu$ (wegen (1) möglich!):

$$p(E) = p(\mu) + \sum_{n=1}^{\infty} \frac{(E - \mu)^n}{n!} \; p^{(n)}(\mu) \qquad (3.3.59)$$

Der erste Summand liefert den folgenden Beitrag

$$I_o(T) = - p(\mu) \int_{-\infty}^{-\infty} dE \; f_-'(E) = - p(\mu) \; f_-(E) \Big|_{-\infty}^{+\infty} = + p(\mu) \qquad (3.3.60)$$

Aus der Summe in (3.3.58) tragen nur die geraden Potenzen von $(E - \mu)$ zum Integral $I(T)$ bei, da

$$f_-'(E) = - \frac{\beta}{4 \cosh^2(\frac{1}{2} \beta(E - \mu))} \qquad (3.3.61)$$

eine gerade Funktion von $(E - \mu)$ ist. Wir haben also als

Zwischenergebnis:

$$I(T) = I_o(T) + \beta \sum_{n=1}^{\infty} \frac{1}{(2n)!} \, g^{(2n-1)}(\mu) \cdot I_{2n}(T) \tag{3.3.62}$$

Hier haben wir noch abgekürzt:

$$\begin{aligned} I_{2n}(T) &= \int_{-\infty}^{+\infty} dE \cdot (E-\mu)^{2n} \cdot \frac{e^{\beta(E-\mu)}}{(e^{\beta(E-\mu)}+1)^2} = \\ &= \beta^{-(2n+1)} \int_{-\infty}^{+\infty} dx \cdot x^{2n} \cdot \frac{e^x}{(e^x+1)^2} = \\ &= -\,2\beta^{-(2n+1)} \left[\frac{d}{d\lambda} \int_0^{\infty} dx \, \frac{x^{2n-1}}{e^{\lambda x}+1}\right]_{\lambda=1} = \\ &= -\,2\beta^{-(2n+1)} \left[\frac{d}{d\lambda} \, \lambda^{-2n} \int_0^{\infty} du \, \frac{u^{2n-1}}{e^u+1}\right]_{\lambda=1} \\ &= 4n \, \beta^{-(2n+1)} \cdot \int_0^{\infty} du \, \frac{u^{2n-1}}{e^u+1} \end{aligned} \tag{3.3.63}$$

An dieser Stelle erkennen wir die Riemannsche ζ-Funktion, die wie folgt definiert ist:

$$\zeta(n) = \sum_{p=1}^{\infty} \frac{1}{p^n} = \frac{1}{(1-2^{1-n})\Gamma(n)} \int_0^{\infty} \frac{x^{n-1}}{e^x+1} \, dx \tag{3.3.64}$$

Die Integrale $I_{2n}(T)$ sind damit bestimmt:

$$\begin{aligned} I_{2n}(T) &= 4n \, \beta^{-(2n+1)} \, (1-2^{1-2n}) \, \Gamma(2n) \cdot \zeta(2n) \\ &= 2\left(1-\frac{1}{2^{2n-1}}\right)(2n)! \, \zeta(2n) \cdot \beta^{-(2n+1)} \end{aligned} \tag{3.3.65}$$

Nach Einsetzen dieser Beziehung in (3.3.62) ist der Beweis vollständig:

$$I(T) = p(\mu) + 2 \sum_{n=1}^{\infty} \left(1-\frac{1}{2^{2n-1}}\right) \zeta(2n) \, (k_B T)^{2n} \cdot g^{(2n-1)}(\mu)$$

(3.4) LANDAU-DIAMAGNETISMUS (METALLE)

Nach diesem Einschub über das Sommerfeld-Modell kommen wir nun zu unserem eigentlichen Problem zurück, dem Diamagnetismus der metallischen Festkörper. Wir berechnen im Rahmen des Sommerfeld-Modells die Suszeptibilität der Leitungselektronen, und zwar nach einem Verfahren, das von Landau (1930) vorgeschlagen wurde. Peierls (1933) hat die Methode dann durch Berücksichtigung des periodischen Gitterpotentials verallgemeinert. Dieses wollen wir hier jedoch nicht nachvollziehen, da die Landau-Theorie bereits alles Wesentliche liefert.

Wir werden zunächst die Schrödinger-Gleichung für freie Elektronen im homogenen statischen Magnetfeld lösen. Mit den so gewonnenen Eigenzuständen und Eigenenergien werden wir die kanonische Zustandssumme $Z_N(T, B_o)$ berechnen, die für wechselwirkungsfreie Elektronen natürlich faktorisiert:

$$Z_N(T, B_o) = Sp(e^{-\beta H}) = Z_1^N \tag{3.4.1}$$

Z_1 ist die Zustandssumme des Einzelelektrons. Aus Z_N erhalten wir dann die freie Energie F

$$F = F(T, B_o) = - k_B T \ln Z_N(T, B_o) \tag{3.4.2}$$

und daraus dann die Suszeptibilität

$$\chi_T = - \frac{\mu_o}{V} \left(\frac{\partial^2 F}{\partial B_o^2}\right)_T \tag{3.4.3}$$

Das ist das Programm der nächsten Unterabschnitte.

(3.4.1) FREIE ELEKTRONEN IM MAGNETFELD (LANDAU-NIVEAUS)

N_e nicht miteinander wechselwirkende Elektronen werden durch den Hamiltonoperator

$$H = \frac{1}{2m^*} \sum_{i=1}^{N_e} (\underset{\sim}{p}_i + e\,\underset{\sim}{A}(\underset{\sim}{r}_i))^2 \qquad (3.4.4)$$

beschrieben. Die effektive Masse m* soll in erster Näherung den Einfluß des ansonsten vernachlässigten Gitterpotentials berücksichtigen. Zu beachten ist dabei, daß m* nur in die Bahnbewegung der Elektronen eingeht, nicht jedoch in die Spin-Wechselwirkungen. Bei letzteren müssen wir die "nackte" Masse m verwenden. Da die Elektronen untereinander nicht korreliert sind, können wir unsere Betrachtungen auf ein einzelnes Elektron beschränken. Wir wählen das Vektorpotential so, daß

$$\text{rot}\,\underset{\sim}{A} = \underset{\sim}{B}_o = B_o\,\underset{\sim}{e}_z \qquad (3.4.5)$$

$$\text{div}\,\underset{\sim}{A} = 0 \qquad \text{(Coulomb-Eichung)} \qquad (3.4.6)$$

erfüllt sind. Dazu paßt offensichtlich der folgende Ansatz:

$$\underset{\sim}{A}(\underset{\sim}{r}) = (0,\, B_o x,\, 0) \qquad (3.4.7)$$

(3.4.7) in (3.4.4) ergibt mit (3.4.6) als Hamiltonoperator H_o des Einzelelektrons:

$$H_o = \frac{1}{2m^*}(\underset{\sim}{p} + e\,\underset{\sim}{A})^2 = \frac{1}{2m^*}(p^2 + 2e\,\underset{\sim}{A}\cdot\underset{\sim}{p} + e^2\,\underset{\sim}{A}^2)$$

$$= \frac{1}{2m^*}(p_x^2 + p_z^2 + p_y^2 + 2e\,B_o x p_y + e^2 B_o^2 x^2)$$

Das läßt sich noch etwas zusammenfassen.:

$$H_o = \frac{1}{2m^*}(p_x^2 + p_z^2 + (p_y + e\,B_o\,x)^2) \qquad (3.4.8)$$

Zur Lösung der Schrödinger-Gleichung

$$H_o \psi(x, y, z) = E \psi(x, y, z) \tag{3.4.9}$$

wählen wir den Ansatz:

$$\psi(x, y, z) = e^{ik_z \cdot z} e^{ik_y \cdot y} \cdot U(x) \tag{3.4.10}$$

Das ergibt die Eigenwertgleichung

$$\left[-\frac{\hbar^2}{2m^*}\frac{d^2}{dx^2} + \frac{1}{2m^*}(\hbar k_y + e B_o x)^2\right] U(x) = \left(E - \frac{\hbar^2 k_z^2}{2m^*}\right) U(x) \tag{3.4.11}$$

Führen wir an dieser Stelle die <u>"Zyklotronfrequenz"</u>

$$\omega_c^* = \frac{e B_o}{m^*} \qquad (\hbar\omega_c^* = 2 \mu_B^* B_o) \tag{3.4.12}$$

ein und substituieren für x

$$\rho = x + \frac{1}{\omega_c^*}\frac{\hbar k_y}{m^*} , \tag{3.4.13}$$

dann lautet die zu lösende Eigenwertgleichung:

$$\left[-\frac{\hbar^2}{2m^*}\frac{d^2}{d\rho^2} + \frac{1}{2} m^* \omega_c^{*2} \rho^2\right] U(\rho) = \left(E - \frac{\hbar^2 k_z^2}{2m^*}\right) U(\rho) \tag{3.4.14}$$

Das ist die Eigenwertgleichung des harmonischen Oszillators mit der Frequenz ω_c^*. Die Lösung ist bekannt:
Die Eigenfunktionen $U(\rho)$ sind Hermite-Polynome mit den <u>Eigenwerten:</u>

$$E_n(k_z) = \hbar \omega_c^* \left(n + \frac{1}{2}\right) + \frac{\hbar^2 k_z^2}{2m^*} \qquad n = 0, 1, 2, \ldots \tag{3.4.15}$$

Man nennt diese Energien <u>Landau-Niveaus</u>. Sie beschreiben

(a) eine quantisierte Bewegung der Elektronen in der Ebene senkrecht zum Feld ("Bahnquantisierung"), und

(b) eine ungestörte Bewegung in Feldrichtung.

Bei Berücksichtigung des Spins haben wir noch einen zusätzlichen Zeeman-Term hinzuzuaddieren:

$$E_n^\sigma(k_z) = E_n(k_z) + Z_\sigma \mu_B \cdot B_0 \qquad (3.4.16)$$

Z_σ ist ein Vorzeichenfaktor:

$$Z_\sigma = \begin{cases} +1 \text{ für } m_s = +1/2 & (\sigma = \uparrow) \\ -1 \text{ für } m_s = -1/2 & (\sigma = \downarrow) \end{cases} \qquad (3.4.17)$$

$\mu_B = \frac{e\hbar}{2m}$ ist das "nackte" Bohrsche Magneton. (3.4.15) und (3.4.16) lassen sich in dem folgenden Termschema zusammenfassen:

Fig. 3.4

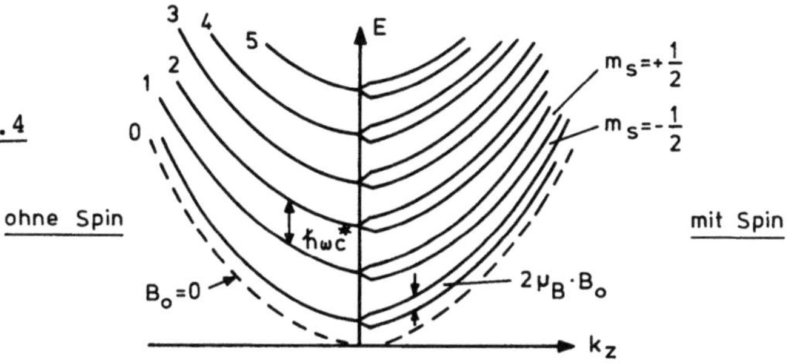

Das Elektronensystem befinde sich in einem rechteckigen Kasten mit den Kantenlängen L_x, L_y, L_z,

$$V = L_x \cdot L_y \cdot L_z \quad ,$$

und möge periodischen Randbedingungen unterliegen. Das bedeutet für die erlaubten Wellenvektoren

$$k_y = n_y \cdot \frac{2\pi}{L_y} \qquad n_y, n_z \in \mathbb{Z} \qquad (3.4.18)$$
$$k_z = n_z \cdot \frac{2\pi}{L_z}$$

Ein für das Folgende wichtiger Punkt betrifft die Entartung der Landau-Niveaus. Die Energien $E_n(k_z)$ hängen nicht von k_y ab, sind also bezüglich der möglichen k_y-Werte entartet. Die Zahl der möglichen k_y-Werte stellt gerade den Entartungsgrad g_y dar. Diesen erhalte ich, wenn ich den Abstand zwischen größtem und kleinstem k_y durch den Raster dividieren:

$$g_y = \frac{k_y^{max} - k_y^{min}}{2\pi/L} \qquad (3.4.19)$$

k_y^{max} und k_y^{min} bestimmen sich wie folgt: Das Teilchen befindet sich in einem Kasten, der in x-Richtung die Länge L_x hat. Also gilt

$$-\frac{L_x}{2} \leq x \leq +\frac{L_x}{2}$$

und deshalb wegen (3.4.13):

$$\frac{L_x}{2} + \rho \geq \frac{\hbar k_y}{e B_o} \geq \rho - \frac{L_x}{2}$$

Damit haben wir bereits k_y^{max} und k_y^{min}

$$k_y^{max} = \frac{e B_o}{\hbar} \left(\frac{L_x}{2} + \rho\right) \; ; \quad k_y^{min} = \frac{e B_o}{\hbar} \left(-\frac{L_x}{2} + \rho\right)$$

was mit (3.4.19) zu

$$g_y(B_o) = \frac{e L_x L_y}{2\pi \hbar} B_o \qquad (3.4.20)$$

führt. Jedes Landau-Niveau ist also $g_y(B_o)$-fach entartet, wobei der Entartungsgrad interessanterweise proportional zum Magnetfeld B_o ist. Betrachten wir für den Moment zur besseren Interpretation ein zweidimensionales Elektronengas. Bei sehr hohem Feld befinden sich zunächst alle Elektronen im untersten (n = 0) Landau-Niveau. Eine weitere Feldsteigerung läßt dann wegen ω_c^* die Gesamtenergie linear mit dem Feld ansteigen. - Bei abnehmendem Feld müssen von einem kritischen Wert $B_o^{(0)}$ an, der durch die Bedingung

$$N_e = g_y(B_o^{(0)}) \qquad (4.3.21)$$

festgelegt ist, Elektronen auf das n = 1 - Landau-Niveau wechseln. Dadurch wird die Energie des Systems mit abnehmenden Feld zunächst zunehmen. Für $B_o < \frac{1}{2} B_o^{(0)}$ wird das n = 2 - Landau-Niveau bevölkert, usw. (Fig. 3.5)

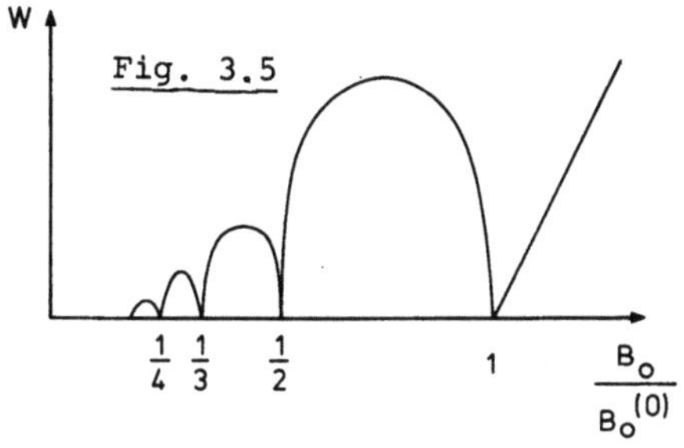

Wegen

$$\underset{\sim}{m} = - \frac{\partial W}{\partial B_o}$$

müssen sich diese Oszillationen der Energie natürlich auch in entsprechenden Oszillationen der Magnetisierung manifestieren. Das werden wir im Abschnitt (3.4.3) noch etwas genauer untersuchen.

Wie drückt sich nun die Quantisierung der Landau-Niveaus (3.4.15) im k-Raum aus?
Da sich die Energie des nicht-wechselwirkenden Elektronengases im Magnetfeld nicht ändert, muß die folgende Zuordnung gelten

$$\frac{\hbar^2}{2m^*} (k_x^2 + k_y^2) \Leftrightarrow \hbar\, \omega_c^* \, (n + \frac{1}{2}) \qquad (3.4.22)$$

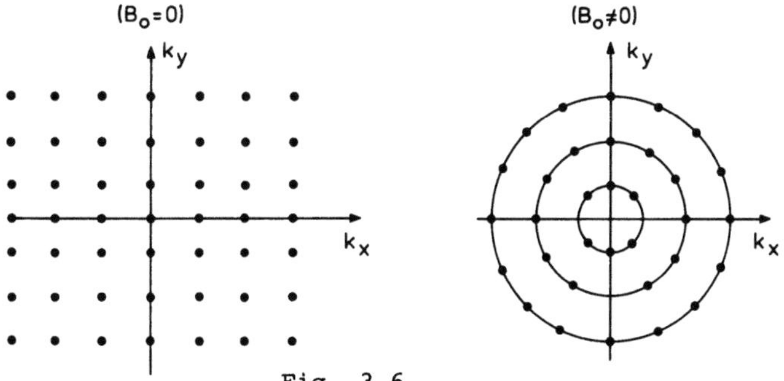

Fig. 3.6

Die ursprünglich regelmäßig gerasterten k-Werte kondensieren also im Feld auf Zylinder-Oberflächen, deren Achsen mit der Feldrichtung übereinstimmen. Der Radius der Stirnfläche des Zylinders nimmt proportional zu $\sqrt{B_o}$ im Feld zu: Für die Zylinderstirnfläche ergibt sich nämlich nach (3.4.22):

$$\begin{aligned} S(E_n) &= \pi(k^2 - k_z^2) = \pi\left(\frac{2m^* E_n}{\hbar^2} - k_z^2\right) \\ &= 2\pi\left(n + \frac{1}{2}\right)\frac{e B_o}{\hbar} \end{aligned} \qquad (3.4.23)$$

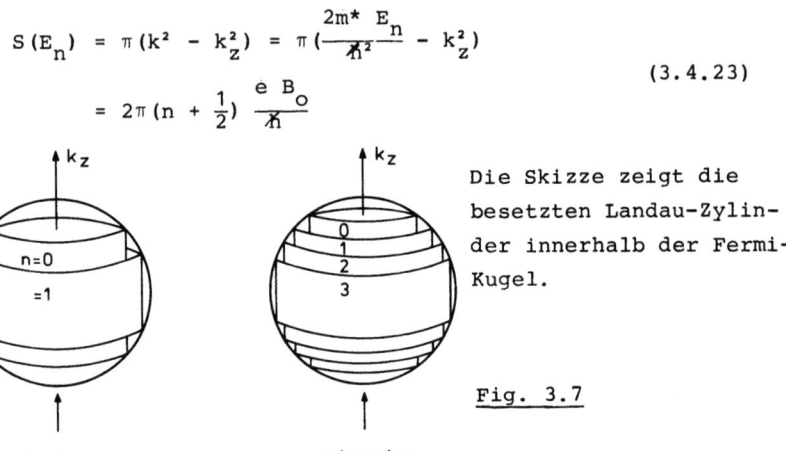

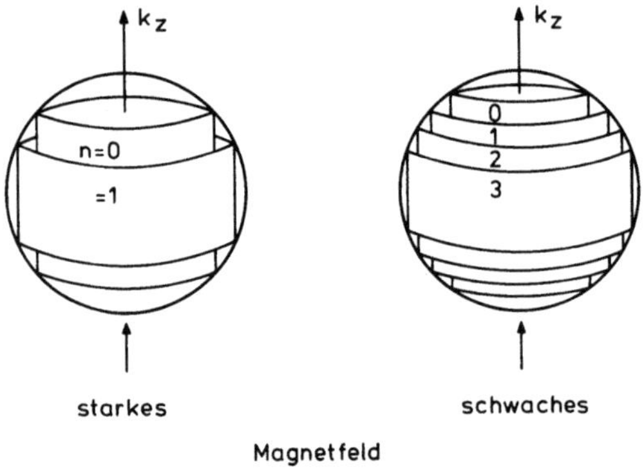

Die Skizze zeigt die besetzten Landau-Zylinder innerhalb der Fermi-Kugel.

Fig. 3.7

Die Zahl der Zustände ändert sich natürlich nicht bei Anlegen des Magnetfeldes. Nicht eingezeichnet ist in die obigen Bildchen die zusätzliche Spinaufspaltung.

(3.4.2) FREIE ENERGIE DER LEITUNGSELEKTRONEN

Wir kennen nun die möglichen Energieeigenwerte und die zugehörigen Entartungsgrade, mit denen wir die freie Energie der Leitungselektronen ausrechnen können.

Die statistische Mechanik liefert für die freie Energie den Ausdruck:

$$F(T, V, \mu) = N \cdot \mu - k_B T \ln \Xi(T, V, \mu) \qquad (3.4.24)$$

Dabei ist μ das chemische Potential und Ξ die großkanonische Zustandssumme. Im Fall des idealen Fermi-Gases (z.B. nicht-wechselwirkende Elektronen) hatten wir bereits gefunden (3.3.28):

$$\Xi(T, V, \mu) = \prod_i (1 + \exp(-\beta\,(\varepsilon_i - \mu))) \qquad (3.4.25)$$

Der Index i läuft über <u>alle</u> Zustände, d.h., eine Energie ε_i wird so häufig gezählt, wie es ihrem Entartungsgrad entspricht.

Ausgangspunkt ist also der folgende Ausdruck für die freie Energie F der nicht-wechselwirkenden Leitungselektronen:

$$F(T, V\, \mu) = N \cdot \mu - k_B T \cdot \sum_i \ln\left(1 + e^{-\beta(\varepsilon_i - \mu)}\right) \qquad (3.4.26)$$

Die ε_i entsprechen hier den Landau-Niveaus $E_n^\sigma(k_z)$ (3.4.16). Da diese wegen des Terms $\hbar^2 k_z^2/2m^*$ zumindest im thermodynamischen Limes beliebig dicht liegen, können wir die Summe in ein Integral verwandeln. Wir legen fest:

$N_\sigma(E)$ = Zahl der σ-Zustände mit $E_n^\sigma \leq E$
$dN_\sigma(E)$ = Zahl der σ-Zustände im Intervall $[E, E + dE]$

$$F = N\mu - k_B T \sum_\sigma \int_{\dots}^{\infty} \ln\left(1 + e^{-\beta(E-\mu)}\right) \frac{dN_\sigma}{dE} \cdot dE \qquad (3.4.27)$$

Die untere Integrationsgrenze ist durch $Z_\sigma(E) = 0$ gegeben, braucht hier jedoch noch nicht spezifiziert zu werden.

Mit partieller Integration folgt weiter:

$$\int_{\cdots}^{\infty} \ln(1 + e^{-\beta(E-\mu)}) d\, N_\sigma = N_\sigma(E) \cdot \ln\,(1 + e^{-\beta(E-\mu)})\Big|_{\cdots}^{\infty}$$
$$- \int_{\cdots}^{\infty} dE \cdot N_\sigma(E) \frac{-\beta \cdot e^{-\beta(E-\mu)}}{1 + e^{-\beta(E-\mu)}}$$

Der ausintegrierte Teil verschwindet, da an der unteren Grenze $Z_\sigma(E)$ und an der oberen Grenze der Logarithmus gleich Null ist. Mit der Fermi-Funktion $f_-(E)$ (3.3.32) bleibt für die freie Energie:

$$F(T, V, \mu) = N \cdot \mu - \sum_\sigma \int_{\cdots}^{\infty} N_\sigma(E)\, f_-(E)\, dE \qquad (3.4.28)$$

Die Hauptaufgabe besteht also offensichtlich in der Berechnung von $N_\sigma(E)$. Wieviele Energieeigenwerte mit

$$E_n^\sigma(k_z) \leq E$$

gibt es für ein <u>festes n</u>? Mit (3.4.15) kann diese Ungleichung auch wie folgt geschrieben werden,

$$k_z^2 \leq \frac{2m^*}{\hbar^2} \{E - \hbar\, \omega_c^*(n + \tfrac{1}{2}) - Z_\sigma\, \mu_B\, B_0\}$$

d.h.,es gibt ein größtes und kleinstes k_z. Die Differenz, dividiert durch den Raster $2\pi/L_z$, liefert die Zahl der "passenden" Eigenwerte:

$$\frac{k_z^{max} - k_z^{min}}{2\pi/L_z} = \frac{\sqrt{2m^*}}{\hbar} \frac{L_z}{\pi} \sqrt{\{\ldots\}}$$

Wir müssen dann noch den Entartungsgrad $g_y(B_0)$ berücksichtigen und über alle "passenden" n summieren:

$$N_\sigma(E) = \frac{\sqrt{2m^*}\, V}{2\pi^2\, \hbar^2}\, e\, B_0 \sum_{n=0}^{n_{max}} \sqrt{E - \hbar\, \omega_c^*(n + 1/2) - Z_\sigma\, \mu_B\, B_0} \qquad (3.4.29)$$

n_{max} ist durch die Forderung festgelegt, daß der Radikand positiv sein muß. Die "übliche" Zustandsdichte $\rho_\sigma(E)$ (s. Kap. (3.3.1)) ergibt sich daraus durch

$$\rho_\sigma(E) = \frac{d\, N_\sigma(E)}{dE} \quad . \tag{3.4.30}$$

Wir benutzen jedoch weiter $N_\sigma(E)$. Zur Abkürzung der Schreibweise führen wir die folgenden reduzierten Größen ein

$$\varepsilon = E/\hbar\,\omega_c^* \quad ; \quad \varepsilon_0 = \mu/\hbar\,\omega_c^* \quad ; \quad \tilde{\beta} = \frac{\hbar\,\omega_c^*}{k_B T} = \beta \cdot \hbar\,\omega_c^* \tag{3.4.31}$$

$$\tilde{f}(\varepsilon) = \{1 + \exp(\tilde{\beta}(\varepsilon - \varepsilon_0))\}^{-1} \tag{3.4.32}$$

Mit

$$\alpha = \frac{8}{3} V \frac{(\mu_B\, m\, B_0)^{5/2}}{m^* \cdot \pi^2 \cdot \hbar^3} \tag{3.4.33}$$

folgt dann für die freie Energie F, wenn wir (3.4.29) in (3.4.28) einsetzen:

$$F = N\mu - \frac{3}{2}\alpha \sum_\sigma \int_{\cdots}^{\infty} d\varepsilon \cdot \tilde{f}(\varepsilon) \sum_{n=0}^{n_{max}} \sqrt{\varepsilon - n - \frac{1}{2} - Z_\sigma \frac{m^*}{2m}} \tag{3.4.34}$$

Das Integral läßt sich exakt berechnen. Zunächst empfiehlt sich eine partielle Integration, wobei der ausintegrierte Teil verschwindet, bei $\varepsilon = \infty$ wegen der Fermi-Funktion, an der unteren Grenze wegen der Summe. Mit

$$\eta = \varepsilon - Z_\sigma \frac{m^*}{2m} \tag{3.4.35}$$

folgt dann:

$$F = N\mu + \alpha \sum_\sigma \int_{-\infty}^{+\infty} d\eta\, \tilde{f}'(\eta + Z_\sigma \frac{m^*}{2m}) \sum_{n=0}^{n_{max}} (\eta - n - \frac{1}{2})^{3/2} \tag{3.4.36}$$

$\tilde{f}'$ hat den Charakter einer δ-Funktion an der Stelle $\varepsilon = \varepsilon_0$ ($\approx$ Fermi-Kante), die sicher oberhalb der eigentlichen unteren Integrationsgrenze liegt. Wir können deshalb jetzt

$-\infty$ als untere Integrationsgrenze verwenden.

Für die Summe im Integranden gilt:

$$\Sigma(\eta) \equiv \sum_{n=0}^{n_{max}} (\eta - n - \tfrac{1}{2})^{3/2} = \int_0^{\infty} dx\ (\eta - x)^{3/2} \sum_{n=0}^{n_{max}} \delta(x - (n + \tfrac{1}{2})) \qquad (3.4.37)$$

Da n_{max} so zu wählen ist, daß $\eta \geq n + \frac{1}{2}$ für $n \leq n_{max}$ ist, gilt auch

$$\Sigma(\eta) = \int_0^{\eta} dx(\eta - x)^{3/2} \sum_{n=-\infty}^{+\infty} \delta(x - (n + \tfrac{1}{2})) \qquad (3.4.38)$$

Durch die spezielle Wahl der Integrationsgrenzen können wir die Summe von $-\infty$ bis $+\infty$ laufen lassen. Die Summe auf der rechten Seite läßt sich als Fourier-Reihe schreiben:

$$\sum_{n=-\infty}^{+\infty} \delta(x - (n + \tfrac{1}{2})) = \sum_{p=-\infty}^{+\infty} e^{2\pi ip(x - \frac{1}{2})}$$

Damit gilt:

$$\Sigma(\eta) = \sum_{p=-\infty}^{+\infty} (-1)^p \int_0^{\eta} dx\ (\eta - x)^{3/2}\ e^{2\pi ipx} \qquad (3.4.39)$$

$$= \sum_{p=-\infty}^{+\infty} (-1)^p \cdot I_p(\eta)$$

$I_p(\eta)$ ist für $p = 0$ einfach zu berechnen:

$$I_0(\eta) = \frac{2}{5}\ \eta^{5/2} \qquad (3.4.40)$$

Für $p \neq 0$ ist mehr Rechenaufwand vonnöten. Man substituiert zweckmäßig

$$u = \sqrt{\eta - x}$$

und erhält dann nach zweimaligem partiellen Integrieren:

$$I_{p\neq 0}(\eta) = -\frac{\eta^{3/2}}{2\pi\ ip} + \frac{3\eta^{1/2}}{8\pi^2\ p^2} - \frac{3e^{2\pi ip\eta}}{8\pi^2\ p^2}\int_0^{\sqrt{\eta}} du\ e^{-2\pi ipu^2} \qquad (3.4.41)$$

Setzen wir das in $\Sigma(\eta)$ ein, so fällt der erste Term bei der Summation über p weg. Für den zweiten Summanden benutzen wir:

$$\sum_{p=-\infty}^{+\infty} \frac{(-1)^p}{p^2} = -\frac{\pi^2}{6} \tag{3.4.42}$$

Es folgt als Zwischenergebnis

$$F = N \cdot \mu + \alpha \cdot \sum_{\sigma} \int_{-\infty}^{+\infty} d\eta \cdot \tilde{f}_-'(\eta + Z_\sigma \frac{m^*}{2m}) \cdot \Sigma(\eta) \tag{3.4.43}$$

mit

$$\Sigma(\eta) = \frac{2}{5}\eta^{5/2} - \frac{1}{16}\eta^{1/2} - \frac{3}{4\pi^2} \sum_{p=1}^{\infty} \frac{(-1)^p}{p^2} \operatorname{Re}[e^{2\pi i p \eta} \int_0^{\sqrt{\eta}} du\, e^{-2\pi i p u^2}] \tag{3.4.44}$$

Relativ harmlos sind die beiden ersten Summanden zu berechnen. Machen wir die Substitution (3.4.35) rückgängig, so haben wir auszuwerten:

$$I_\sigma = \int_{-\infty}^{+\infty} d\varepsilon \cdot \tilde{f}_-'(\varepsilon) \cdot \{\frac{2}{5}(\varepsilon - Z_\sigma \frac{m^*}{2m})^{5/2} - \frac{1}{16}(\varepsilon - Z_\sigma \frac{m^*}{2m})^{1/2}\} \tag{3.4.45}$$

Wir benutzen die Reihenentwicklungen

$$(\varepsilon - Z_\sigma \frac{m^*}{2m})^{5/2} = \varepsilon^{5/2} \cdot \{1 - \frac{5}{2} Z_\sigma \frac{m^*}{2m} \frac{1}{\varepsilon} + \frac{5 \cdot 3}{2 \cdot 4} \frac{m^{*2}}{4m^2} \cdot \frac{1}{\varepsilon^2} + \dots\}$$

und

$$(\varepsilon - Z_\sigma \frac{m^*}{2m})^{1/2} = \varepsilon^{1/2} \{1 - \frac{1}{2} Z_\sigma \frac{m^*}{2m} \cdot \frac{1}{\varepsilon} + \dots\}$$

Entscheidend ist nun, daß im Integranden von I_σ $\tilde{f}_-'(\varepsilon)$ den Charakter einer δ-Funktion hat

$$\tilde{f}_-'(\varepsilon) \approx -\delta(\varepsilon - \varepsilon_0) \tag{3.4.46}$$

Ferner ist bei normalen metallischen Elektronendichten (μ: einige eV) und normalen effektiven Massen ($\hbar\omega_c^* = 2\mu_B^* \cdot B_0$: einige 10^{-3} eV)

$$\varepsilon_0 = \mu/\hbar\omega_c^* >> 1 \quad ,$$

so daß wir die obigen Reihenentwicklungen nach wenigen Termen abbrechen können:

$$I_\sigma \approx - \varepsilon_o^{5/2} \left(\frac{2}{5} - Z_\sigma \frac{m^*}{2m} \cdot \frac{1}{\varepsilon_o} + \frac{3}{16} \frac{m^{*2}}{m^2 \cdot \varepsilon_o^2} + \ldots\right)$$

$$+ \frac{1}{16} \varepsilon_o^{1/2} (1 - \ldots)$$

Bei der Summation über die beiden Spinrichtungen σ fällt der zweite Summand wegen Z_σ heraus. Es bleibt schließlich

$$\sum_\sigma I_\sigma = - \frac{4}{5} \varepsilon_o^{5/2} + \frac{1}{8} \varepsilon_o^{1/2} \left(1 - 3\left(\frac{m^*}{m}\right)^2\right) + \mathcal{O}(\varepsilon_o^{-1/2})$$

Die ersten drei Terme der freien Energie lauten damit:

$$F_o = N\mu - \alpha \left\{\frac{4}{5} \varepsilon_o^{5/2} - \frac{1}{8} \varepsilon_o^{1/2} \left(1 - 3 \left(\frac{m^*}{m}\right)^2\right)\right\} \qquad (3.4.47)$$

Dieser Teil der freien Energie wird zum Landau-Diamagnetismus und zum Pauli-Spinparamagnetismus führen, während der noch zu berechnende oszillierende Rest-Term den de Haas-von Alphen-Effekt ausmacht.

Das noch zu bestimmende Integral ist vom Typ eines Fehlerintergrals,

$$A = \int_0^{\sqrt{\eta}} du\, e^{-2\pi i p u^2} = \frac{1}{2\sqrt{2ip}} \operatorname{erf}(\sqrt{2\pi\, ip\eta}) \quad , \qquad (3.4.48)$$

das man in eine rasch konvergierende Reihe entwickeln kann. Es taucht nämlich im Integranden für die freie Energie auf (3.4.43), wobei der δ-Funktionscharakter von $\tilde{f}'$ erneut dafür sorgt, daß $\eta \approx \varepsilon_o >> 1$ angenommen werden darf.
Man findet für

$$\operatorname{erf}(Z) = 1 - \operatorname{erfc}(Z) = 1 - \frac{2}{\sqrt{\pi}} \int_Z^\infty dt\, e^{-t^2} \qquad (3.4.49)$$

die asymptotische Darstellung (s. Abramowitz-Stegun, S. 297)

$$\operatorname{erf}(Z) = 1 - \frac{e^{-Z^2}}{Z \cdot \sqrt{\pi}} \left(1 - \frac{1}{2Z^2} + \frac{3}{4Z^4} + \ldots\right) \qquad (3.4.50)$$

Damit ergibt sich für A:

$$A = \frac{1}{2^{3/2}\sqrt{ip}} \left(1 - \frac{e^{-2\pi\, ip\eta}}{\sqrt{2\pi^2\, ip\eta}}\left(1 - \frac{1}{4\pi\, ip\eta} + \frac{3}{4(2\pi\, ip\eta)^2} + \ldots\right)\right)$$

Mit

$$\frac{1}{\sqrt{i}} = e^{-i\frac{\pi}{4}}$$

können wir schließlich abschätzen

$$A = \frac{e^{-i\,\pi/4}}{2\sqrt{2p}} + \mathcal{O}(\eta^{-1/2}/p) \tag{3.4.51}$$

Für den oszillatorischen Anteil in $\Sigma(\eta)$ (3.4.44) haben wir damit als Zwischenergebnis:

$$\Sigma_{osz.}(\eta) = - \frac{3}{4\pi^2 \cdot 2^{3/2}} \sum_{p=1}^{\infty} \frac{(-1)^p}{p^{5/2}} \operatorname{Re} e^{2\pi\, ip\eta - i\,\pi/4} \tag{3.4.52}$$

Das bedeutet für die freie Energie gemäß (3.4.43):

$$F_{osz} = - \frac{3\alpha}{4\pi^2\sqrt{2}} \sum_{p=1}^{\infty} \frac{(-1)^p}{p^{5/2}} \cos\left(p \cdot \pi \frac{m^*}{m}\right) \operatorname{Re} \int_{-\infty}^{+\infty} d\varepsilon\, \tilde{f}'(\varepsilon) \cdot$$

$$\cdot\, e^{2\pi\, ip\varepsilon - i\,\pi/4} \tag{3.4.53}$$

Auch das noch verbleibende Integral läßt sich weiter bearbeiten. Wir können allerdings nicht wie früher $\tilde{f}'(\varepsilon)$ einfach durch eine δ-Funktion ersetzen, da der Integrand im interessanten Bereich stark oszilliert. Man kann das Integral aber mit Hilfe des Residuensatzes auch exakt berechnen. Das soll im Form einer Nebenrechnung geschehen.

Nach (3.3.61) gilt für die Ableitung der Fermifunktion

$$\tilde{f}'(\varepsilon) = - \frac{\tilde{\beta}}{4\cosh^2\left(\frac{1}{2}\tilde{\beta}(\varepsilon - \varepsilon_o)\right)}$$

Wir setzen

$$\rho = \tilde{\beta}(\varepsilon - \varepsilon_o)$$

und haben dann zu berechnen

$$\int_{-\infty}^{+\infty} d\varepsilon\ \tilde{f}'(\varepsilon)\ e^{2\pi\ ip\varepsilon - i\ \pi/4} =$$

$$= -\ e^{2\pi\ ip\ \varepsilon_o\ -\ i\ \pi/4} \int_{-\infty}^{+\infty} d\rho\ \frac{\exp(1/\tilde{\beta}\ \cdot\ 2\pi\ ip\rho)}{4\ \cosh^2(\frac{1}{2}\ \rho)} \tag{3.4.54}$$

Das Integral werde mit J(p) abgekürzt. Wir lösen es mit Hilfe des Residuensatzes, wobei wir wegen $p > 0$ den Integrationsweg in der oberen Halbebene schließen. Wegen

$$\cosh\ (\tfrac{1}{2}\ \rho) = \cos(\tfrac{1}{2}\ \rho\ \cdot\ i)$$

hat der Integrand Pole bei

$$\rho_n = (2n + 1)\ \pi i \tag{3.4.55}$$

Nur die Pole mit $n \geq 0$ liegen innerhalb des Integrationsgebietes. Es gilt weiter

$$\cosh\ \tfrac{1}{2}\ \rho = i\ \sinh\ (\tfrac{1}{2}\ (\rho - \rho_n))(-1)^n$$

$$= \tfrac{i}{2}\ (\rho - \rho_n)\ (1 + \tfrac{1}{24}\ (\rho - \rho_n)^2 + \ldots)\ \cdot\ (-1)^n$$

Daraus folgt

$$\frac{1}{\cosh^2\ (\frac{1}{2}\ \rho)} = \frac{-\ 4}{(\rho - \rho_n)^2}\ (1 - \tfrac{1}{12}\ (\rho - \rho_n)^2 + \ldots) \tag{3.4.56}$$

Der Integrand von J(p) hat also bei ρ_n einen Pol zweiter Ordnung mit dem Residuum:

$$\operatorname*{Res}_{\rho_n} \ldots = \lim_{\rho\to\rho_n} \frac{d}{d\rho}\ [(\rho - \rho_n)^2\ \frac{e^{\frac{2\pi\ ip\rho}{\tilde{\beta}}}}{4\ \cosh^2(\frac{1}{2}\ \rho)}]$$

$$= - \lim_{\rho \to \rho_n} \frac{d}{d\rho} [\exp(\frac{2\pi\, ip}{\tilde{\beta}} \rho)(1 - \frac{1}{12} (\rho - \rho_n)^2 + \ldots)]$$

$$= - \tilde{\beta}^{-1} 2\pi\, ip\, e^{- \frac{2\pi^2}{\tilde{\beta}} (2n + 1)p} \qquad (3.4.57)$$

Nach dem Residuensatz folgt dann:

$$J(p) = + 4\pi^2 \tilde{\beta}^{-1} p \sum_{n=0}^{\infty} \exp(- \frac{2\pi^2}{\tilde{\beta}} (2n + 1)p)$$

$$= 4\pi^2 p \tilde{\beta}^{-1} \exp(- \frac{2\pi^2}{\tilde{\beta}} p) \sum_{n=0}^{\infty} \exp(- \frac{4\pi^2}{\tilde{\beta}} np)$$

$$= 4\pi^2 p \tilde{\beta}^{-1} \exp(- \frac{2\pi^2}{\tilde{\beta}} p) (1 - \exp(- \frac{4\pi^2}{\tilde{\beta}} p))^{-1}$$

Mit

$$J(p) = \frac{2\pi^2 p}{\tilde{\beta} \cdot \sinh (2\pi^2 \cdot \frac{p}{\tilde{\beta}})} \qquad (3.4.58)$$

folgt dann endgültig aus (3.4.54):

$$\mathrm{Re} \int_{-\infty}^{+\infty} d\varepsilon\, \tilde{f}'(\varepsilon) \exp(2\pi\, ip\, \varepsilon - i \frac{\pi}{4}) =$$

$$= - \frac{2\pi^2 p}{\tilde{\beta}} \cdot \frac{\cos (\frac{\pi}{4} - 2\pi\, p\, \varepsilon_0)}{\sinh (2\pi^2 \frac{p}{\tilde{\beta}})} \qquad (3.4.59)$$

Durch Einsetzen von (3.4.59) in (3.4.53) ist der oszillatorische Anteil der freien Energie vollständig bestimmt

$$F_{osz} = \frac{3\alpha}{2^{3/2} \tilde{\beta}} \sum_{p=1}^{\infty} \frac{(-1)^p}{p^{3/2}} \cos (p\pi \frac{m^*}{m}) \frac{\cos (\frac{\pi}{4} - 2\pi\, p\, \varepsilon_0)}{\sinh (2\pi^2 \frac{p}{\tilde{\beta}})} \qquad (3.4.60)$$

Machen wir nun noch die ursprünglichen Abkürzungen rückgängig, so ergibt sich endgültig als freie Energie der Leitungselektronen:

$$F(T, B_0) = F_0(T, B_0) + F_{osz}(T, B_0) \qquad (3.4.61)$$

$$F_o(T, B_o) = N\mu - N\left(\frac{\mu}{\varepsilon_F}\right)^{3/2} \left\{\frac{2}{5}\mu + \frac{1}{4\mu}(\mu_B^* B_o)^2 \left(3\left(\frac{m^*}{m}\right)^2 - 1\right)\right\} \tag{3.4.62}$$

$$F_{osz}(T, B_o) = \frac{3}{2} k_B T \cdot \frac{N}{\varepsilon_F^{3/2}} (\mu_B^* B_o)^{3/2} \sum_{p=1}^{\infty} \frac{(-1)^p}{p^{3/2}} \cdot$$

$$\cdot \cos\left(p\pi \frac{m^*}{m}\right) \frac{\cos\left(\frac{\pi}{4} - p \cdot \frac{\pi\mu}{\mu^*_B B_o}\right)}{\sinh\left(p \frac{\pi^2 k_B T}{\mu^*_B B_o}\right)} \tag{3.4.63}$$

Für die Ableitung wurde noch benutzt

$$\mu_B^* = \frac{e\hbar}{2m^*} = \frac{m}{m^*} \mu_B$$

$$\varepsilon_F = \frac{\hbar^2}{2m^*} \left(3\pi^2 \frac{N_e}{V}\right)^{2/3}$$

Damit ist die freie Energie der Leitungselektronen vollständig als Funktion von T und B_o bestimmt. Aus ihr können nun die Magnetisierung und die Suszeptibilität abgeleitet werden.

(3.4.3) SUSZEPTIBILITÄT DER LEITUNGSELEKTRONEN

Die Magnetisierung M erhalten wir aus der Beziehung

$$M(T,\ B_o) = -\frac{1}{V}\left(\frac{\partial F}{\partial B_o}\right)_T \qquad (3.4.64)$$

Dabei haben wir zunächst zu beachten, daß auch das chemische Potential μ von B_o abhängt:

$$\left(\frac{\partial F}{\partial B_o}\right)_T = \left(\frac{\partial F}{\partial B_o}\right)_{T,\mu} + \left(\frac{\partial F}{\partial \mu}\right)_{T,B_o} \cdot \left(\frac{\partial \mu}{\partial B_o}\right)_T \qquad (3.4.65)$$

Nun gilt aber nach der allgemeinen Beziehung (3.4.26) für die freie Energie F:

$$\frac{\partial F}{\partial \mu} = N - k_BT \sum_i \frac{\beta \cdot e^{-\beta(\varepsilon_i - \mu)}}{1 + e^{-\beta(\varepsilon_i - \mu)}}$$

$$= N - \sum_i (1 + e^{\beta(\varepsilon_i - \mu)})^{-1} = N - N$$

F hängt also nicht explizit vom chemischen Potential μ ab:

$$\left(\frac{\partial F}{\partial \mu}\right)_{T,B_o} = 0 \qquad (3.4.66)$$

Das vereinfacht (3.4.65). Wir können die freie Energie bei festgehaltenem μ nach dem Feld differenzieren:

$$M(T,\ B_o) = -\frac{1}{V}\left(\frac{\partial F}{\partial B_o}\right)_{T,\mu} \qquad (3.4.67)$$

Nichtsdestoweniger benötigen wir natürlich $\mu = \mu\ (T,\ B_o)$, da μ in den Beziehungen für $M(T,\ B_o)$ auftauchen wird. Wir diskutieren deshalb zunächst die Feldabhängigkeit des chemischen Potentials μ.

Zur Bestimmung benutzen wir (3.4.66)

$$0 \stackrel{!}{=} \frac{\partial F}{\partial \mu} = N - \frac{N}{\varepsilon_F^{3/2}} \left\{\mu^{3/2} + \frac{(\mu_B^* B_o)^2}{8\mu^{1/2}} \left(3\left(\frac{m^*}{m}\right)^2 - 1\right)\right\}$$

$$+ \frac{3}{2} k_BT \cdot \frac{N}{\varepsilon_F^{3/2}} (\mu_B^* B_o)^{3/2} \cdot \sum_{p=1}^{\infty} \frac{(-1)^p}{p^{3/2}} \cos\left(p\pi \frac{m^*}{m}\right)$$

$$\cdot\ p \cdot \frac{\pi}{\mu_B^* B_o} \cdot \frac{\sin(\frac{\pi}{4} - p \cdot \frac{\pi\mu}{\mu_B^* B_o})}{\sinh(p \frac{\pi^2 k_B T}{\mu_B^* B_o})}$$

Sortiert folgt daraus zunächst:

$$(\frac{\mu}{\varepsilon_F})^{3/2} = 1 - \gamma_1 \ (3(\frac{m^*}{m})^2 - 1) + \\ + \frac{3}{2}\gamma_2\gamma_3 \sum_{p=1}^{\infty} \frac{(-1)^p \cos(p\pi \frac{m^*}{m})}{p^{3/2}} \cdot \frac{\sin(\frac{\pi}{4} - p \frac{\pi\mu}{\mu_B^* B_o})}{\sinh(p \frac{\pi^2 k_B T}{\mu_B^* B_o})} \tag{3.4.68}$$

Die Koeffizienten γ_1, γ_2, γ_3 sind samt und sonders sehr klein gegen 1, da für ein "entartetes Elektronengas"

$$\varepsilon_F = 1 \ldots 10\text{eV}$$

gilt, so daß sich mit

$$\mu_B = 0.579 \cdot 10^{-4} \frac{\text{eV}}{\text{T}} \ ; \quad k_B = 0.862 \cdot 10^{-4} \frac{\text{eV}}{\text{K}} \tag{3.4.69}$$

abschätzen läßt:

$$\gamma_1 = \frac{(\mu_B^* B_o)^2}{8\mu^{1/2} \cdot \varepsilon_F^{3/2}} << 1 \tag{3.4.70}$$

$$\gamma_2 = \pi \frac{k_B T}{\varepsilon_F} << 1 \quad ; \quad \gamma_3 = (\frac{\mu_B^* B_o}{\varepsilon_F})^{1/2} << 1 \tag{3.4.71}$$

Das bedeutet, daß $\mu \approx \varepsilon_F$ sein wird. Wir können deshalb auf der rechten Seite der Gleichung (3.4.68) getrost μ durch ε_F ersetzen. Dann bleibt ein Ausdruck der Form

$$\mu/\varepsilon_F = (1 - x)^{2/3} \text{ mit } x << 1 \quad ,$$

den wir weiter durch

$$\mu/\varepsilon_F \approx 1 - 2/3\ x$$

approximieren können. Das führt zu dem folgenden Resultat

für die Feldabhängigkeit des chemischen Potentials:

$$\mu = \varepsilon_F [1 - \frac{2}{3} \gamma_1 (3 (\frac{m^*}{m})^2 - 1) +$$

$$+ \gamma_2 \gamma_3 \sum_{p=1}^{\infty} \frac{(-1)^p}{p^{3/2}} \cos (p\pi \frac{m^*}{m}) \frac{\sin(\frac{\pi}{4} - p \frac{\pi \varepsilon_F}{\mu_B^* B_o})}{\sinh(p\pi^2 \frac{k_B T}{\mu_B^* B_o})}] \qquad (3.4.72)$$

Beim Vergleich dieses Ausdrucks mit dem bekannten Resultat (3.3.50) der statistischen Mechanik für den Temperatureinfluß auf μ,

$$\mu(T) \approx \varepsilon_F (1 - \frac{\pi^2}{12} (\frac{k_B T}{\varepsilon_F})^2)$$

hat man zu beachten, daß in unserer Rechnung dieser Korrekturterm nicht auftreten kann, da wir an einigen Stellen der Ableitung f'_- durch eine δ-Funktion ersetzt haben. Die endliche Breite von f'_- um μ herum macht aber gerade den Temperatur-Effekt.

Das Resultat (3.4.72) für μ zusammen mit den Abschätzungen (3.4.70) und (3.4.71) macht deutlich, daß für unsere Zwecke mit hinreichender Genauigkeit

$$\mu \approx \varepsilon_F \qquad (3.4.73)$$

angenommen werden darf.
Wir berechnen damit zunächst die aus dem nichtoszillierenden Teil der freien Energie (3.4.47) resultierende Magnetisierung. Der oszillierende Anteil wird dann gesondert in Kap. (3.5) behandelt.

$$M_o(T, B_o) = - \frac{1}{V} (\frac{\partial F_o}{\partial B_o})_{T,\mu=\varepsilon_F}$$

$$= \frac{N}{2V} \frac{\mu_B^{*2}}{\varepsilon_F} (3 \cdot (\frac{m^*}{m})^2 - 1) \cdot B_o \qquad (3.4.74)$$

Daraus ergibt sich unmittelbar die gesuchte Suszeptibilität der Leitungselektronen:

$$\chi_0 = \mu_0 \left(\frac{\partial M_0}{\partial B_0}\right)_T = \frac{3}{2}\frac{N}{V}\mu_0 \cdot \frac{\mu_B^2}{\varepsilon_F}\left(1 - \frac{1}{3}\left(\frac{m}{m^*}\right)^2\right) \qquad (3.4.75)$$

Dabei wurde $\mu_B/\mu_B^* = m^*/m$ ausgenutzt. χ_0 besitzt also eine diamagnetische und eine paramagnetische Komponente:

$$\chi_0 = \chi_{Pauli} + \chi_{Landau} \qquad (3.4.76)$$

$$\chi_{Pauli} = \frac{3}{2}\frac{N}{V}\mu_0 \frac{\mu_B^2}{\varepsilon_F} > 0 \qquad (3.4.77)$$

$$\chi_{Landau} = -\frac{1}{2}\frac{N}{V}\mu_0 \frac{\mu_B^{*2}}{\varepsilon_F} < 0 \qquad (3.4.78)$$

Der Term χ_{Pauli} beschreibt den sog. "Pauli-Spinparamagnetismus". Seine Ursache ist das permanente magnetische Spinmoment $-2\,\mu_B/\hbar\,\underset{\sim}{S}$ des Leitungselektrons. Wir werden in Kap. IV diesen Beitrag genauer analysieren.

χ_{Landau} ist eine diamagnetische Komponente. Man spricht vom "Landau-Peierls-Diamagnetismus", der durch die Einstellung der gequantelten Bahnmomente im äußeren Magnetfeld bewirkt wird. Wir wollen an das Ergebnis (3.4.76) noch ein paar Diskussionsbemerkungen anschließen:

(1) Für wirklich freie Elektronen gilt natürlich $m^* = m$, so daß mit (3.4.77) und (3.4.78) folgt

$$\chi^{(0)}_{Landau} = -\frac{1}{3}\,\chi^{(0)}_{Pauli} \qquad (3.4.79)$$

Bei vielen Metallen weicht m^* deutlich von m ab, so daß die diamagnetische Komponente durchaus auch überwiegen kann (z.B. Bi). In der Regel sind der diamagnetische und der paramagnetische Beitrag von derselben Größenordnung.

(2) Das Konzept der effektiven, isotropen Masse m^* ist natürlich problematisch (recht gut für die Alkalimetalle).

Die effektive Masse ist i.a. ein (anisotroper) Tensor:

$$\left(\frac{1}{m^*}\right)_{ij} = \frac{1}{\hbar^2} \frac{\partial^2 \varepsilon_n(\underset{\sim}{k})}{\partial k_i \, \partial k_j} \quad ; \; i, j \in \{x, y, z\} \qquad (3.4.80)$$

In den Ausdrücken dieses Abschnitts ist deshalb m* immer eine irgendwie über die "Fermi-Schicht" gemittelte Größe.

(3) Die Coulomb-Wechselwirkung der Bandelektronen, ihre Streuung an Phononen und Störstellen, sowie andere Temperatureinflüsse, wurden vernachlässigt. In dieser Hinsicht sind nur wenige Verbesserungsversuche bekannt. Häufig hilft man sich mit nachträglich eingefügten Dämpfungstermen.

(4) Messungen ergeben stets χ_{total}, d.h. Kombinationen aus χ_{Landau}, χ_{Pauli}, χ_{Larmor} und χ_{osz}, so daß separate Messungen von χ_{Landau} nicht ganz einfach sind.

Rechnungen zeigen, daß auch χ_{Landau} eine sehr kleine Größe ist:

	m*/m	$-\chi^{(0)}_{Landau} \cdot 10^6$	$-\chi_{Landau} \cdot 10^6$
Li	1.66	3.41	2.05
Na	1.00	4.99	4.99
K	1.09	7.62	6.99
Rb	1.21	8.71	7.20
Cs	1.76	10.21	5.80

In der ersten Spalte stehen von Ham (1962) berechnete effektive Massen. Die zweite Spalte zeigt die Landau-Suszeptibilität für m* = m, während die dritte Spalte die mit den m* aus der ersten Spalte korrigierten Werte angibt.

(5) Experimentell gesichert ist die Tatsache, daß χ_{Pauli} und χ_{Landau} in erster Näherung sowohl temperatur- als auch feld<u>un</u>abhängig sind.

(6) Die Ableitung bezog sich ausschließlich auf s-Elektronen. Andernfalls kann auch die Bahnbewegung zu paramagnetischen Effekten führen (Kubo, Ohata 1956).

(3.5) DER DE HAAS-VAN ALPHEN-EFFEKT

Unter diesem Effekt versteht man die Oszillationen der magnetischen Suszeptibilität χ mit dem äußeren Magnetfeld B_o (genauer mit $1/B_o$). Ähnliche Oszillationen werden auch in vielen anderen physikalischen Größen (insbesondere in Transportgrößen !) beobachtet, z.B. elektrische und thermische Leitfähigkeit, Magnetostriktion, Hall-Effekt, ... Wir besprechen hier nur die

(3.5.1) OSZILLATIONEN DER MAGNETISCHEN SUSZEPTIBILITÄT

die natürlich aus dem noch nicht ausgewerteten oszillierenden Anteil der freien Energie resultieren:

$$\chi_{osz} = -\frac{\mu_o}{V}\left(\frac{\partial^2 F_{osz}}{\partial B_o^2}\right)_T \tag{3.5.1}$$

Die Auswertung ist einfach, aber umfangreich. Mit den Abkürzungen

$$\alpha(B_o) = \frac{3}{2}\cdot\frac{k_B T}{\varepsilon_F}\left(\frac{\mu_B^* B_o}{\varepsilon_F}\right)^{1/2} \tag{3.5.2}$$

$$\beta(B_o) = \frac{\pi^2 k_B T}{\mu_B^* B_o} \tag{3.5.3}$$

$$\gamma(B_o) = \frac{\varepsilon_F \cdot \pi}{\mu_B^* B_o} \tag{3.5.4}$$

$$D_r(p) = \frac{N}{V}(-1)^p \cdot p^r \cos\left(p\cdot\pi\frac{m^*}{m}\right)\cdot\mu_B^* \tag{3.5.5}$$

ergibt sich zunächst für die <u>Magnetisierung:</u>

$$M_{osz}(T, B_o) = -\frac{1}{V}\left(\frac{\partial F_{osz}}{\partial B_o}\right)_{T,\mu=\varepsilon_F} \tag{3.5.6}$$

$$= M_1 + M_2 + M_3$$

Die drei Summanden sind wie folgt definiert:

$$M_1 = -\frac{3}{2}\alpha\sum_{p=1}^{\infty} D_{-3/2}(p)\,\frac{\cos(\pi/4 - p\,\gamma)}{\sinh(p\cdot\beta)} \tag{3.5.7}$$

$$M_2 = \gamma \cdot \alpha \sum_{p=1}^{\infty} D_{-1/2}(p) \frac{\sin(\pi/4 - p \cdot \gamma)}{\sinh(p \cdot \beta)} \tag{3.5.8}$$

$$M_3 = -\beta\alpha \sum_{p=1}^{\infty} D_{-1/2}(p) \frac{\cos(\pi/4 - p\gamma)}{\sinh(p \cdot \beta)} \coth(p\,\beta) \tag{3.5.9}$$

Nochmaliges Differenzieren liefert dann die Suszeptibilität

$$\chi_{osz} = \mu_o \left(\frac{\partial M_{osz}}{\partial B_o}\right)_T = \chi_1 + \chi_2 + \chi_3 \tag{3.5.10}$$

$$\begin{aligned} \chi_1 = \mu_o [& - \frac{3\alpha}{4B_o} \sum_{p=1}^{\infty} D_{-3/2} \frac{\cos(\pi/4 - p\gamma)}{\sinh(p \cdot \beta)} \\ & + \frac{3\alpha\gamma}{2B_o} \sum_{p=1}^{\infty} D_{-1/2} \frac{\sin(\pi/4 - p\gamma)}{\sinh(p \cdot \beta)} \\ & - \frac{3\alpha\beta}{2B_o} \sum_{p=1}^{\infty} D_{-1/2} \frac{\cos(\pi/4 - p\gamma)}{\sinh(p \cdot \beta)} \coth(p \cdot \beta)] \end{aligned} \tag{3.5.11}$$

$$\begin{aligned} \chi_2 = \mu_o [& - \frac{\alpha\gamma}{2B_o} \sum_{p=1}^{\infty} D_{-1/2} \frac{\sin(\pi/4 - p\gamma)}{\sinh(p \cdot \beta)} \\ & + \frac{\alpha\gamma^2}{B_o} \sum_{p=1}^{\infty} D_{+1/2} \frac{\cos(\pi/4 - p\gamma)}{\sinh(p \cdot \beta)} \\ & + \frac{\alpha\beta\gamma}{B_o} \sum_{p=1}^{\infty} D_{+1/2} \frac{\sin(\pi/4 - p\gamma)}{\sinh(p \cdot \beta)} \coth(p \cdot \beta)] \end{aligned} \tag{3.5.12}$$

$$\begin{aligned} \chi_3 = \mu_o [& \frac{\alpha\beta}{2B_o} \sum_{p=1}^{\infty} D_{-1/2} \frac{\cos(\pi/4 - p\gamma)}{\sinh(p \cdot \beta)} \coth(p \cdot \beta) \\ & + \frac{\alpha\beta\gamma}{B_o} \sum_{p=1}^{\infty} D_{+1/2} \frac{\sin(\pi/4 - p\gamma)}{\sinh(p \cdot \beta)} \coth(p \cdot \beta) \\ & - \frac{\alpha\beta^2}{B_o} \sum_{p=1}^{\infty} D_{+1/2} \frac{\cos(\pi/4 - p\gamma)}{\sinh^3(p \cdot \beta)} (1 + \cosh^2(p \cdot \beta))] \end{aligned} \tag{3.5.13}$$

Trotz des überaus einfachen Ausgangsmodells (Sommerfeld-Modell !) ergibt sich ein äußerst komplizierter Ausdruck für die "response"-Funktion χ. Wenn wir einmal annehmen, daß die auftretenden Summen sämtlich von derselben Größenordnung sind, so bestimmen die Vorfaktoren die tatsächliche Bedeutung der Terme. Diese sind jedoch in der Regel von unterschiedlicher Größenordnung.

Mit den Werten für ε_F, μ_B, k_B in (3.4.69) gilt für normale Felder und nicht zu hohe Temperaturen:

$$\gamma \gg \beta \gg \alpha \qquad (3.5.14)$$

Deshalb kommt man in der Regel mit dem Term proportional zu γ^2 aus:

$$\chi_{osz} \approx \mu_o \frac{\alpha\gamma^2}{B_o} \sum_{p=1}^{\infty} D_{1/2}(p) \frac{\cos(\pi/4 - p\,\gamma)}{\sinh(p \cdot \beta)} \qquad (3.5.15)$$

Diesen Ausdruck wollen wir noch ein wenig diskutieren.

(1) $D_{1/2}(p)$ enthält $\cos(p \cdot \pi\frac{m^*}{m})$. Dieser Term geht letztlich auf den Elektronenspin zurück. Die anderen Bestandteile sind der Bahnbewegung zuzuschreiben. Das bedeutet, daß Bahn- und Spinsuszeptibilität sich <u>nicht</u> einfach additiv verhalten. Sie können deshalb auch nicht getrennt behandelt werden.

(2) Wegen $\sinh(p \cdot \beta)$ konvergiert die Reihe sehr rasch. Oft reicht deshalb bereits der p = 1 - Summand:

$$\chi_{osz} \approx - \mu_o \frac{3}{2} N k_B T \cdot \frac{1}{V} \cdot \frac{1}{B_o^2} \pi^2 \cdot \left(\frac{\varepsilon_F}{\mu_B^* B_o}\right)^{1/2} \cdot \cos\left(\pi \frac{m^*}{m}\right) \frac{\cos(\pi/4 - \pi\, \varepsilon_F/\mu_B^* B_o)}{\sinh(\pi^2 k_B T/\mu_B^* B_o)} \qquad (3.5.16)$$

Vorsicht ist angebracht bei $m^* \ll m$, d.h. $\mu_B^* \gg \mu_B$. Dann müssen möglicherweise mehr Summanden berücksichtigt werden.

(3) Kennzeichnen des de Haas-van Alphen-Effekts sind die χ-Oszillationen mit der Periode $\Delta\gamma$

$$p \cdot \Delta\gamma \overset{!}{=} 2\pi = p \cdot \frac{\pi\, \varepsilon_F}{\mu_B^*} \Delta\left(\frac{1}{B_o}\right)$$

χ oszilliert also als Funktion von $1/B_o$ mit der Periode $\Delta(1/B_o)$:

$$\Delta(1/B_o) = p^{-1} \cdot \frac{2\mu_B^*}{\varepsilon_F} \qquad (3.5.17)$$

$\Delta(1/B_o)$ ist temperatur<u>un</u>abhängig. $p = 1$ ist die Grundschwingung.

(4) Die Oszillationen sind natürlich um so besser beobachtbar je größer die Periode Δ ist. Das ist der Fall bei möglichst kleiner Fermi-Energie ε_F,

$$\varepsilon_F = \frac{\hbar^2}{2m^*} (3\pi^2 n_e)^{2/3} \quad ,$$

d.h. bei möglichst kleinen Elektronendichten $n_e = N_e/V$!

(5) Die Amplitude der Oszillationen nimmt zu kleinen Feldern hin wie

$$\exp(- p \pi^2 \frac{k_B T}{\mu_B^* B_o})$$

ab.

Die aufgelisteten Fakten werden experimentell eindeutig bestätigt. Die Skizze zeigt das Beispiel Zink (Sydoriak, Robinson, 1949):

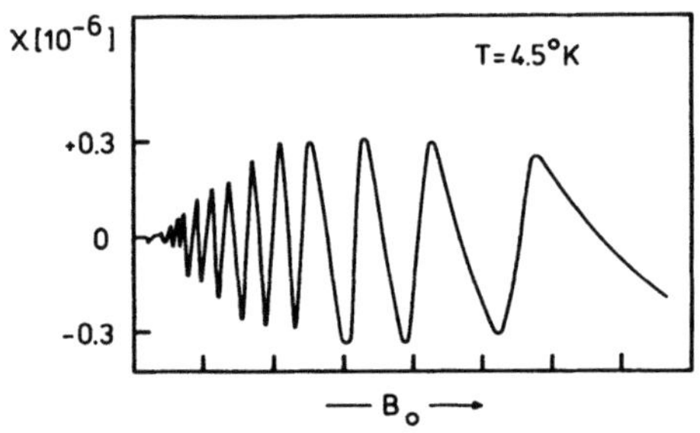

Fig. 3.8

(3.5.2) ELEKTRONENBAHNEN IM MAGNETFELD

Wir wollen den physikalischen Ursprung der Oszillationen verstehen und Anwendungsmöglichkeiten diskutieren. Dazu sind einige Vorüberlegungen notwendig. Betrachten wir zunächst die

(1) Bewegung im $\underset{\sim}{k}$-Raum

Die Bewegungsgleichung eines Elektronenzustands der Wellenzahl $\underset{\sim}{k}$ unter dem Einfluß eines Magnetfeldes lautet

$$\hbar \dot{\underset{\sim}{k}} = - e \underset{\sim}{v} \times \underset{\sim}{B}_o \qquad (3.5.18)$$

Dabei ist $\underset{\sim}{v} = \hbar^{-1} \nabla_k \varepsilon(k)$ die Gruppengeschwindigkeit des aus Blochfunktionen aufgebauten Wellenpakets. (3.5.18) besagt, daß $d\underset{\sim}{k}$ senkrecht auf $\underset{\sim}{B}_o$, $\underset{\sim}{v}$, $\nabla_{\underset{\sim}{k}}\varepsilon(\underset{\sim}{k})$ steht.

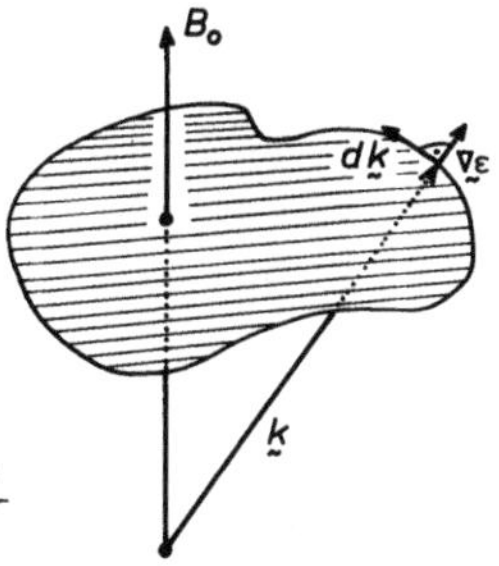

Fig. 3.9

$\underset{\sim}{\nabla}\varepsilon$ wiederum steht senkrecht auf der Fläche ε = const. Die Spitze des $\underset{\sim}{k}$-Vektors bewegt sich also längs der Kurve, die sich aus dem Schnitt der Fläche ε = const. mit einer Fläche senkrecht zu $\underset{\sim}{B}_o$ ergibt. Handelt es sich bei der Fläche konstanter Energie um eine einfach zusammenhängende Fläche, so durchläuft das Elektron im $\underset{\sim}{k}$-Raum eine geschlossene Kurve. Integrale der Bewegung sind dabei:

(a) Energie

(b) k_z = feldparallele Komponente von $\underset{\sim}{k}$

Im reduzierten Zonenschema klappt der $\underset{\sim}{k}$-Vektor um, sobald seine Bahn den Zonenrand berührt ("offene Bahn"). Erreicht die Bahn den Zonenrand nicht, so spricht man von einer "geschlossenen Bahn". Im periodischen Zonenschema ist das Umklappen von $\underset{\sim}{k}$ identisch mit einer Grenzüberschreitung der Brillouin-Zone. Dabei können dann offene, aber auch wieder geschlossene Bahnen entstehen. Der Umlaufsinn einer geschlossenen Bahn hängt davon ab, ob die Energie nach außen oder nach innen zunimmt.

Die Verknüpfung von $\underset{\sim}{v} = \dot{\underset{\sim}{r}}$ und $\dot{\underset{\sim}{k}}$ in (3.5.18) drückt einen engen Zusammenhang zwischen der $\underset{\sim}{k}$-Raum-Bewegung und der

<u>(2) Bewegung im Ortsraum</u>

aus. Sei $\underset{\sim}{e}_z$ der Einheitsvektor in Feldrichtung, dann ist

$$\underset{\sim}{r}_\perp = \underset{\sim}{r} - (\underset{\sim}{r} \cdot \underset{\sim}{e}_z)\, \underset{\sim}{e}_z \tag{3.5.19}$$

die Projektion des Ortsvektors auf die zu $\underset{\sim}{B}_o$ senkrechte Ebene. Das benutzen wir bei der folgenden Umformung

$$\begin{aligned} \underset{\sim}{e}_z \times \dot{\underset{\sim}{k}} &= - \frac{e}{\hbar} \underset{\sim}{e}_z \times \dot{\underset{\sim}{r}} \times \underset{\sim}{B}_o = - \frac{e}{\hbar} (\dot{\underset{\sim}{r}} (\underset{\sim}{e}_z \cdot \underset{\sim}{B}_o) - \underset{\sim}{B}_o (\underset{\sim}{e}_z \cdot \dot{\underset{\sim}{r}})) \\ &= - \frac{e B_o}{\hbar} (\dot{\underset{\sim}{r}} - \underset{\sim}{e}_z (\underset{\sim}{e}_z \cdot \dot{\underset{\sim}{r}})) = - \frac{e B_o}{\hbar} \dot{\underset{\sim}{r}}_\perp \end{aligned}$$

Die Integration ergibt:

$$\underset{\sim}{r}_\perp (t) - \underset{\sim}{r}_\perp(0) = - \frac{\hbar}{e B_o} \underset{\sim}{e}_z \times (\underset{\sim}{k}(t) - \underset{\sim}{k}(0)) \tag{3.5.20}$$

Der Vektor $(\underset{\sim}{k}(t) - \underset{\sim}{k}(0))$ liegt in einer Ebene senkrecht zu $\underset{\sim}{B}_o$. Das Vektorprodukt aus einem Einheitsvektor $\underset{\sim}{e}_z$ mit einem dazu senkrechten Vektor ergibt den um $\pi/2$ um die Feldrichtung gedrehten Vektor unveränderter Länge.

Wir sehen, daß die auf die xy-Ebene projizierte Ortsraumbewegung genau der $\underset{\sim}{k}$-Raum-Bewegung entspricht, wenn man diese um $\pi/2$ um die Feldrichtung dreht und mit dem Faktor $(- \frac{\hbar}{eB_o})$ skaliert.

Für die z-Richtung sind keine Aussagen möglich. Die Bahnen (im Orts- wie im $\underset{\sim}{k}$-Raum) heißen "Zyklotronbahnen". Nur bei freien Elektronen handelt es sich dabei um Kreisbahnen.

Wir führen in diesem Zusammenhang den wichtigen Begriff der

(3) Zyklotronmasse

ein. Wir betrachten 2 Bahnen konstanter Energie E bzw. $E + \Delta E$ im $\underset{\sim}{k}$-Raum, wobei $\Delta\underset{\sim}{k}$ der zu diesen Flächen senkrechte Abstand sein möge. Davon zu unterscheiden ist $(\Delta\underset{\sim}{k})_\perp$, der senkrechte Abstand in der xy-Ebene. Die Energiedifferenz ΔE läßt sich dann durch $(\Delta\underset{\sim}{k})_\perp$ ausdrücken:

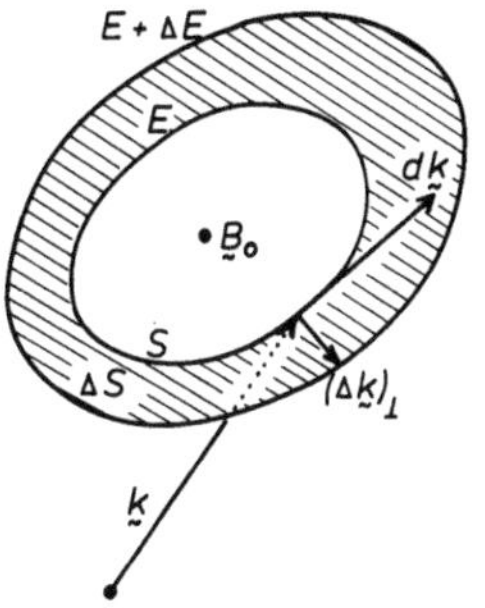

Fig. 3.10

$$\Delta E = (\nabla_{\underset{\sim}{k}}\, \varepsilon(\underset{\sim}{k})) \cdot (\Delta\underset{\sim}{k})_\perp = (\nabla\varepsilon)_\perp \cdot \Delta k_\perp \qquad (3.5.21)$$

Damit berechnen wir nun die Zeit, die das Elektron benötigt, um auf der Bahn von $\underset{\sim}{k}_1$ nach $\underset{\sim}{k}_2$ zu gelangen:

$$t_2 - t_1 = \int_{t_1}^{t_2} dt = \int_1^2 \frac{dk}{|\dot{\underset{\sim}{k}}|} = \frac{\hbar^2}{e} \int_1^2 \frac{dk}{|\nabla_{\underset{\sim}{k}}\, \varepsilon(\underset{\sim}{k}) \times \underset{\sim}{B}_o|}$$

$$= \frac{\hbar^2}{e} \int_1^2 \frac{dk}{(\nabla\varepsilon)_\perp \cdot B_o} = \frac{\hbar^2}{e\, B_o} \cdot \frac{1}{\Delta E} \int_{k_1}^{k_2} dk \cdot \Delta k_\perp$$

Das Integral stellt die Fläche S zwischen den beiden Bahnen dar, und zwar in der zu $\underset{\sim}{B}_o$ senkrechten Ebene. In der Grenze $\Delta E \to 0$ folgt:

$$t_2 - t_1 = \frac{\hbar^2}{e\, B_o} \cdot \frac{\partial S_{1,2}}{\partial E} \qquad (3.5.22)$$

Bei geschlossenen Bahnen ergibt das die Umlaufdauer τ:

$$\tau = \frac{\hbar^2}{e\, B_o} \cdot \frac{\partial S(E,\, k_z)}{\partial E} = \frac{2\pi}{\omega_c} \qquad (3.5.23)$$

ω_c nennt man die "Zyklotronfrequenz". Betrachten wir einmal als einfaches Beispiel "freie Elektronen". Für diese gilt,

$$\varepsilon(\underset{\sim}{k}) = \frac{\hbar^2 k^2}{2m} \quad ,$$

d.h., die Flächen konstanter Energie im $\underset{\sim}{k}$-Raum sind Kugeloberflächen. Die Bahnen konstanter Energie in der xy-Ebene sind dann Kreise mit dem Radius $\sqrt{k^2 - k_z^2}$.

Damit folgt unmittelbar

$$S_o(E, k_z) = \pi(k^2 - k_z^2) = \pi(\frac{2m}{\hbar^2} E - k_z^2)$$

$$\frac{\partial S_o}{\partial E} = \frac{2m\pi}{\hbar^2} \qquad \tau_o = \frac{2m\pi}{eB_o} = \frac{2\pi}{\omega_c^{(0)}} \tag{3.5.24}$$

Man definiert deshalb in Analogie zu diesem Spezialfall durch Vergleich mit (3.5.23):

$$m_c(E, k_z) = \frac{\hbar^2}{2\pi} \cdot \frac{\partial S(E, k_z)}{\partial E} \tag{3.5.25}$$

"Zyklotron-Masse"

Allgemein gilt dann:

$$\tau = \frac{2\pi}{eB_o} \cdot m_c \Leftrightarrow \omega_c = \frac{e\,B_o}{m_c} \tag{3.5.26}$$

In der Regel ist die Zyklotronmasse m_c von der effektiven Masse m^* zu unterscheiden. Nur für isotrope Energiedispersion ($\varepsilon(\underset{\sim}{k}) = \frac{\hbar^2 k^2}{2m^*}$) gilt $m^* = m_c$.

(4) Landau-Zylinder

Wir hatten gefunden, daß die Elektronenbewegung im Magnetfeld in der Ebene senkrecht zum Feld quantisiert ist. Für die Stirnfläche des n-ten Landau-Zylinders gilt nach (3.4.16)

$$S_n^\sigma(k_z) = \pi(k_x^2 + k_y^2) = \pi(\frac{2m^*}{\hbar^2} E_n^\sigma(k_z) - k_z^2)$$
$$= \pi \cdot ((2n + 1) + Z_\sigma \frac{m^*}{m}) \frac{e B_o}{\hbar} \qquad (3.5.26)$$

Damit läßt sich die Ringfläche zwischen zwei benachbarten Landau-Zylindern

$$\Delta S^{\sigma\sigma'} = S_{n+1}^\sigma(k_z) - S_n^{\sigma'}(k_z) \quad , \qquad (3.5.27)$$

berechnen:

$$\Delta S^{\sigma\sigma'} = \frac{2\pi e}{\hbar} B_o \cdot (1 + (Z_\sigma - Z_{\sigma'}) \frac{m^*}{2m}) \qquad (3.5.28)$$

Die Ringfläche ist also unabhängig von der Landau-Quantenzahl n. Sie nimmt linear mit dem Feld zu.

In $\Delta S^{\sigma\sigma}$ würden ohne Feld

$$2 \cdot \frac{\Delta S^{\sigma\sigma}}{4\pi^2/L_x \cdot L_y} = 2 \frac{L_x L_y}{2\pi\hbar} e B_o = 2 g_y(B_o)$$

Zustände liegen. Der Faktor 2 berücksichtigt die Spinentartung. Auf einem "Landau-Kreis" in der xy-Ebene liegen also gerade so viele Zustände wie ohne Feld in dem entsprechenden Ringgebiet anzutreffen sind. Die Ringfläche nimmt in gleichem Maße wie der Entartungsgrad g_y der Landau-Niveaus mit dem Feld zu. Nach (1) und (3) liegen die k-Werte auf dem Landau-Zylinder nicht fest, sondern rotieren auf diesem mit der Frequenz

$$\omega_c = 2\pi \frac{e B_o}{\hbar^2} (\frac{\partial S}{\partial E})^{-1} = 2\pi \frac{e B_o}{\hbar^2} \cdot \frac{\hbar^2}{2\pi m^*} = \frac{e B_o}{m^*} = \omega_c^* \qquad (3.5.29)$$

Damit ist nun klar, was nach Einschalten des Magnetfeldes $\tilde{B}_o$ innerhalb der Fermi-Kugel passiert. Die ohne Feld regelmäßig angeordneten Punkte des $\tilde{k}$-Raums (ein Punkt pro Rastervolumen $\Delta\tilde{k} = (2\pi)^3/V$) ordnen sich nun auf Zylindern an und rotieren auf diesen mit der Zyklotronfrequenz. Die Zahl der Zustände ändert sich dabei nicht.

(3.5.3) PHYSIKALISCHER URSPRUNG DER OSZILLATIONEN

Für die Stirnfläche des n-ten Landau-Zylinders können wir nach (3.5.26) schreiben:

$$S_n^\sigma = 2\pi \ (n + \varphi_\sigma) \frac{e\,B_o}{\hbar} \tag{3.5.30}$$

φ_σ ist dabei eine unbestimmte Konstante. Wir werden im nächsten Abschnitt zeigen, daß S_n^σ in dieser Form nicht nur für das Sommerfeld-Modell zutrifft, sondern allgemeiner gültig ist.

Die Oszillationen der freien Energie und der Suszeptibilität beruhen auf der sukzessiven Entleerung der Landau-Zylinder. Das soll jetzt etwas genauer diskutiert werden.

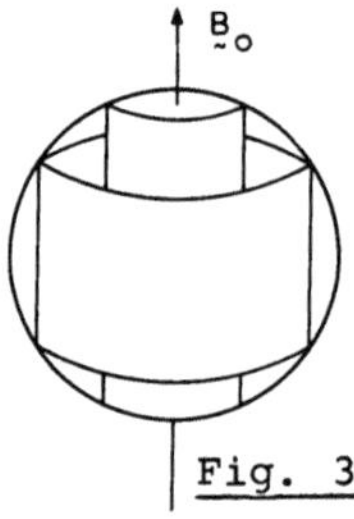

Fig. 3.11

Wenn bei einer Feldänderung jedes Elektron in seinem Landau-Niveau bliebe, dann würde wegen $\hbar\,\omega_c^* \sim B_o$ die Energie des Systems proportional zu B_o anwachsen. Tatsächlich passiert bei wachsendem Feld (T = 0) Folgendes: Da der Entartungsgrad auf dem Zylinder wächst, werden

(1) Elektronen von äußere auf innere Zylinder wechseln können, und

(2) Elektronen auf den Zylindern von großem zu kleinerem $|k_z|$ rutschen.

Durch (1) und (2) wird die Gesamtenergie bei T = 0 auf dem tiefstmöglichen Wert gehalten. Insgesamt ergibt sich im wesentlichen nur eine Umbesetzung der Zustände im Innern des Fermi-Körpers. Beim Verlassen des Fermi-Körpers entleert sich der Landau-Zylinder. Sei A_o die maximale Querschnittsfläche des Fermi-Körpers senkrecht zum Feld $\underset{\sim}{B}_o$. Der n-te Zylinder entleert sich dann bei einer Feldstärke $B_o^{(n)}$, bei der die Stirnflächen des Landau-Zylinders gerade mit A_o übereinstimmt:

$$S_n^\sigma(B_o^{(n)}) = A_o \tag{3.5.31}$$

Mit (3.5.30) bedeutet das:

$$\frac{1}{B_o^{(n)}} = 2\pi \; (n + \varphi_\sigma) \; \frac{e}{\hbar} \frac{1}{A_o} \tag{3.5.32}$$

Der (n - 1)te Zylinder entleert sich dann, wenn

$$S_{n-1}^\sigma \; (B_o^{(n-1)}) = A_o \tag{3.5.33}$$

ist, d.h.

$$\frac{1}{B_o^{(n-1)}} = 2\pi \; (n - 1 + \varphi_\sigma) \; \frac{e}{\hbar} \frac{1}{A_o} \tag{3.5.34}$$

Das ergibt eine von der Landauquantenzahl n unabhängige Periode:

$$\Delta(\frac{1}{B_o}) = \frac{1}{B_o^{(n)}} - \frac{1}{B_o^{(n-1)}} = \frac{e}{\hbar} \frac{2\pi}{A_o} \quad , \tag{3.5.35}$$

Sie ist unmittelbar durch die Querschnittsfläche A_o des Fermi-Körpers bestimmt. Im bisher verwendeten Sommerfeld-Modell ist diese einfach anzugeben:

$$A_o = \pi \cdot k_F^2 = \frac{2m^* \cdot \pi}{\hbar^2} \cdot \varepsilon_F = \pi \cdot \frac{\varepsilon_F}{\mu_B^*} \cdot \frac{e}{\hbar} \tag{3.5.36}$$

Daraus ergibt sich eine Periode

$$\Delta(1/B_o) = \frac{2\mu_B^*}{\varepsilon_F} \quad , \tag{3.5.37}$$

die exakt mit der der χ-Oszillation (3.5.17) übereinstimmt. Das gilt auch dann, wenn der Fermi-Körper nicht einfach eine Kugel ist. Messung der χ-Periode liefert damit automatisch A_o, die extremale Querschnittsfläche senkrecht zum Feld. Durch Variation der Feldrichtung kann man dadurch wertvolle Aufschlüsse über die Gestalt der Fermifläche gewinnen. Darin liegt letztlich die praktische Bedeutung des de Haas-van Alphen-Effekts.

Warum die extremale (auch die minimale) Querschnittsfläche des Fermi-Körpers die Periode bestimmt, kann man sich qualitativ wie folgt klarmachen:

Die Ableitung der freien Energie in Kap. (3.3.2) verdeutlicht,daß die Oszillationen letztlich durch die Niveaudichte $dN_\sigma(E)$ bedingt sind, d.h. durch die Zahl der Zustände im Energieintervall E, E + dE. Bei den diversen Summationen und Integrationen spielte insbesondere die Ableitung der Fermi-Funktion $f_-'(E) \sim \delta(E - \varepsilon_F)$ eine Rolle, deren δ-Funktionscharakter dafür sorgte, daß die Niveaudichte $dN_\sigma(E)$ vor allem an der Stelle $E \approx \varepsilon_F$ wichtig wird.

Da die Dichte der Zustände in z-Richtung konstant ist, ist der Beitrag eines Landau-Zylinders proportional zu der in der Skizze schraffiert gezeichneten Fläche.

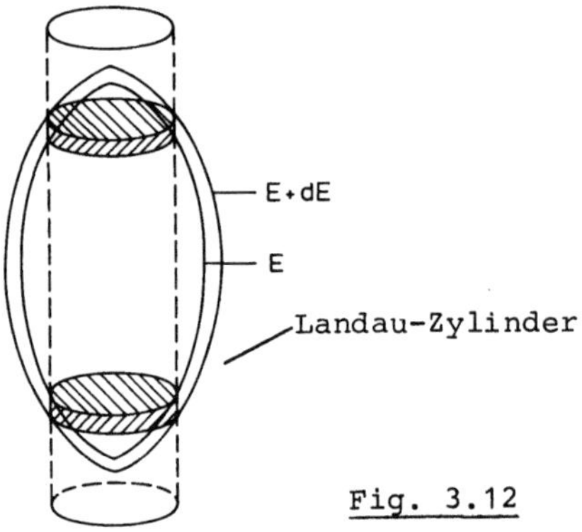

Fig. 3.12

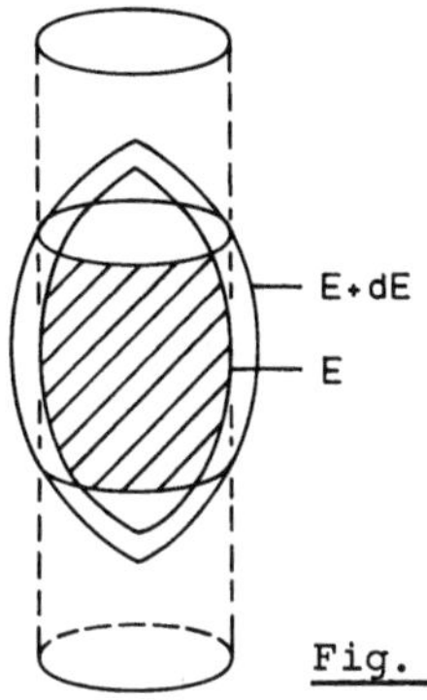

Fig. 3.13

Diese Fläche ist ganz offensichtlich maximal, wenn der Querschnitt des Landau-Zylinders mit der maximalen Querschnittsfläche des Fermi-Körpers übereinstimmt. Das gilt auch für minimale Querschnittsflächen, wie man sich leicht an Fig. 3.14 und Fig. 3.15 verdeutlichen kann.

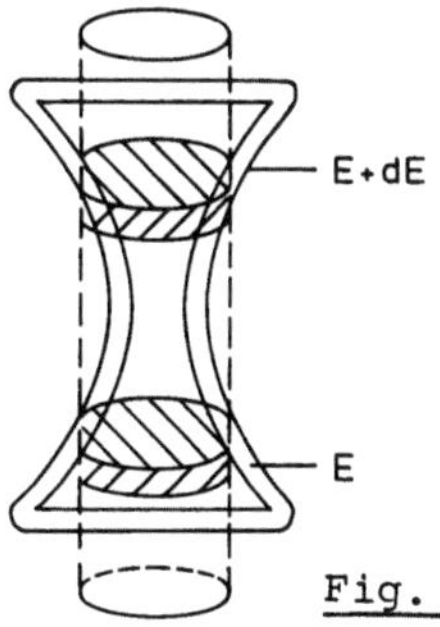

Fig. 3.14

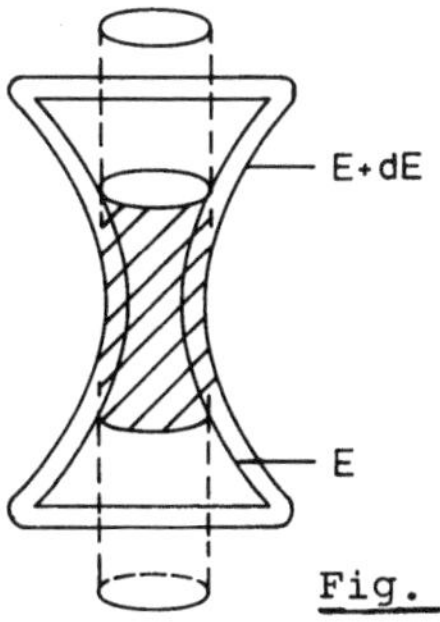

Fig. 3.15

Die Zustandsdichte ist immer dann maximal, wenn S_n^{σ} gleich einer extremalen Querschnittsfläche A_o ist. Das erklärt, warum die Oszillationen und ihre Perioden durch A_o bedingt sind. - Sehr viele elektronische Eigenschaften hängen von der Zustandsdichte $\frac{dN_{\sigma}}{dE}$ an der Fermikante ε_F ab. Alle diese zeigen als Funktion von $1/B_o$ das diskutierte oszillatorische Verhalten.

(3.5.4) ONSAGER-ÜBERLEGUNG

Die bisher diskutierte Landau-Theorie bezog sich auf das Sommerfeld-Modell quasifreier Elektronen, gekennzeichnet durch kugelförmige Fermi-Flächen. Auf Onsager (1952) geht eine Verallgemeinerung auf beliebige einfach zusammenhängende Fermi-Flächen zurück.

In Kap. (3.4.2) hatten wir gesehen, daß die Elektronenbewegung im Ortsraum in der zum Feld senkrechten Ebene auf einer geschlossenen Bahn erfolgt. Diese kann nach der Bohr-Sommerfeld-Bedingung quantisiert werden:

$$\oint \underset{\sim}{p} \cdot d\underset{\sim}{r} = \oint (\hbar \underset{\sim}{k} - e\,\underset{\sim}{A}(\underset{\sim}{r})) \cdot d\underset{\sim}{r} = (n + \varphi) \cdot h \qquad (3.5.38)$$

Diese Regel gilt für sehr große Quantenzahlen n, d.h. in der Nähe des klassischen Grenzfalls. Das ist hier gewährleistet, da wegen

$$n \cdot \hbar\,\omega_c^* = 2\mu_B^* \cdot B_o \cdot n \overset{!}{\leq} \varepsilon_F \qquad (3.5.39)$$

$$(\mu_B \approx 0.579 \cdot 10^{-4}\ \text{eV/T}\ ;\ \varepsilon_F = 1\ \dots\ 10\text{eV})$$

bei üblichen Feldern etwa 10^3 bis 10^4 Landau-Niveaus ins Spiel kommen. φ ist eine unbestimmte Konstante zwischen 0 und 1, $n \in \mathbb{N}$. Wir berechnen die beiden Summanden aus (3.5.38) separat. Mit dem Stokesschen Satz folgt zunächst:

$$e \oint \underset{\sim}{A} \cdot d\underset{\sim}{r} = -\,e \int \text{rot}\,\underset{\sim}{A} \cdot d\underset{\sim}{f} = -\,e\,\underset{\sim}{B}_o \cdot \int d\underset{\sim}{f}$$
$$= -\,e\,B_o\,F_\perp \qquad (3.5.40)$$

$F_\perp$ ist die Projektion der vom Elektron umlaufenen Fläche auf die xy-Ebene.
Bei passender Wahl der Bezugspunkte im Orts- und Impulsraum gilt nach (3.5.20):

$$\underset{\sim}{r}_\perp(t) = -\,\frac{\hbar}{e\,B_o}\,\underset{\sim}{e}_z \times \underset{\sim}{k}(t) \qquad (3.5.41)$$

Dabei muß $\underset{\sim}{k}(t)$ in der xy-Ebene liegen, so daß wir nach $\underset{\sim}{k}(t)$ auflösen können.

$$\underset{\sim}{k}(t) = -\frac{e\,B_o}{\hbar}(\underset{\sim}{r}_{\perp} \times \underset{\sim}{e}_z) = -\frac{e\,B_o}{\hbar}(\underset{\sim}{r} \times \underset{\sim}{e}_z) \tag{3.5.42}$$

Damit berechnen wir

$$\begin{aligned} \oint \hbar\underset{\sim}{k} \cdot d\underset{\sim}{r} &= -\,e\,B_o \oint (\underset{\sim}{r} \times \underset{\sim}{e}_z) \cdot d\underset{\sim}{r} \\ &= -\,e\,B_o\,\underset{\sim}{e}_z \oint (d\underset{\sim}{r} \times \underset{\sim}{r}) \\ &= +\,2\,e\,B_o\,F_{\perp} \end{aligned} \tag{3.5.43}$$

Die Quantisierung lautet also:

$$(n + \varphi) \cdot h \overset{!}{=} + e\,B_o\,F_{\perp} \quad , \tag{3.5.44}$$

aus der schließlich

$$F_{\perp} = \frac{(n + \varphi)\,h}{e\,B_o} \tag{3.5.45}$$

folgt. Das ist die Fläche im Ortsraum, die noch mit $(-\frac{e\,B_o}{\hbar})^2$ skaliert werden muß, um die Fläche im k-Raum zu erhalten:

$$S_n = \frac{(n + \varphi)h}{e \cdot B_o} \cdot \frac{e^2\,B_o^2}{\hbar^2} = 2\pi(n + \varphi)\,\frac{e\,B_o}{\hbar} \tag{3.5.46}$$

Das ist aber exakt der Ausdruck (3.5.20), den wir in der Landau-Theorie für die Stirnfläche der Landau-Zylinder abgeleitet hatten, ohne daß hier die Vorstellung freier Elektronen einging. Damit wird insbesondere die Beziehung (3.5.35) für die χ-Periode $\Delta(1/B_o)$,

$$\Delta(1/B_o) = \frac{e}{\hbar}\,\frac{2\pi}{A_o}$$

allgemein gültig.

Bisher haben wir den Einfluß von Phononen ($T \neq 0$), Fremdatomen u. ä. unberücksichtigt gelassen. Entsprechende

Streuprozesse können dafür sorgen, daß die Elektronen keine geschlossenen Bahnen durchlaufen. Ist τ die mittlere Stoßzeit, so ergibt sich eine Energieunschärfe $\Delta E \sim \hbar/\tau$.

Wenn ΔE größer ist als der Abstand der Landau-Bahnen, dann wird das oszillatorische Verhalten verwaschen. Um den de Haas-van Alphen-Effekt beobachten zu können, müssen wir also fordern:

$$\Delta E \overset{!}{<<} \hbar \omega_c^* \quad ,$$

d.h. reine Metalle, tiefe Temperaturen, hohe Felder.

Ergänzende Literatur

zu Kap. (3.1):

Mattis, D.C., "The Theory of Magnetism I", Springer, 1981

van Vleck, J.J., "The Theory of Electric and Magnetic Susceptibilities", Oxford University Press, 1932, S. 104

Wagner, D., "Einführung in die Theorie des Magnetismus", Vieweg, 1966.

White, R.M., "Quantum Theory of Electric and Magnetic Suscepitibilities", Oxford University Press, 1932, S. 104

zu Kap. (3.2):

Bethe, H.A., Salpeter, E.E., Hdb. Physik XXXV, Springer, 1957

Wagner, D., "Einführung in die Theorie des Magnetismus", Vieweg, 1966

zu Kap. (3.3):

Ashcroft, N.W., Mermin, N.D., "Solid State Physics", Holt, Rinehort & Winston, New York, 1976, Anhang C

zu Kap. (3.4):

Abramowitz, M., Stegun, T.A., "Handbook of Mathematical Functions", Dover, 1972

Ham, F.S., Phys. Rev. 128, 2524 (1962)

Kubo, R., Ohata, Y., J. Phys. Soc. Japan 11, 547 (1956)

Landau, L.D., Z. Phys. 64, 629 (1930)

Peierls, R., Z. Phys. 81, 186 (1933)

Wagner, D., "Einführung in die Theorie des Magnetismus", Vieweg, 1966

zu Kap. (3.5):

de Haas, W.J., van Alphen, P.V., Proc. Amsterdam, Acad. 33, 1106 (1936)

Landau, L.D., Z. Phys. 64, 629 (1930)

Lifshitz, E.M., Kosevitch, A.M., Sov. Phys. JETP 2, 636 (1956)

Onsager, L., Physil. Mag. 43, 1006 (1952)

Peierls, R., Z. Phys. 81, 186 (1933)

Sydoriak, S.G., Robinson, J.E., Phys. Rev. 75, 118 (1949)

(IV) Paramagnetismus 176

Zusammenfassung

Paramagnetismus setzt die Existenz permanenter magnetischer Momente voraus. Dabei kann es sich z.B. um die Momente der itineranten Leitungselektronen eines metallischen Festkörpers handeln (Pauli-Spinparamagnetismus). Wir untersuchen zunächst für das Sommerfeld-Modell (freies Fermi-Gas) die Reaktion dieser itineranten Momente auf ein äußeres Magnetfeld bei $T = 0$. Anschließend werden Temperaturkorrekturen und Austauschkorrekturen diskutiert. Temperaturkorrekturen erweisen sich als unbedeutend. Austauschkorrekturen sind ein Resultat der im Sommerfeld-Modell vernachlässigten Coulomb-Wechselwirkungen der Leitungselektronen. Zu ihrer approximativen Berechnung verwenden wir das Jellium-Modell.

In Isolatoren stammen die permanenten magnetischen Momente aus nur unvollständig gefüllten Elektronenschalen gewisser am betreffenden Festkörper beteiligter Ionen. Es handelt sich um lokalisierte Momente, die in erster Näherung nicht miteinander wechselwirken. Drei Einflüsse bestimmen die Suszeptibilität eines solchen Paramagneten: die thermische Energie $k_B T$, die Feldenergie $\mu_B B_o$ und die Spin-Bahn-Kopplungsenergie $\hbar^2 \Lambda$. Für sehr hohe Temperaturen ergibt sich in jedem Fall eine lineare Temperaturabhängigkeit für die inverse Suszeptibilität (Curie-Gesetz).

Einen Spezialfall stellt der praktisch temperaturunabhängige van Vleck-Paramagnetismus dar, der in Systemen beobachtet wird, bei denen das lokalisierte permanente magnetische Moment aus einer Schale stammt, die gerade um ein Elektron weniger als halbgefüllt ist.

(IV) Paramagnetismus

Unter "Paramagnetismus" versteht man die Reaktion von permanenten magnetischen Momenten auf ein äußeres Magnetfeld. Bei diesen permanenten magnetischen Momenten kann es sich um

(a) die Momente von nicht vollständig gefüllten atomaren Elektronenschalen handeln, z.B.

3d: Übergangsmetalle
4f: Seltene Erden
5f: Aktinide

Die Momente sind dann an bestimmten Gitterplätzen lokalisiert (Isolatoren !).

Es kann sich aber auch um

(b) die Momente der itineranten Leitungselektronen in metallischen Festkörpern handeln:

$$\underset{\sim}{m}_s = -2 \frac{\mu_B}{\hbar} \underset{\sim}{S}$$

Wir werden in diesem Abschnitt annehmen, daß keine nennenswerte Wechselwirkung zwischen den Momenten stattfindet, so daß ohne äußeres Feld die Gesamtmagnetisierung verschwindet. Im äußeren Magnetfeld $\underset{\sim}{B}_o = \mu_o \underset{\sim}{H}$ versuchen sich die permanenten Momente parallel zu diesem einzustellen, da sich die innere Energie U des Systems dadurch erniedrigt. Dem entgegen wirkt die Temperatur T, die die Entropie S durch möglichst große Unordnung zu maximieren versucht. Die Forderung

$$F = U - TS \overset{!}{=} \text{Minimum}$$

legt letztlich die Gesamtmagnetisierung fest. Wir erwarten deshalb für die Suszeptibilität eines Paramagneten:

$$\chi > 0 \quad ; \quad \chi = \chi(T)$$

Auch beim Paramagnetismus gibt es qualitative Unterschiede zwischen dem der Isolatoren und dem der Metalle. Sie werden deshalb auch getrennt behandelt.

(4.1) PAULI-SPINPARAMAGNETISMUS

Wir beginnen mit dem Paramagnetismus der Leitungselektronen. Deren Suszeptibilität χ wurde ausführlich in den Kapiteln (3.4) und (3.5) diskutiert:

$$\chi = \chi_{Landau} + \chi_{Pauli} + \chi_{osz} \tag{4.1.1}$$

χ_{Landau} ist negativ und damit eine diamagnetische Komponente, die aus der Bahnbewegung der Leitungselektronen resultiert. χ_{Pauli} ist positiv und damit eine paramagnetische Komponente, die dem Spin des Elektrons zuzuschreiben ist. χ_{osz} oszilliert mit dem Feld zwischen positiven und negativen Werten und ist sowohl mit der Bahnbewegung als auch mit dem Spin verknüpft.

Uns interessiert hier χ_{Pauli}, für das wir bereits mit (3.4.77) gefunden hatten:

$$\chi_{Pauli} = \frac{3}{2}\,\frac{N}{V}\,\mu_o\,\frac{\mu_B^2}{\varepsilon_F} \tag{4.1.2}$$

Im allgemeinen leitet man diesen Ausdruck auf eine wesentlich einfachere Weise als in Kap. (3.4) ab, die dafür physikalisch anschaulicher ist und deshalb in diesem Abschnitt durchgeführt werden soll. Nach den Vorüberlegungen zu Beginn dieses Kapitels fällt insbesondere die Temperatur<u>un</u>abhängigkeit von χ_{Pauli} auf. Dieses soll genauer begründet werden. Wir berechnen dazu die maximalen Temperaturkorrekturen. Ausgangspunkt ist das in Kap. (3.3) vorgestellte "Sommerfeld-Modell".

(4.1.3) "PRIMITIVE" THEORIE DES PAULI-SPINPARAMAGNETISMUS

Wir zerlegen die Zustandsdichte $\rho(E)$ der Leitungselektronen in zwei Anteile,

$$\rho(E) = \rho_{\uparrow}(E) + \rho_{\downarrow}(E) \, , \qquad (4.1.3)$$

$\rho_{\uparrow}$ für Elektronen mit einem Spin parallel zum Feld ($m_s = +\frac{1}{2}$),
$\rho_{\downarrow}$ für solche mit einem antiparallelen Spin ($m_s = -\frac{1}{2}$). Bei ausgeschaltetem äußeren Feld

$$B_o = 0$$

fallen die beiden Zustandsdichten zusammen

$$\rho_{\uparrow} = \rho_{\downarrow} = \frac{1}{2}\,\rho_o(E) \qquad (4.1.4)$$

d.h., das System enthält gleich viele $\uparrow$-Elektronen wie $\downarrow$-Elektronen. Das Gesamtmoment ist deshalb Null.

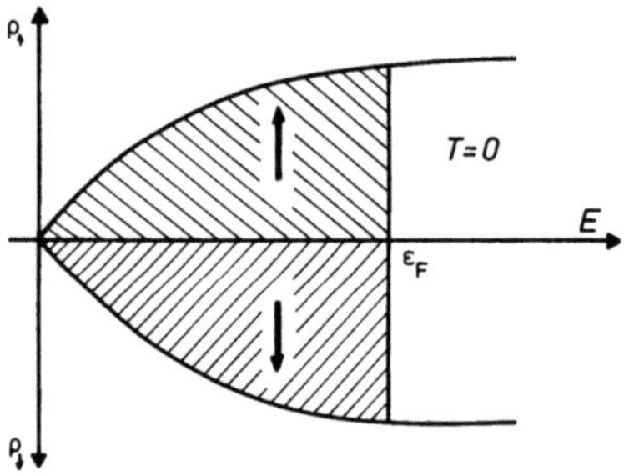

Fig. 4.1

Bei eingeschaltetem Feld

$$B_o \neq 0$$

verschieben sich die Zustände im Feld um die Energie

$$\Delta E_{\sigma} = Z_{\sigma}\,\mu_B \cdot B_o \qquad (4.1.5)$$

$$Z_{\sigma} = \begin{cases} +1 \text{ für } \sigma = \uparrow \\ -1 \text{ für } \sigma = \downarrow \end{cases} \qquad (4.1.6)$$

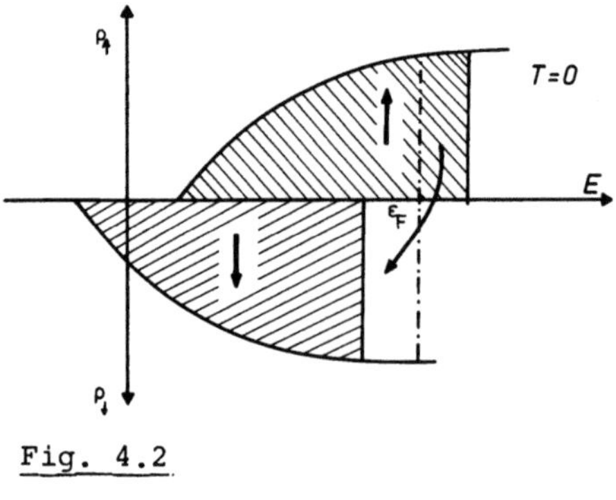

Fig. 4.2

Im Feld haben ↑-Elektronen höhere Energien als ↓-Elektronen, die Zustandsdichten $\rho_\uparrow$ und $\rho_\downarrow$ werden starr gegeneinander verschoben

$$\rho_\sigma(E) = \frac{1}{2}\rho_0(E - z_\sigma \mu_B \cdot B_0) \qquad (4.1.7)$$

Dabei lassen wir für den Augenblick die Bahnquantelung (Landau-Niveaus, s. Kap. (3.4.1)) außer acht. Wir betrachten nur die Energieverschiebungen, die der Existenz des Elektronenspins zuzuschreiben sind.

Aufgrund dieser Verschiebung werden ↑-Elektronen "überfließen" bis sich eine neue gemeinsame Fermi-Kante ausgebildet hat, d.h., für

$B_0 \neq 0$ wird $N_\downarrow > N_\uparrow$

sein. Das Gesamtmoment

$$m_{tot} = \mu_B(N_\downarrow - N_\uparrow) \qquad (4.1.8)$$

ist nun nicht mehr Null. Die Aufgabe besteht also darin, die Elektronenzahlen $N_{\uparrow\downarrow}$ zu bestimmen:

$$\begin{aligned} N_\sigma &= \int_{-\infty}^{\infty} dE \cdot f_-(E) \cdot \rho_\sigma(E) = \\ &= \frac{1}{2}\int_{z_\sigma \mu_B B_0}^{\infty} dE \cdot f_-(E) \cdot \rho_0(E - z_\sigma \mu_B B_0) \\ &= \frac{1}{2}\int_{0}^{\infty} d\eta \cdot f_-(\eta + z_\sigma \mu_B B_o) \cdot \rho_o(\eta) \end{aligned} \qquad (4.1.9)$$

Dort, wo die Fermi-Funktion f_- deutlich von ihren konstanten Werten 0 bzw. 1 abweicht, ist $\mu_B B_0$ i.a. sehr klein gegenüber η. Eine Taylor-Entwicklung der Fermi-Funktion kann deshalb nach dem linearen Term abgebrochen werden:

$$N_\sigma \approx \frac{1}{2}\int_{0}^{\infty} d\eta \cdot \{f_-(\eta) + z_\sigma \mu_B B_0 \frac{\partial f}{\partial \eta}\} \rho_0(\eta) \qquad (4.1.10)$$

Damit berechnet sich die Magnetisierung zu:

$$M = \frac{\mu_B}{V} (N_{\downarrow} - N_{\uparrow}) = - \frac{\mu^2{}_B}{V} B_0 \int_0^\infty d\eta \frac{\partial f_-}{\partial \eta} \rho_0(\eta) \qquad (4.1.11)$$

Die Suszeptibilität hat dann die Form

$$\chi_{Pauli} = \mu_0 \left(\frac{\partial M}{\partial B_0}\right)_T = - \frac{1}{V} \mu_0 \mu_B^2 \int_0^\infty dE \cdot f'_- (E) \rho_0(E) \qquad (4.1.12)$$

Nach (3.3.36) gilt in guter erster Näherung:

$$f'_-(E) \approx - \delta(E - \varepsilon_F) \qquad (4.1.13)$$

Für T = 0 ist diese Beziehung exakt. Damit haben wir

$$\begin{aligned} \chi_{Pauli} &= \frac{1}{V} \mu_0 \mu_B^2 \cdot \rho_0(\varepsilon_F) \\ &= \frac{3}{2} \frac{N_e}{V} \mu_0 \frac{\mu_B^2}{\varepsilon_F} \end{aligned} \qquad (4.1.14)$$

Das ist genau der Ausdruck, den wir auf anderem Weg bereits in Kap. (3.4.3) mit Gleichung (3.47) abgeleitet hatten. Im letzten Schritt haben wir noch $\rho_0(\varepsilon_F) = \frac{3}{2} N_e/\varepsilon_F$ (3.3.21) ausgenutzt.
Wegen des Pauli-Prinzips kann nur ein kleiner Bruchteil der Elektronen, nämlich der, der sich in der schmalen "Fermi-Schicht" befindet, auf das Feld $\underset{\sim}{B}_0$ reagieren. Das erklärt die Größenordnung (~ 10^{-6}) und die Quasi-Temperaturunabhängigkeit der Pauli-Suszeptibilität.

(4.1.2) TEMPERATURKORREKTUREN

Die bisher abgeleitete Pauli-Suszeptibilität ist temperaturunabhängig. Das liegt letztlich daran, daß wir in (4.1.13) die Ableitung der Fermi-Funktion durch eine δ-Funktion ersetzt haben. Das soll jetzt mit Hilfe der Sommerfeld-Entwicklung (3.3.44) genauer diskutiert werden. Ausgangspunkt ist die Gleichung (4.1.12), die wir zunächst partiell integrieren, wobei der ausintegrierte Teil verschwindet:

$$\chi_{Pauli}(T) = \mu_o \, \mu_B^2 \, \frac{1}{V} \int_0^\infty dE \cdot f_-(E) \cdot \rho_o'(E) \qquad (4.1.15)$$

Der Integrand erfüllt die Voraussetzungen der Sommerfeld-Entwicklung (3.3.44):

$$\begin{aligned} \chi_{Pauli}(T) &\approx \mu_o \, \mu_B^2 \, \frac{1}{V} \, [\int_0^\mu dE \, \rho_o'(E) + \frac{\pi^2}{6} (k_B T)^2 \cdot \rho_o''(\mu)] \\ &\approx \mu_o \, \mu_B^2 \cdot \frac{1}{V} \, [\rho_o(\mu) + \frac{\pi^2}{6} (k_B T)^2 \, \rho_o''(\mu)] \\ &\approx \mu_o \, \mu_B^2 \cdot \frac{1}{V} \, [\rho_o(\varepsilon_F) + (\mu - \varepsilon_F) \, \rho_o'(\varepsilon_F) + \ldots \\ &\qquad \ldots + \frac{\pi^2}{6} (k_B T)^2 \, \rho_o''(\varepsilon_F)] \end{aligned} \qquad (4.1.16)$$

Der Term $(\mu - \varepsilon_F)$ muß sorgfältig bestimmt werden, da er von derselben Größenordnung ist wie der dritte Summand. Wir nutzen aus, daß die Elektronenzahl N_e natürlich temperaturunabhängig ist.

$$N_e(T = 0) \stackrel{!}{=} N_e(T \neq 0) \qquad (4.1.17)$$

Bei T = 0 gilt

$$N_e(T = 0) = \int_{-\infty}^{\varepsilon_F} dE \, \rho_o(E), \qquad (4.1.18)$$

und bei $T \neq 0$:

$$N_e(T \neq 0) = \int_{-\infty}^{+\infty} dE \, f_-(E) \, \rho_o(E)$$

$$= \int_{-\infty}^{\mu} dE\, \rho_o(E) + \frac{\pi^2}{6}(k_BT)^2\, \rho_o'(\mu) + \ldots$$

$$= \int_{-\infty}^{\varepsilon_F} dE\, \rho_o(E) + (\mu - \varepsilon_F)\, \rho_o(\varepsilon_F) + \ldots..$$

$$+ \frac{\pi^2}{6}\,(k_BT)^2 \cdot \rho_o'(\varepsilon_F) + .. \quad (4.1.19)$$

Wegen (4.1.17) und (4.1.18) folgt aus (4.1.19)

$$\mu - \varepsilon_F \approx -\frac{\pi^2}{6}\,(k_BT)^2\,\frac{\rho_o'(\varepsilon_F)}{\rho_o(\varepsilon_F)} \quad (4.1.20)$$

Eingesetzt in (4.1.16) ergibt das:

$$\chi_{Pauli}^{(T)} = \chi_{Pauli}^{(0)}\,\left[1 + \frac{\pi^2}{6}\,(k_BT)^2 \cdot \left\{\frac{\rho_o''(\varepsilon_F)}{\rho_o(\varepsilon_F)} - \left(\frac{\rho_o'(\varepsilon_F)}{\rho_o(\varepsilon_F)}\right)^2\right\}\right]$$

$$(4.1.21)$$

Das gilt so noch ziemlich allgemein. Mit der Zustandsdichte des Sommerfeld-Modells (3.3.19) folgt:

$$\chi_{Pauli}^{(T)} = \chi_{Pauli}^{(0)} \cdot \left[1 - \frac{\pi^2}{12} \cdot \left(\frac{k_BT}{\varepsilon_F}\right)^2\right] \quad (4.1.22)$$

Die Temperaturkorrekturen der Suszeptibilität sind also bei gewöhnlichen Metallen sehr gering und können i.a. vernachlässigt werden.

(4.1.3) AUSTAUSCHKORREKTUREN

Wir wollen in diesem Abschnitt einen Versuch starten, die bislang vernachlässigte Coulomb-Wechselwirkung der Leitungselektronen untereinander zumindest in einer einfachen Näherung zu berücksichtigen. Wir werden dabei ein neues Phänomen kennenlernen, die sog. "Austauschwechselwirkung", die für den noch zu besprechenden kollektiven Magnetismus eine ganz zentrale Rolle spielt. Die Diskussion wird auf den Fall T = 0 beschränkt, Temperaturkorrekturen dürften nach den Resultaten der letzten Abschnitte keine große Bedeutung haben.

Das Lösungsverfahren besteht aus drei Schritten (Sampson, Seitz 1940):

(1) Die Gesamtenergie E (bei T = 0 gleich der freien Energie !) wird als Funktion der Elektronenzahlen $N_\uparrow$ und $N_\downarrow$ berechnet.

(2) E wird nach $N_{\uparrow,\downarrow}$ variiert. Das Minimum legt die "wahren" $N_\uparrow$ und $N_\downarrow$ fest.

(3) E wird durch die "wahren" $N_\uparrow$ und $N_\downarrow$ ausgedrückt und damit dann die Suszeptibilität

$$\chi = -\frac{\mu_o}{V}\left(\frac{\partial^2 E}{\partial B_o^2}\right)_{T=0} \tag{4.1.23}$$

berechnet.

Wir erläutern das Verfahren zunächst am

(a) Sommerfeld-Modell

Die Zustandsdichte wird bei Anlegen eines äußeren Feldes B_o spinabhängig (4.1.7). Für die innere Energie $E^{(0)}$ müssen wir beide Spinanteile addieren:

$$E^{(0)} = \frac{1}{2}\sum_\sigma \int_{-\infty}^{\infty} dE \cdot E \cdot f_-(E) \cdot \rho_o(E - z_\sigma \mu_B B_o) \tag{4.1.24}$$

Das ergibt nach einfachen Umformungen unter Ausnutzung von

(4.1.9) für die Elektronenzahlen N_σ:

$$E^{(0)} = \sum_\sigma Z_\sigma \mu_B B_0 N_\sigma + \\ + \frac{1}{2}\int_0^\infty d\eta \cdot \eta \cdot \rho_0(\eta) \sum_\sigma f_-(\eta + Z_\sigma \mu_B B_0)$$

Bei T = 0 ist die Fermi-Funktion f_- eine Stufenfunktion:

$$E^{(0)} = \sum_\sigma Z_\sigma \mu_B B_0 N_\sigma + \frac{1}{2}\sum_\sigma \int_0^{\varepsilon_F^\sigma} d\eta \cdot \eta \cdot \rho_0(\eta) \qquad (4.1.26)$$

Setzen wir für ρ_0 (3.3.19) ein, so ergibt sich schließlich:

$$E^{(0)} = \sum_\sigma Z_\sigma \mu_B B_0 N_\sigma + \frac{d}{2} \cdot \frac{2}{5}\sum_\sigma (\varepsilon_F^\sigma)^{5/2} \qquad (4.1.27)$$

ε_F^σ bestimmt sich genau wie ε_F in (3.3.12), wenn man N_σ Elektronen gleichen Spins in einer $\underset{\sim}{k}$-Raum-Kugel unterbringt:

$$\varepsilon_F^\sigma = \frac{\hbar^2}{2m}(k_F^\sigma)^2 \quad ; \quad k_F^\sigma = (6\pi^2 \frac{N_\sigma}{V})^{1/3} \qquad (4.1.28)$$

Die Konstante d ist in (3.3.20) definiert:

$$\frac{1}{5} d (\varepsilon_F^\sigma)^{5/2} = \frac{3\hbar^2}{10m}\left(\frac{6\pi^2}{V}\right)^{2/3} N_\sigma^{5/3}$$

Damit lautet die Gesamtenergie:

$$E^{(0)} = \frac{3\hbar^2}{10m}\left(\frac{6\pi^2}{V}\right)^{2/3}(N_\uparrow^{5/3} + N_\downarrow^{5/3}) + \mu_B B_0(N_\uparrow - N_\downarrow) \qquad (4.1.29)$$

Hierin sind noch $N_\uparrow$ und $N_\downarrow$ unbekannt. Der Einfluß des Feldes wird sicher sehr gering sein. Wir setzen deshalb

$$N_\sigma = \frac{N_e}{2} - Z_\sigma \cdot x, \qquad (4.1.30)$$

Ohne Feld muß natürlich $N_\sigma = \frac{1}{2} N_e$ sein. Mit Feld wird x ungleich Null sein, wird aber sehr klein gegenüber N_e bleiben, so daß sich eine Reihenentwicklung anbietet.

$$N_\sigma^{5/3} = (\frac{1}{2} N_e)^{5/3} (1 - \frac{2Z_\sigma}{N_e} \cdot x)^{5/3}$$

$$= (\frac{1}{2} N_e)^{5/3} \; (1 - \frac{5}{3} \frac{2Z_\sigma}{N_e} x + \frac{5}{9} \frac{4 \; Z_\sigma^2}{N_e^2} x^2 + \ldots .)$$

In (4.1.29) benötigen wir

$$\sum_\sigma N_\sigma^{5/3} \approx (\frac{1}{2} N_e)^{5/3} \cdot 2 \cdot (1 + \frac{20}{9} \frac{x^2}{N_e^2}) \qquad (4.1.31)$$

Nun gilt ohne Feld

$$E_o^{(0)} = \frac{3\hbar^2}{10m} (\frac{6\pi^2}{V})^{2/3} \; 2 \cdot (\frac{N_e}{2})^{5/3} = \frac{3}{5} N_e \; \varepsilon_F$$

Mit Feld haben wir dann:

$$E_x^{(0)} = E_o^{(0)} + \frac{4}{3} \varepsilon_F \frac{x^2}{N_e} - 2\mu_B \, B_o \cdot x \qquad (4.1.32)$$

Im Gleichgewicht wird sich das x einstellen, für das $E^{(0)}$ minimal wird. Aus der Bedingung

$$0 \overset{!}{=} \left. \frac{\partial E_x^{(0)}}{\partial x} \right|_{x=x_o}$$

folgt

$$x_o = \frac{3}{4} N_e \frac{\mu_B \, B_o}{\varepsilon_F} \qquad (4.1.33)$$

Eingesetzt in (4.1.32) ergibt das:

$$E^{(0)} = E_{x=x_o}^{(0)} = E_o^{(0)} - \frac{3}{4} N_e \frac{(\mu_B \, B_o)^2}{\varepsilon_F} \qquad (4.1.34)$$

Daraus können wir die Suszeptibilität berechnen:

$$\chi_{\text{Pauli}} = - \frac{\mu_o}{V} (\frac{\partial^2 \, E^{(0)}}{\partial \, B_o^2})_{T=0} = \frac{3}{2} \mu_o \frac{N_e}{V} \frac{\mu_B^2}{\varepsilon_F} \qquad (4.1.35)$$

Das ist exakt wieder unser altes Ergebnis (3.4.77) für die Pauli-Suszeptibilität. Dasselbe Verfahren werden wir nun verwenden, um Aussagen über wechselwirkende Elektronensysteme abzuleiten. Als Modell verwenden wir das sog.

(b) Jellium-Modell

Dieses Modell eines metallischen Festkörpers ist durch die

folgenden Modellannahmen definiert:

(1) N_e Elektronen im Volumen $V = L^3$ mit Coulomb-Wechselwirkung

$$H_c = \frac{1}{2} \sum_{i,j}^{i \neq j} \frac{e^2}{4\pi\,\varepsilon_o |\underset{\sim}{r}_i - \underset{\sim}{r}_j|} \qquad (4.1.36)$$

(2) einfach positiv geladene Ionen

$$N_e = N_i \qquad (4.1.37)$$

(3) Ionenladungen "homogen verschmiert"
  (3.1) Ladungsneutralität
  (3.2) Gitterpotential $V(\underset{\sim}{r}) = \text{const.}$

(4) periodische Randbedingungen auf V

Dieses Modell ist nicht exakt lösbar. Die folgenden Betrachtungen haben den Charakter einer Störungstheorie erster Ordnung für den Grundzustand. Startpunkt ist der folgende Hamiltonoperator:

$$H = H_e + H_+ + H_{e+} \qquad (4.1.38)$$

H_e ist der elektronische Anteil, der weiter unten genauer diskutiert wird. H_+ beschreibt die homogen verschmierte Ionenladungen. "Homogen verschmiert" heißt, daß die Ionendichte $n(\underset{\sim}{r})$ ortsunabhängig ist:

$$n(\underset{\sim}{r}) \to \frac{N_i}{V} \qquad (4.1.39)$$

Damit ist H_+ einfach zu berechnen:

$$H_+ = \frac{1}{2}\,\frac{e^2}{4\pi\,\varepsilon_o} \iint d^3r\, d^3r'\, \frac{n(\underset{\sim}{r})\, n(\underset{\sim}{r}')}{|\underset{\sim}{r} - \underset{\sim}{r}'|}\, e^{-\alpha|\underset{\sim}{r}-\underset{\sim}{r}'|}$$

$$\to \frac{1}{2}\,\frac{e^2}{4\pi\,\varepsilon_o} \left(\frac{N_i}{V}\right)^2 \iint d^3r\, d^3r'\, \frac{e^{-\alpha|\underset{\sim}{r}-\underset{\sim}{r}'|}}{|\underset{\sim}{r} - \underset{\sim}{r}'|}$$

$e^{-\alpha|\underset{\sim}{r}-\underset{\sim}{r}'|}$ ist ein konvergenzerzeugender Faktor:

$$H_+ = \frac{1}{2}\frac{e^2}{4\pi\,\varepsilon_o}\frac{N_i^2}{V}\cdot\frac{4\pi}{\alpha^2} \qquad (4.1.39)$$

Wegen der Voraussetzung (4) benötigen wir den thermodynamischen Limes ($N_i \to \infty$, $V \to \infty$, N_i/V = const.). Dann divergieren jedoch die Coulomb-Integrale. Deswegen wird ein konvergenzerzeugender Faktor eingeführt.

Das Vorgehen ist dann so, daß zunächst sämtliche Integrale für $\alpha > 0$ und endlichen N_i, V berechnet werden. Dann wird der thermodynamische Limes vollzogen und erst zum Schluß der Grenzübergang $\alpha \to 0$ durchgeführt. - H_+ in der Form (4.1.39) divergiert zwar für $\alpha \to 0$, wird aber durch andere, noch zu berechnende Anteile kompensiert. - Der Term H_{e+} in (4.1.38) beschreibt die Wechselwirkung der Elektronen mit dem homogenen, positiven Hintergrund:

$$H_{e+} = -\frac{e^2}{4\pi\,\varepsilon_o}\sum_{j=1}^{N_e}\int d^3r\,\frac{n(\underset{\sim}{r})}{|\underset{\sim}{r}-\underset{\sim}{r}_j|}\,e^{-\alpha|\underset{\sim}{r}-\underset{\sim}{r}_j|}$$

$$\to -\frac{e^2}{4\pi\,\varepsilon_o}\frac{N_i}{V}\sum_{j=1}^{N_e}\int d^3r\,\frac{e^{-\alpha|\underset{\sim}{r}-\underset{\sim}{r}_j|}}{|\underset{\sim}{r}-\underset{\sim}{r}_j|}$$

$\underset{\sim}{r}_j$ wird hier als klassische Variable aufgefaßt. Das Integral läßt sich einfach auswerten:

$$H_{e+} = -\frac{e^2}{4\pi\,\varepsilon_o}\frac{N_i}{V}\sum_{j=1}^{N_e}\cdot\frac{4\pi}{\alpha^2}$$

$$= -\frac{e^2}{4\pi\,\varepsilon_o}\frac{4\pi}{\alpha^2}\cdot\frac{N_i\,N_e}{V} \qquad (4.1.40)$$

Wegen $N_i = N_e$ haben wir damit insgesamt:

$$H = H_e - \frac{1}{2}\frac{e^2}{\varepsilon_o\,\alpha^2}\frac{N_i^2}{V} \qquad (4.1.41)$$

Der zweite Summand divergiert zwar immer noch für $\alpha \to 0$, wird jedoch letztlich, wie wir sehen werden, durch einen Teil von H_e gerade kompensiert.

Wir diskutieren nun den eigentlich interessanten Term H_e,

$$H_e = \sum_{j=1}^{N_e} \frac{P_j^2}{2m} + H_c \quad , \tag{4.1.42}$$

der sich aus der kinetischen Energie der Elektronen und ihrer Coulomb-Wechselwirkung (4.1.36) zusammensetzt. Wir wollen Störungstheorie erster Ordnung treiben, berechnen deshalb den Erwartungswert von H_c im Grundzustand der nicht-wechselwirkenden, ununterscheidbaren Elektronen. Infolge des Pauli-Prinzips muß es sich dabei um das total antisymmetrisierte Produkt von N_e Einteilchenzuständen handeln. Seien

$|\psi_{\alpha_r}^{(\mu)}\rangle$ - orthonormierter Einteilchenzustand

α_r - Satz von Quantenzahlen

dann läßt sich der Grundzustand wie folgt schreiben (s. Anhang A)

$$|\psi_o\rangle = |\psi_{\alpha_1} \ldots \psi_{\alpha_N}\rangle^{(-)} = \frac{1}{\sqrt{N!}} \sum_{\mathcal{P}} (-1)^P \mathcal{P}\{|\psi_{\alpha_1}^{(1)}\rangle \ldots |\psi_{\alpha_N}^{(N)}\rangle\} \tag{4.1.44}$$

Summiert wird über alle Permutationen der oberen Teilchenindizes. P ist die Zahl der Transpositionen in der Permutation $\mathcal{P}$.

Wegen der Voraussetzung (3.2) für das Jellium-Modell sind die Einteilchenzustände letztlich ebene Wellen multipliziert mit den S = 1/2-Spinoren.Das schreiben wir symbolisch wie folgt:

$$|\psi_{\alpha_r}^{(\mu)}\rangle \equiv |\underset{\sim}{k}^{\mu}, \sigma^{\mu}\rangle = |\underset{\sim}{k}^{\mu}\rangle|\sigma^{\mu}\rangle = |k_{\mu}\rangle \tag{4.1.45}$$

Da die Coulomb-Wechselwirkung H_c eine 2-Teilchen-Wechselwirkung ist, kann das Matrixelement E_c, gebildet mit N_e-Teilchen-Zuständen des freien Systems, allein durch Zwei-Teilchen-Zustände ausgedrückt werden:

$$E_c = \frac{1}{2} \cdot \frac{e^2}{4\pi\,\varepsilon_o} \sum_{k,k'}{}' \; {}^{(-)}\langle kk'| \frac{1}{|\hat{\underset{\sim}{r}}^{(1)} - \hat{\underset{\sim}{r}}^{(2)}|} |kk'\rangle^{(-)} \tag{4.1.46}$$

$\hat{\underset{\sim}{r}}^{(i)}$ ist der Ortsoperator im Hilbert-Raum des i-ten Teilchens.

Summiert wird wie in (4.1.46) über alle besetzten Zustände. Für den antisymmetrisierten 2-Teilchen-Zustand gilt dabei:

$$|k,\ k'\rangle^{(-)} = \frac{1}{\sqrt{2}}\ (|k_1\rangle|k_2'\rangle - |k_2\rangle|k_1'\rangle) \tag{4.1.47}$$

Das Matrixelement besteht deshalb aus vier Summanden, von denen je zwei denselben Beitrag liefern:

$$E_c = E_{dir} + E_{ex} \tag{4.1.48}$$

Wir diskutieren die beiden Summanden separat. Den ersten Summanden nennt man die

(1) "direkte Coulomb-Wechselwirkung"

Dieser Term ist dadurch gekennzeichnet, daß die Teilchenindizes im bra- und im ket-Zustand des Matrixelements (4.1.46) gleich sind:

$$E_{dir} = \frac{1}{2}\,\frac{e^2}{4\pi\,\varepsilon_0}\sum_{k,k'}\{\langle k_1|\langle k_2'|\ \frac{1}{|\underset{\sim}{\hat{r}}^{(1)} - \underset{\sim}{\hat{r}}^{(2)}|}|k_1\rangle|k_2\rangle\} \tag{4.1.49}$$

Der Operator $(|\underset{\sim}{\hat{r}}^{(1)} - \underset{\sim}{\hat{r}}^{(2)}|)^{-1}$ wirkt nicht auf die Spinzustände. Diese sind orthonormiert.

$$E_{dir} = \frac{e^2}{8\pi\,\varepsilon_0}\sum_{\sigma,\sigma'}\sum_{\underset{\sim}{k},\underset{\sim}{k}'}\iint d^3r_1\ d^3r_2\ \{\langle \underset{\sim}{k}^{(1)}|\langle \underset{\sim}{k}'^{(2)}|$$

$$\cdot\ \frac{1}{|\underset{\sim}{\hat{r}}_1 - \underset{\sim}{\hat{r}}_2|}|\underset{\sim}{r}_1\rangle|\underset{\sim}{r}_2\rangle\langle\underset{\sim}{r}_1|\underset{\sim}{k}^{(1)}\rangle\langle\underset{\sim}{r}_2|\underset{\sim}{k}'^{(2)}\rangle$$

Hier haben wir einen vollständigen Satz von Ortseigenzuständen eingeschoben. Dadurch wird die Anwendung des Operators $(|\underset{\sim}{\hat{r}}^{(1)} - \underset{\sim}{\hat{r}}^{(2)}|)^{-1}$ trivial:

$$E_{dir} = \frac{e^2}{8\pi\,\varepsilon_0}\sum_{\sigma,\sigma'}\sum_{\underset{\sim}{k},\underset{\sim}{k}'}\iint d^3r_1\ d^3r_2\ \frac{1}{|\underset{\sim}{r}_1 - \underset{\sim}{r}_2|}$$

$$\cdot\ \langle\underset{\sim}{k}|\underset{\sim}{r}_1\rangle\langle\underset{\sim}{k}'|\underset{\sim}{r}_2\rangle\langle r_1|\underset{\sim}{k}\rangle\langle r_2|\underset{\sim}{k}'\rangle$$

$$= \frac{e^2}{8\pi\,\varepsilon_0}\cdot\frac{1}{V^2}\sum_{\sigma,\sigma'}\sum_{\underset{\sim}{k},\underset{\sim}{k}'}\iint d^3r_1\ d^3r_2\ \frac{1}{|\underset{\sim}{r}_1 - \underset{\sim}{r}_2|}$$

Das Doppelintegral muß wie in (4.1.39) wieder mit einem konvergenzerzeugenden Faktor gelöst werden. Das führt schließlich zu

$$E_{dir} = \frac{1}{2} \frac{e^2}{\varepsilon_o \alpha^2} \cdot \frac{N_e^2}{V} \tag{4.1.50}$$

Wegen $N_i = N_e$ kompensiert die "direkte" Wechselwirkung gerade den in (4.1.41) noch verbliebenen divergenten ($\alpha \to 0$) Anteil des positiven Ionen-Untergrunds.

Der zweite Summand in (4.1.48) wird

(2) Austauschwechselwirkung

genannt, da nun die Teilchenindizes im bra- und ket-Zustand des Matrixelements E_c vertauscht sind:

$$E_{ex} = -\frac{1}{2} \frac{e^2}{4\pi \varepsilon_o} \sum_{k,k'} \{\langle k_1 | \langle k_2' | \frac{1}{|\hat{r}_1 - \hat{r}_2|} | k_2 \rangle | k_1' \rangle\} \tag{4.1.51}$$

Da es für die klassische Physik den Begriff der ununterscheidbaren Teilchen nicht gibt, besitzt ein solches Matrixelement kein klassisches Andogon. - Wegen der Orthogonalität der Spinzustände muß notwendig $\sigma = \sigma'$ sein:

$$\begin{aligned} E_{ex} &= -\frac{e^2}{8\pi \varepsilon_o} \sum_{\substack{k,k' \\ \sigma}}^{k,k' \leq k_F^\sigma} \iint d^3 r_1 \, d^3 r_2 \langle k^{(1)} | \langle k'^{(2)} | \frac{1}{|\hat{r}_1 - \hat{r}_2|} \\ &\quad \cdot |r_1\rangle |r_2\rangle \langle r_2 | k^{(2)} \rangle \langle r_1 | k'^{(1)} \rangle \\ &= -\frac{e^2}{8\pi \varepsilon_o} \frac{1}{V^2} \sum_{k,k',\sigma}^{k,k' \leq k_F^\sigma} \iint d^3 r_1 \, d^3 r_2 \frac{1}{|r_1 - r_2|} \cdot e^{-i(k-k')(r_1-} \end{aligned} \tag{4.1.52}$$

k_F^σ ist in (4.1.28) definiert. - Wir verwandeln noch wie üblich die Summe in ein Integral,

$$\sum_k \to \frac{V}{(2\pi)^3} \int d^3 k \quad , \tag{4.1.53}$$

und finden dann als Zwischenergebnis:

$$E_{ex} = \frac{-e^2}{8\pi \varepsilon_o (2\pi)^6} \iint d^3 r_1 \, d^3 r_2 \sum_\sigma \iint_{k,k' \leq k_F^\sigma} d^3 k \, d^3 k' \frac{e^{-i(k-k')(r_1-r_2)}}{|r_1 - r_2|} \tag{4.1.54}$$

In Relativ- und Schwerpunktkoordinaten

$$\underset{\sim}{r} = \underset{\sim}{r}_1 - \underset{\sim}{r}_2$$
$$\underset{\sim}{R} = \frac{1}{2}(\underset{\sim}{r}_1 + \underset{\sim}{r}_2) \tag{4.1.55}$$

wird aus (4.1.54):

$$E_{ex} = \frac{-e^2 \cdot V}{8\pi\ \varepsilon_o (2\pi)^6} \int d^3r \sum_\sigma \iint d^3k\ d^3k' \frac{e^{-i(\underset{\sim}{k}-\underset{\sim}{k}')\underset{\sim}{r}}}{r} \tag{4.1.56}$$

Die k-Integrationen lassen sich ohne Schwierigkeiten ausführen:

$$\int d^3k\ e^{i\underset{\sim}{k}\cdot\underset{\sim}{r}} = \frac{4\pi}{r}\int_0^{k_F^\sigma} dkk\cdot \sin kr$$
$$= -4\pi \frac{k_F^\sigma r \cos k_F^\sigma r - \sin k_F^\sigma r}{r^3} \tag{4.1.57}$$

Das ergibt für die Austauschenergie

$$E_{ex} = -\frac{e^2 \cdot V}{32\pi^5 \cdot \varepsilon_o} \sum_\sigma \int d^3r \cdot \frac{1}{r^7} [k_F^\sigma r \cos k_F^\sigma r - \sin k_F^\sigma\ r]^2$$

oder nach Substitution $x = r \cdot k_F^\sigma$:

$$E_{ex} = -\frac{e^2\ V}{8\pi^4\ \varepsilon_o} \left\{\int_0^\infty dx \frac{1}{x^5}\ (x \cos x - \sin x)^2\right\} \sum_\sigma (k_F^\sigma)^4 \tag{4.1.58}$$

Das Integral in der Klammer läßt sich elementar lösen:

$$\int_0^\infty \frac{dx}{x^5} (x \cos x - \sin x)^2 = \frac{1}{4} \tag{4.1.59}$$

Die Austausch-Energie E_{ex} nimmt damit eine einfache Gestalt an:

$$E_{ex} = -\frac{e^2\ V}{32\pi^4 \cdot \varepsilon_o} \sum_\sigma (k_F^\sigma)^4 \tag{4.1.60}$$

Für k_F^σ setzen wir (4.1.28) ein und erhalten dann:

$$E_{ex} = -\frac{3e^2}{16\pi^2\ \varepsilon_o} \cdot (6\pi^2 \frac{1}{V})^{1/3} \cdot \sum_\sigma N_\sigma^{4/3} \tag{4.1.61}$$

Wir machen nun wieder den Ansatz

$$N_\sigma = \frac{N_e}{2} - Z_\sigma \cdot x$$

und entwickeln bis zu quadratischen Termen in x:

$$N_\sigma^{4/3} \approx \left(\frac{N_e}{2}\right)^{4/3} \left(1 - \frac{8}{3} \frac{Z_\sigma \; x}{N_e} + \frac{2}{9} \frac{4x^2}{N_e^2} + \ldots\right)$$

Bei der Spinsummation fällt der lineare Term in x heraus:

$$\sum_\sigma N_\sigma^{4/3} \approx 2 \left(\frac{N_e}{2}\right)^{4/3} \left(1 + \frac{2}{9} \frac{4x^2}{N_e^2}\right) \tag{4.1.62}$$

Damit haben wir die Austauschenergie als Funktion von x bestimmt:

$$E_{ex}(x) = - \frac{3e^2}{8\pi\,\varepsilon_0} \cdot N_e \cdot \left(\frac{3N_e}{8\pi V}\right)^{1/3} \left(1 + \frac{8x^2}{9N_e^2}\right) \tag{4.1.63}$$

Das ist gleichzeitig der gesamte Beitrag der Coulomb-Wechselwirkung zur Grundzustandsenergie in erster Ordnung Störungstheorie. Den Beitrag der kinetischen Energie hatten wir bereits im Zusammenhang mit dem Sommerfeld-Modell (4.1.32) ausgerechnet. Fassen wir zusammen, so erhalten wir die <u>Grundzustandsenergie</u> als Funktion von x:

$$\begin{aligned} E_0(x) &= E_x^{(0)} + E_{ex}(x) \\ &= E_0^{(0)} - \frac{3e^2}{8\pi\,\varepsilon_0} N_e \left(\frac{3N_e}{8\pi V}\right)^{1/3} \\ &+ \frac{4}{3} \varepsilon_F \frac{x^2}{N_e} - 2\mu_B B_0 x - \frac{e^2}{3\pi\,\varepsilon_0} \left(\frac{3N_e}{8\pi V}\right)^{1/3} \cdot \frac{x^2}{N_e} \end{aligned} \tag{4.1.64}$$

Ohne Feld (x = 0) gilt demnach für die Grundzustandsenergie:

$$E_{00} = E_0(x = 0) = E_0^{(0)} - \frac{3e^2}{8\pi\,\varepsilon_0} N_e \left(\frac{3N_e}{8\pi V}\right)^{1/3} \tag{4.1.65}$$

Bevor wir weiterrechnen, führen wir einige <u>Standard-Abkürzungen</u> ein:

$$\begin{aligned} n_e &= N_e/V && \text{mittlere Elektronendichte} \\ v_e &= \frac{1}{n_e} && \text{mittleres Volumen pro Elektron} \end{aligned} \tag{4.1.66}$$

Man definiert einen dimensionslosen <u>Dichteparameter</u> r_s durch den Ansatz

$$v_e = \frac{4\pi}{3} (a_B \cdot r_s)^3 \qquad (4.1.67)$$

in dem

$$a_B = \frac{\hbar^2 \; 4\pi \; \varepsilon_o}{m \; e^2} = 0.529 \; \text{Å}$$

der "Bohrsche Radius" ist. Je kleiner r_s ist, desto größer ist offenbar die Elektronendichte. Typische r_s-Werte für Metalle liegen zwischen 1 und 6. Wir führen in ähnlicher Weise noch einen <u>Energieparameter</u> ein:

$$1 \text{ ryd} = \frac{1}{4\pi \; \varepsilon_o} \frac{e^2}{2a_B} = 13{,}605 \text{ eV} \qquad (4.1.68)$$

Mit der Abkürzung

$$\alpha = \left(\frac{9}{4\pi}\right)^{1/3} = 1.92$$

findet man dann den folgenden Ausdruck für die Fermi-Energie des Sommerfeld-Modells:

$$\varepsilon_F = \left(\frac{e^2}{8\pi \; \varepsilon_o \; a_B}\right) \cdot \frac{\alpha^2}{r_s^2} = \frac{\alpha^2}{r_s^2} \; \text{ryd} \qquad (4.1.69)$$

Damit können wir nun die <u>kinetische Energie</u> in ryd-Einheiten angeben:

$$E_o^{(0)} = N_e \cdot \frac{3}{5} \varepsilon_F = \frac{3}{5} N_e \frac{\alpha^2}{r_s^2} \; \text{ryd}$$

3/5 ε_F ist nach (3.3.13) die mittlere kinetische Energie pro Elektron:

$$E_o^{(0)} = \frac{2.21}{r_s^2} \cdot N_e \; \text{ryd} \qquad (4.1.70)$$

Man leitet ferner leicht ab,

$$\frac{3e^2}{8\pi \; \varepsilon_o} N_e \left(\frac{3N_e}{8\pi V}\right)^{1/3} = \frac{e^2}{8\pi \; \varepsilon_o \; a_B} N_e \cdot \frac{3\alpha}{2\pi \; r_s}$$

und erhält damit die gesamte Grundzustandsenergie ohne Feld

$$\begin{aligned} E_{oo}/N_e &= \left(\frac{3}{5}\frac{\alpha^2}{r_s^2} - \frac{3\alpha}{2\pi\, r_s}\right)\left(\frac{e^2}{8\pi\,\varepsilon_o\, a_B}\right) \\ &= \left(\frac{2.21}{r_s^2} - \frac{0.916}{r_s}\right)\ \text{ryd} \end{aligned} \qquad (4.1.71)$$

Das gilt nach wie vor in erster Ordnung Störungstheorie. Wir wollen diesen Ausdruck noch etwas diskutieren:

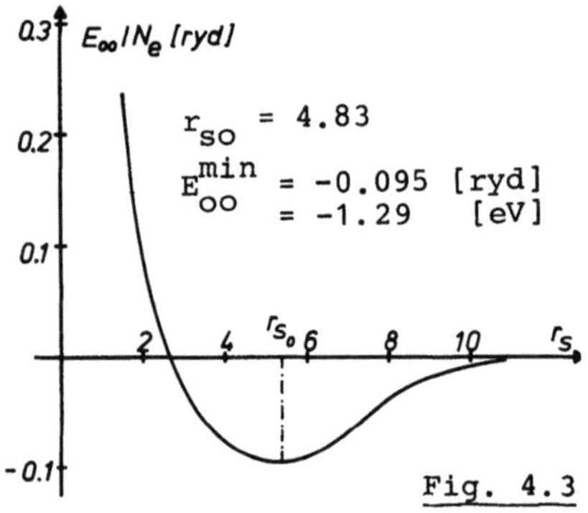

Fig. 4.3

Das Energiemimimum deutet auf eine "optimale" Dichte hin, d.h. letztlich auf einen "optimalen" Ionenabstand, und erklärt damit das Phänomen der "metallischen Bindung".

Da es sich hier noch um eine störungstheoretische Näherung handelt, verallgemeinert man das Resultat wie folgt (Fetter, Walecka 1971):

$$\frac{E_{oo}}{Ne} = \frac{2.21}{r_s^2} - \frac{0.916}{r_2} + \varepsilon_{corr} \quad \text{ryd} \qquad (4.1.72)$$

Der erste Summand ist also die kinetische Energie pro Elektron und der zweite Summand die "Austauschenergie". Wie aus der Ableitung hervorgeht, ist diese eine Folge des Prinzips der Ununterscheidbarkeit identischer Teilchen und damit des Pauli-Prinzips. Dieses sorgt dafür, daß sich Elektronen parallelen Spins nicht zu nahe kommen und führt damit automatisch zu einer Reduktion der Coulomb-Wechselwirkungsenergie der gleichnamig geladenen Teilchen. Das erklärt das Minuszeichen. Der letzte Summand wird "Korrelationsenergie" genannt. Diese gibt die Abweichung des störungstheoretischen Resultats vom exakten Ergebnis an und ist damit natürlich unbekannt. Störungstheoretische Methoden zur Bestimmung von ε_{corr} versagen. Methoden der modernen Vielteilchentheorie führen zu der folgenden Entwicklung (Fetter, Walecka, 1971)

$$\varepsilon_{corr} = \frac{2}{\pi^2} (1 - \ln 2) \cdot \ln r_s - 0.094 + \mathcal{O}(r_s \cdot \ln r_s) \qquad (4.1.73)$$

Wir wollen nun wieder zu unserem eigentlichen Problem zurück. In den neu eingeführten Variablen gilt für die Grundzustandsenergie des Jellium-Modells im Feld (4.1.64)

$$E_o(x) = E_{oo} - 2\mu_B B_o\, x + \frac{e^2}{8\pi\, \varepsilon_o\, a_B} \cdot \frac{4\alpha}{3\pi\, r_s} \left(\frac{\pi\alpha}{r_s} - 1\right) \frac{x^2}{N_e} \qquad (4.1.74)$$

Der dritte und vierte Summand sind die vom Feld bewirkten Modifikationen der kinetischen Energie bzw. der Austauschenergie. Dieser Ausdruck wird nun nach x variiert:

$$\frac{\partial E_o(x)}{\partial x} = - 2\mu_B\, B_o + \frac{e^2}{4\pi\, \varepsilon_o\, a_B} \cdot \frac{4\alpha}{3\pi\, r_s} \left(\frac{\pi\alpha}{r_s} - 1\right) \frac{x}{N_e}$$

Ein Extremum liegt für $x = x_o$ vor

$$x_o = \frac{3\pi\, r_s}{4\alpha}\, N_e \cdot \frac{\mu_B\, B_o}{\frac{e^2}{8\pi\, \varepsilon_o\, a_B} \left(\frac{\pi\alpha}{r_s} - 1\right)} \qquad (4.1.75)$$

Damit folgt für den Grundzustand des Jellium-Modells im äußeren Magnetfeld

$$E_o\ (x = x_o) \equiv E_o = E_{oo} - 2\mu_B\, B_o\, x_o + \mu_B\, B_o\, x_o$$

$$E_o = E_{oo} - \frac{3}{4} N_e \frac{(\mu_B\, B_o)^2}{\frac{e^2}{8\pi\, \varepsilon_o\, a_B} \frac{\alpha^2}{r_s^2} \left(1 - \frac{r_s}{\pi\alpha}\right)}$$

$$= E_{oo} - \frac{3}{4} \frac{N_e}{\varepsilon_F} \frac{(\mu_B \cdot B_o)^2}{1 - \frac{r_s}{\pi \cdot \alpha}} \qquad (4.1.76)$$

Im letzten Schritt haben wir noch (4.1.69) ausgenutzt. Es ist nun leicht die <u>austauschkorrigierte Suszeptibilität</u> zu berechnen:

$$\chi_A = -\frac{\mu_o}{V}\frac{\partial^2 E_o}{\partial B_o^2} = \frac{3}{2}\mu_o\,\mu_B^2\,\frac{N_e}{V}\,\frac{1}{\varepsilon_F}\cdot\frac{1}{1-\frac{r_s}{\pi\alpha}} \qquad (4.1.77)$$

Setzen wir noch unser früheres Ergebnis (4.1.35) für das nicht wechselwirkende Elektronensystem ein, so haben wir schließlich gefunden:

$$\chi_A = \chi_{Pauli}\cdot\frac{1}{1-\frac{r_s}{\pi\alpha}} \qquad (4.1.78)$$

Je kleiner r_s, d.h., je größer die Elektronendichte n_e ist, desto exakter sind die Aussagen des einfachen Sommerfeld-Modells. Diese auf den ersten Blick verblüffende Tatsache ist eine Folge von Abschirmeffekten innerhalb des wechselwirkenden Elektronengases.

Wegen $\pi\cdot\alpha \approx 6.03$ und $1 < r_s < 6$ für typische Metalle kann der Einfluß der Austauschwechselwirkung, d.h. also letztlich der Coulomb-Wechselwirkung der Elektronen untereinander, durchaus beträchtlich werden. Man beobachtet jedoch, daß die drastischen Änderungen von χ aufgrund von E_{ex} weitgehend durch die Korrelationsenergie $E_{corr} = N_e\cdot\varepsilon_{corr}$ wieder rückgängig gemacht werden. - Die Tabelle enthält in der fünften Spalte Resultate von Silverstein (1963), die bei approximativer Mitnahme der Korrelationsenergie erhalten wurden, und in der sechsten Spalte experimentelle Meßwerte (Schumacher, Vehse 1963)

$10^6 *$	χ_{Pauli}	$\chi_{Pauli}^{(m^*)}$	χ_A	χ_{corr}	χ_{exp}
Li	10	17	150	27,8	26,6 ± 1,3
Na	15	15	43	19,6	25,8 ± 2,6
K	23	25	195	31,7	

Die Hauptwirkung von E_{corr} besteht in der Berücksichtigung der Korrelationen zwischen Elektronen antiparallelen Spins. E_{ex} wurde mit Zuständen des Sommerfeld-Modells berechnet, die über das Pauli-Prinzip lediglich Korrelationen zwischen

Elektronen parallelen Spins ins Spiel bringen. Die Berechnung von E_{corr} ist extrem schwierig. Man kennt jedoch Reihenentwicklungen (4.1.73) nach r_s (Fetter, Walecka 1971).

(4.2) PARAMAGNETISMUS LOKALISIERTER MOMENTE

Wir besprechen nun den Paramagnetismus der Isolatoren. Die für den Paramagnetismus verantwortlichen Elektronen mögen an bestimmten Gitterplätzen streng lokalisiert sein und dort für ein permanentes magnetisches Moment sorgen. Fast ideale Realisierungen dieser Vorstellung sind die Seltenen Erden und ihre Verbindungen, die man gemeinhin als "4f-Systeme" bezeichnet. Die Elektronenkonfiguration des neutralen Seltenen Erd-Atoms entspricht der stabilen Edelgaskonfiguration des Xenons [Xe], plus zusätzliche 4f- und 6s-Anteile:

$$[Xe]\ (4f)^p\ (6s)^2 \tag{4.2.1}$$

Die Seltenen Erden folgen im Periodensystem auf das Element La und unterscheiden sich von diesem und voneinander durch ein sukzessives Auffüllen der 4f-Schale, also durch die Zahl p ihrer 4f-Elektronen. In Verbindungen gibt die Seltene Erde in der Regel drei Elektronen ab, nämlich die beiden 6s-Elektronen und ein zusätzliches 4f-Elektron,

$$SE \to (SE)^{3+} + \{(6s)^2 + (4f)^1\} \quad , \tag{4.2.2}$$

die in Isolatoren zur Bindung verwendet werden, während sie in metallischen 4f-Systemen die quasifreien Leitungselektronen darstellen.

Räumlich gesehen ist die unvollständig gefüllte 4f-Schale im Innern des Xe-Rumpfes eingelagert, damit durch weiter außen liegende, vollständig gefüllte $(5s)^2$- und $(5p)^6$-Schalen so stark abgeschirmt, daß die 4f-Wellenfunktionen von benachbarten Seltenen Erd-Ionen so gut wie gar nicht überlappen. Die 4f-Schalen und damit die aus ihnen resultierenden Momente sind also an gewissen Gitterplätzen streng lokalisisert. Solche Systeme lassen sich durch das folgende, überaus simple Modell beschreiben: Man geht von N gleichartigen, unabhängigen Ionen (Atomen) im Volumen V aus, wobei an diesen nur das durch sie erzeugte magnetische Moment interessiert. Wegen der starken intraatomaren Korrelationen kann man davon ausgehen, daß sich das lokalisierte, magnetische Moment nach den Hundschen Regeln der Atomphysik bestimmt (s. Kap. (2.11)). Die Berechnung der Temperatur- und Feldabhängigkeit der Magnetisierung M und der Suszeptibilität χ ist damit letztlich ein "atomares Problem".

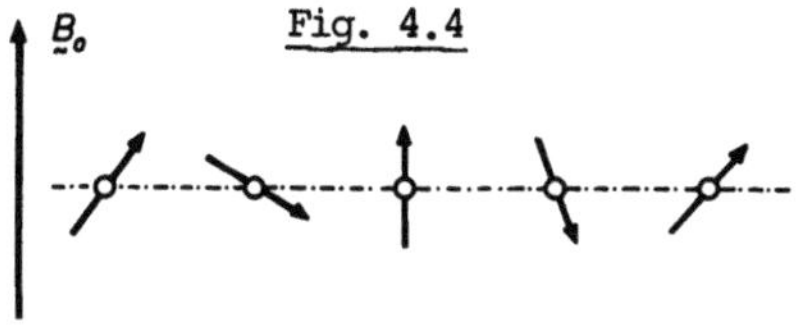

Fig. 4.4

Neben den 4f-Systemen kommen für dieses Modell noch gewisse 3d- und 5f-Systeme infrage. Eine weitere entscheidende Modellvoraussetzung möge die in Kap. (2.10) besprochene LS-Kopplung sein. Die Abstände zwischen den (L, S)-Multipletts seien dabei so groß, daß Übergänge unwahrscheinlich sind, d.h., wir nehmen an, daß die Quantenzahlen L und S des Gesamtbahndrehimpulsquadrats $\mathbf{L}^2$ und des Gesamtspinquadrats $\mathbf{S}^2$ der 4f-Schale "gute" Quantenzahlen sind. Für das am Gitterplatz R_j lokalisierte magnetische Moment gilt:

$$\begin{aligned} \mathbf{m}_j &= -\frac{\mu_B}{\hbar}(\mathbf{L}_j + 2\mathbf{S}_j) \\ &= -\frac{\mu_B}{\hbar}(\mathbf{J}_j + \mathbf{S}_j) \end{aligned} \qquad (4.2.3)$$

Insgesamt gehen wir von dem folgenden Modell-Hamilton-Operator aus:

$$\begin{aligned} H &= \sum_{j=1}^{N} \left(H_o^{(j)} + H_{SB}^{(j)} - \mathbf{m}_j \cdot B_o\right) \\ &= \sum_{j=1}^{N} H_1^{(j)} \end{aligned} \qquad (4.2.4)$$

$H_o^{(j)}$ bestimmt das Termschema des j-ten Ions aufgrund der Coulomb-Wechselwirkung der Elektronen mit dem Kern und der Elektronen untereinander, sorgt damit gewissermaßen für die "Grobstruktur" der Terme. Da wir uns ja auf ein einzelnes (LS)-Multiplett beschränken wollen, ist $H_o^{(j)}$ an sich für uns unbedeutend. - $H_{SB}^{(j)}$ ist die Spin-Bahn-Kopplung im j-ten Ion, die die "Feinstruktur" der Terme festlegt. - Der letzte Summand in (4.2.4) stellt die Zeeman-Energie dar. Die relative Stärke dieser beiden Summanden wird entscheidend in die Berechnung der Magnetisierung

$$\underset{\sim}{M} = n \cdot \langle \underset{\sim}{m} \rangle \qquad n = \frac{N}{V} \tag{4.2.5}$$

eingehen. Die Winkelklammer <...> bedeuted quantenstatistische Mittelung, und enthält damit praktisch zwei Mittelungsprozesse, nämlich

(a) den quantenmechanischen Erwartungswert des Operators in einem bestimmten Zustand des Atoms

und

(b) die thermische Mittelung über alle Zustände des Atoms.

Allgemein gilt für den Mittelwert einer Observablen A

$$\langle A \rangle = \frac{1}{Z} \, \mathrm{Sp}(A \, e^{-\beta H}) \tag{4.2.6}$$

Dabei ist Z die kanonische Zustandssumme,

$$Z = \mathrm{Sp}(e^{-\beta H}) = Z_1^N \tag{4.2.7}$$

$$Z_1 = \mathrm{Sp}(e^{-\beta H_1}) \quad , \tag{4.2.8}$$

die in unserem Modell (4.2.4) in Einteilchen-Zustandssummen faktorisiert, da keine Wechselwirkungen zwischen den Momenten vorliegen.

Sei nun $\underset{\sim}{B}_o$ ein homogenes Feld in z-Richtung, dann verschwinden natürlich die x- und y-Komponenten der Magnetisierung des Paramagneten und für die z-Komponente $M_z = M$ ist zu berechnen:

$$M = n \cdot \frac{1}{Z_1} \, Sp(m \cdot e^{-\beta H_1})$$
$$= k_B T \cdot n \cdot \frac{\partial}{\partial B_0} \ln Z_1 \tag{4.2.9}$$

Das Problem ist also gelöst, wenn wir die Zustandssumme Z_1 des Einzelatoms bestimmt haben. Die Spurbildung läßt sich jedoch nur sehr schwer allgemein durchführen; wir werden Fallunterscheidungen machen und Grenzfälle betrachten. Drei Einflüsse bestimmen M:

(1) thermische Energie $k_B T$:

Das ist klar, da diese explizit in den obigen Formeln auftaucht.

(2) Spin-Bahn-Wechselwirkung:

Für diese gilt nach (2.10.18)

$$H_{SB} = \Lambda(\gamma, LS)(\underset{\sim}{L} \cdot \underset{\sim}{S}) \tag{4.2.10}$$

H_{SB} spaltet das (L, S)-Multiplett nach J auf (s. Kap. (2.10))

$$E^{(0)}_{\gamma LSJ} = E^{(0)}_{\gamma LS} + \frac{1}{2} \hbar^2 \Lambda(\gamma, L, S) \cdot \{J(J + 1) - L(L + 1) - S(S + 1)\} \tag{4.2.11}$$

Die Koppelkonstante Λ bestimmt also die Abstände zwischen den einzelnen Termen eines Multipletts.

(3) Magnetfeld:

$$H_z = \frac{\mu_B}{\hbar} (J_z + S_z) B_0 \tag{4.2.12}$$

Wir hatten gezeigt (Kap. 2.10), daß H_z nicht mit J^2 kommutiert,

$$[H_z, J^2]_- \neq 0 \quad ,$$

so daß nach Einschalten des Magnetfeldes J keine gute Quantenzahl mehr ist. Das Magnetfeld erzwingt also Übergänge zwischen den einzelnen Termen eines (L, S)-Multipletts.

Wir können die Zustandssumme Z_1 nur für die Fälle bestimmen, in denen Größenordnungsunterschiede zwischen (1), (2) und (3) bestehen.

(4.2.1) SCHWACHE SPIN-BAHN-WECHSELWIRKUNG

Damit ist

$$\hbar^2 \Lambda(\gamma, L, S) \ll k_B T \qquad (4.2.13)$$

für den gerade interessierenden Temperaturbereich gemeint. Bzgl. des Feldes müssen wir noch eine weitere Fallunterscheidung machen. Ist die Feldenergie ebenfalls sehr viel größer als die Spin-Bahn-Kopplung,

(a) $\hbar^2 \Lambda(\gamma, LS) \ll k_B T, \mu_B B_o$,

dann können wir von zwei Annahmen ausgehen:

(1) Die Voraussetzung des "normalen" Zeeman-Effekts ist erfüllt (2.10.28).

(2) Alle Terme des LS-Multipletts sind praktisch gleichwahrscheinlich besetzt.

In diesem Fall sind M_L und M_S "doch noch gute" Quantenzahlen, d.h. die Eigenzustände und Eigenenergien lassen sich danach klassifizieren. J ist dagegen keine gute Quantenzahl:

$$E_{\gamma LSM_LM_S} = E^{(0)}_{\gamma LS} + (M_L + 2M_S)\, \mu_B\, B_o \qquad (4.2.14)$$

$E^{(0)}_{\gamma LS}$ sind die Energien ohne Feld- und ohne Spin-Bahn-Wechselwirkung, also Eigenenergien zu H_o. Zur Berechnung der Spur in der Zustandssumme Z_1 wählen wir natürlich die Energiedarstellung:

$$Z_1 = e^{-\beta E^{(0)}_{\gamma LS}} \sum_{M_L=-L}^{+L} \sum_{M_S=-S}^{+S} e^{-\beta\mu_B B_o (M_L+2M_S)} \qquad (4.2.15)$$

Der Vorfaktor wird für höhere LS-Multipletts sehr klein, so daß wir uns, wie verabredet, auf das energetisch tiefste beschränken können. L und S liegen also fest. Die Summen lassen sich leicht ausführen. Mit der Abkürzung

$$b = \beta\mu_B\, B_o > 0 \tag{4.2.16}$$

berechnet man:

$$\sum_{M_L=-L}^{+L} e^{-b\cdot M_L} = e^{b\cdot L} \sum_{n=0}^{2L} (e^{-b})^n$$

$$= e^{bL} \frac{1 - e^{-b(2L+1)}}{1 - e^{-b}}$$

$$= \frac{e^{b(L+1/2)} - e^{-b(L+1/2)}}{e^{1/2b} - e^{-1/2b}}$$

Die Summation über die Bahndrehimpulsquantenzahl liefert also:

$$\sum_{M_L=-L}^{+L} \exp(-\beta\ \mu_B\ B_o \cdot M_L) = \frac{\sinh(\beta\ \mu_B\ B_o(L + \frac{1}{2}))}{\sinh(\frac{1}{2}\ \beta\ \mu_B\ B_o)} \tag{4.2.17}$$

Ganz analog findet man:

$$\sum_{M_S=-S}^{+S} \exp(-2\beta\ \mu_B\ B_o\ M_S) = \frac{\sinh(\beta\ \mu_B\ B_o(2S + 1))}{\sinh(\beta\ \mu_B\ B_o)} \tag{4.2.18}$$

Damit ergibt sich als <u>Zustandssumme:</u>

$$Z_1 = e^{-\beta E^{(0)}_{\gamma LS}} \frac{\sinh(\beta\ \mu_B\ B_o(L + \frac{1}{2}))\ \sinh(\beta\ \mu_B\ B_o(2S + 1))}{\sinh(\frac{1}{2}\beta\mu_B\ B_o) \cdot \sinh(\beta\ \mu_B\ B_o)} \tag{4.2.19}$$

Durch Differentiation des Logarithmus der Zustandssumme nach dem Feld erhalten wir die Magnetisierung eines Paramagneten (4.2.9):

$$\frac{\partial}{\partial B_o} \ln Z_1 = \frac{1}{Z_1^{(L)}} \frac{\partial Z_1^{(L)}}{\partial B_o} + \frac{1}{Z_1^{(S)}} \cdot \frac{\partial Z_1^{(S)}}{\partial\ B_o}$$

Wir rechnen den ersten Summanden explizit aus:

$$\frac{1}{z_1^{(L)}} \cdot \frac{\partial z_1^{(L)}}{\partial B_o} = \frac{\sinh(\frac{1}{2}\,b)}{\sinh(b(L+\frac{1}{2}))} \cdot \{\frac{\sinh(\frac{1}{2}b)\,\beta\mu_B(L+\frac{1}{2})\cosh(b(L+\frac{1}{2}))}{\sinh^2(\frac{1}{2}\,b)}$$

$$- \frac{\frac{1}{2}\,\beta\mu_B\,\cosh(\frac{1}{2}\,b)\sinh(b(L+\frac{1}{2}))}{\sinh^2(\frac{1}{2}\,b)}\}$$

$$= \beta\mu_B\,(L+\frac{1}{2})\coth(b(L+\frac{1}{2})) - \frac{1}{2}\,\beta\mu_B\,\coth(\frac{1}{2}\,b)$$

Wir führen eine für die Theorie des Magnetismus zentrale Funktion ein, nämlich die sog. "Brillouin-Funktion":

$$B_D(x) = \frac{2D+1}{2D}\,\coth(\frac{2D+1}{2D}\cdot x) - \frac{1}{2D}\,\coth(\frac{x}{2D}) \quad (4.2.20)$$

Durch diese Funktion läßt sich die Magnetisierung gemäß (4.2.9) in der folgenden Form schreiben:

$$M(T,\,B_o) = n\,\mu_B\{L\,B_L(\beta\,\mu_B\,B_o\,L + 2S\,B_S(2\beta\,\mu_B\,B_o\,S)\} \quad (4.2.21)$$

Wir diskutieren zunächst ein paar allgemeine Eigenschaften der Brillouin-Funktion:

(1) $D = \frac{1}{2}$:

Für diesen Spezialfall gilt:

$$B_{1/2}\,(x) = \tanh x \quad (4.2.22)$$

(2) $D \to \infty$:

Dieser Grenzfall führt zur Langevin-Funktion $L(x)$,

$$B_{D\to\infty}(x) \equiv L(x) = \coth x - \frac{1}{x} \quad (4.2.33)$$

die bei einer klassischen Behandlung des Paramagneten in Erscheinung tritt, wenn man die Richtungsquantelung der

Drehimpulse außer acht läßt.

(3) kleine x:

Aus der Reihenentwicklung des coth x erhält man:

$$B_D(x) = \frac{D+1}{3D}\,x - \frac{D+1}{3D} \cdot \frac{2D^2 + 2D + 1}{30\,D^2}\,x^3 + \ldots. \qquad (4.2.34)$$

Das bedeutet insbesondere

$$B_D(0) = 0 \qquad (4.2.35)$$

Nach (4.2.21) ist also die Magnetisierung des Paramagneten Null, falls $B_o = 0$ oder $T = \infty$. Das heißt physikalisch, daß es keine spontane Magnetisierung in einem Paramagneten gibt.

(4) $B_D(-x) = -B_D(x)$:

Übertragen auf (4.2.21) bedeutet das die an sich selbstverständliche Tatsache, daß beim Umpolen des Feldes sich auch die Magnetisierung umdreht.

(5) $B_D(x) \underset{x\to\infty}{\to} 1$:

Die Magnetisierung zeigt eine "Sättigung" für $B_o \to \infty$ oder $T \to 0$. Physikalisch heißt das, daß alle Momente parallel zum Feld ausgerichtet sind.

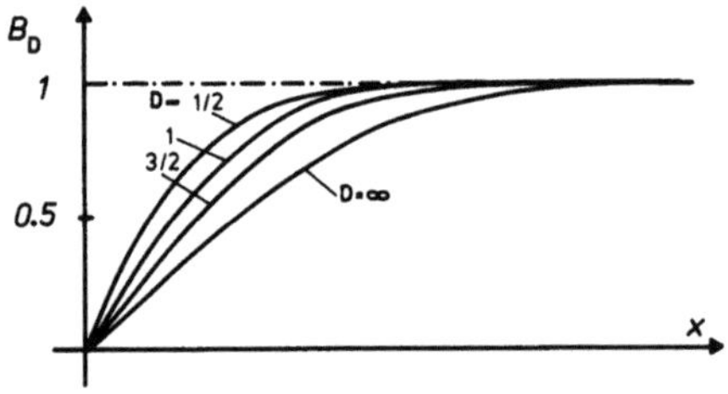

$$M \to M_o = n\,\mu_B(L + 2S) \qquad (4.2.36)$$

Fig. 4.5

Interessant ist das Hochtemperaturverhalten der Magnetisierung (4.2.21). Mit der Eingangsvoraussetzung (a) bedeuted das

$$\Lambda(\gamma, LS) \ll \mu_B\,B_o \ll k_B T$$

oder

$$\beta\mu_B\, B_o << 1$$

In diesem Fall ist das Argument der Brillouin-Funktion klein, so daß wir die Entwicklung (4.2.34) nach dem linearen Term abbrechen können:

$$M \approx \frac{n \cdot \mu_B^2}{3\, k_B T}\, B_o \cdot \{L(L + 1) + 4S(S + 1)\} \qquad (4.2.37)$$

Die Suszeptibilität

$$\chi = \mu_o \left(\frac{\partial M}{\partial B_o}\right)_T \quad ,$$

zeigt eine charakteristische 1/T-Abhängigkeit,die man das <u>Curie-Gesetz</u> nennt.

$$\chi(T) = \frac{C_1}{T} \qquad (4.2.38)$$

C_1 ist die sog. "Curie-Konstante"

$$C_1 = n\, \frac{\mu_o\, \mu_B^2}{3k_B}\, (L(L + 1) + 4S(S + 1)) \qquad (4.2.39)$$

Eine rein klassische Rechnung (s. (4.2.33)) hätte ein ähnliches Hochtemperatur-Resultat geliefert

$$\chi_{kl}(T) = \frac{C_{kl}}{T} \quad ; \quad C_{kl} = n\, \frac{\mu_o\, \mu^2}{3k_B} \qquad (4.2.40)$$

μ ist das magnetische Moment. Man definiert deshalb in Analogie dazu:

$$\mu_{eff} = \mu_B \cdot P_{eff}$$

(4.2.41)

$$P_{eff} = \sqrt{L(L + 1) + 4S(S + 1)}$$ "effektive Magnetonenzahl"

Bisher haben wir angenommen, daß neben der thermischen Energie auch die Feldenergie groß gegenüber der Spin-Bahn-Wechselwirkung ist. Wir diskutieren nun den Fall:

$(b)\ \hbar^2\Lambda(\gamma,\ LS),\ \mu_B\, B_o << k_B T$

Die Spin-Bahn-Wechselwirkung sei also nach wie vor schwach, jedoch von vergleichbarer Größenordnung wie die magnetische Feldenergie. Man ist dann nicht mehr im Bereich des "normalen" Zeeman-Effekts. Die Spin-Bahn-Wechselwirkung läßt sich nicht mehr vernachlässigen.

In der Zustandssumme erscheinen jedoch H_Z und H_{SB} in der Form βH_Z bzw. βH_{SB}, so daß es sich anbietet, $e^{-\beta H}$ bis zu linearen Termen in βH_Z und βH_{SB} zu entwickeln. Da H_o mit $(H_Z + H_{SB})$ kommutiert, können wir $\exp(-\beta(H_o + H_{SB} + H_Z)) = \exp(-\beta H_o) \exp(-\beta(H_{SB} + H_Z))$ schreiben und die zweite Exponentialfunktion bis zu linearen Termen entwickeln:

$$M \approx -n\frac{\mu_B}{\hbar}\ \frac{Sp\{(J_Z + S_Z)(1 - \beta H_Z - \beta H_{SB})\, e^{-\beta H_o}\}}{Sp\{(1 - \beta H_Z - \beta H_{SB})\, e^{-\beta H_o}\}} \tag{4.2.42}$$

Wir wählen zur Spurbildung die Eigenzustände zu H_o und J^2, J_Z. Der Beitrag von $e^{-\beta H_o}$ kürzt sich dann heraus, braucht deshalb nicht mehr berücksichtigt zu werden. Betrachtet wird ja <u>ein</u> festes LS-Multiplett, d.h. der Operator $\exp(-\beta H_o)$ liefert nur einen Eigenwert. - Wir wollen die einzelnen Terme in (4.2.42) separat auswerten. Nach dem Wigner-Eckart-Theorem gilt zunächst:

$$\langle\gamma LS;\ J\ M_J|\,(J_Z + S_Z)\,|\gamma LS;\ J\ M_J\rangle \tag{4.2.43}$$

$$\sim\langle\gamma LS;\ J\ M_J|J_Z|\gamma LS;\ J\ M_J\rangle \sim M_J \tag{4.2.44}$$

Das bedeutet

$$Sp(J_Z + S_Z) \sim \sum_J C_J \sum_{M_J=-J}^{+J} M_J = 0 \tag{4.2.45}$$

Damit folgt natürlich auch:

$$Sp\ H_Z = 0 \tag{4.2.46}$$

Die durch H_{SB} bewirkte Feinstruktur der Terme führt zu

$$\mathrm{Sp}\, H_{SB} = \frac{\hbar^2}{2} \Lambda \sum_J \sum_{M_J} (J(J+1) - L(L+1) - S(S+1))$$

$$= \frac{\hbar^2}{2} \Lambda \sum_J (2J+1)(J(J+1) - L(L+1) - S(S+1))$$

Wir können ohne Beschränkung der Allgemeinheit $L > S$ annehmen; dann durchläuft J die Werte $J = L - S, L - S + 1, .., L + S$. Das bedeutet für die Spur von H_{SB}:

$$\mathrm{Sp}\, H_{SB} \sim \sum_{n=-S}^{+S} (2L + 2n + 1)((L+n)(L+n+1) - L(L+1) - S(S+1))$$

Mit der Formel

$$\sum_{n=-S}^{+S} n^2 = \frac{1}{3} S(S+1)(2S+1) \qquad (4.2.47)$$

folgt dann:

$$\mathrm{Sp}\, H_{SB} = 0 \qquad (4.2.48)$$

Die Spin-Bahn-Wechselwirkung H_{SB} sorgt zwar für die Feinstrukturaufspaltung, verschiebt dabei aber den Schwerpunkt des Multipletts nicht!

Wir brauchen in (4.2.42) dann noch den Term

$$\mathrm{Sp}((J_z + S_z)H_{SB}) \sim$$

$$\sim \frac{\hbar^2}{2} \Lambda \sum_J [J(J+1) - L(L+1) - S(S+1)] \cdot$$

$$\cdot\ C_J \sum_{M_J=-J}^{+J} M_J$$

$$= 0 \qquad (4.2.49)$$

Die Spur der Einheitsmatrix entspricht der Dimension des betrachteten Hilbert-Raumes:

$$Sp(1) = \sum_{J=|L-S|}^{L+S} (2J + 1) = (2L + 1)(2S + 1) \qquad (4.2.50)$$

Dieses gilt so natürlich nur deshalb, weil wir im Raum eines festen LS-Multipletts sind, in dem H_o nur einen einzigen Eigenwert besitzt.

Damit bleibt dann für die Magnetisierung M nach (4.2.42) übrig:

$$\begin{aligned} M &= + n \frac{\mu_B}{\hbar} \cdot \beta \cdot \frac{Sp((J_Z + S_Z)H_Z)}{(2L + 1)\cdot(2S + 1)} \\ &= n \cdot \frac{\mu_B^2}{\hbar^2} \cdot \beta B_o \frac{Sp(J_Z + S_Z)^2}{(2L + 1)\cdot(2S + 1)} \end{aligned} \qquad (4.2.51)$$

Die Spur ist unabhängig von der Basis. Wir wählen hier zweckmäßig die Zustände

$$|\gamma LS, M_L M_S\rangle \quad ,$$

die eine vollständige Basis darstellen. Es sind allerdings keine Eigenzustände des Hamiltonoperators:

$$M = n \cdot \frac{\mu_B^2 B_o \beta}{\hbar^2 (2L + 1)(2S + 1)} \hbar^2 \sum_{M_S=-S}^{+S} \sum_{M_L=-L}^{+L} (M_L + 2M_S)^2 \qquad (4.2.52)$$

Die Doppelsumme läßt sich mit (4.2.47) leicht auswerten:

$$\begin{aligned} \sum_{M_L=-L}^{+L} \sum_{M_S=-S}^{+S} (M_L + 2M_S)^2 &= (2S + 1) \sum_{M_L} M_L^2 + 4(2L + 1) \sum_{M_S} M_S^2 \\ &= \frac{1}{3} (2S + 1)(2L + 1)(L(L + 1) + 4S(S + 1)) \end{aligned}$$

Eingesetzt in (4.2.52) ergibt das schließlich für die Magnetisierung:

$$M = n \frac{\mu_B^2}{3k_BT} B_o \{L(L + 1) + 4S(S + 1)\} \qquad (4.2.53)$$

Für die Suszeptibilität erhalten wir damit exakt dasselbe Resultat wie im Fall (a) für hohe Temperaturen (4.2.38):

$$\chi = n \mu_o \frac{\mu_B^2}{3k_BT} \{L(L + 1) + 4S(S + 1)\} \qquad (4.2.54)$$

Bis zu linearen Termen in $\beta = \frac{1}{k_B T}$ findet man also bei schwacher Spin-Bahn-Wechselwirkung keinen Unterschied für die Bereiche $\mu_B B_o >> \hbar^2 \Lambda$ (normaler Zeeman-Effekt) und $\mu_B B_o \approx \hbar^2 \Lambda$. Unterschiede treten erst bei höheren Potenzen von β auf.

(4.2.2) STARKE SPIN-BAHN-WECHSELWIRKUNG

Wir fordern nun

$$\hbar^2 \Lambda(\gamma, LS) >> k_B T, \mu_B \cdot B_o$$

Das ist der üblicherweise als Langevin-Paramagnetismus diskutierte Fall, der für normale Felder in den 4f-Systemen realisiert ist. Man hat keine thermische Gleichverteilung über die Feinstrukturterme des (L, S)-Multipletts mehr, sondern nur der unterste Term wird merklich besetzt sein. Man ist ferner im Bereich des anomalen Zeeman-Effekts (2.10.27), die Nichtdiagonalterme von S^z (s. Kap. (2.6)) spielen nur eine untergeordnete Rolle, J ist noch eine gute Quantenzahl.

Für die infrage kommenden Energien gilt nach (2.10.27):

$$E_{\gamma LSJM_J} = E^{(0)}_{\gamma LSJ} + g_J(L, S) \cdot M_J \mu_B B_o \tag{4.2.55}$$

Damit ergibt sich als Zustandssumme:

$$Z_1 = e^{-\beta E^{(0)}_{\gamma LSJ}} \sum_{M_J=-J}^{+J} e^{-\beta g_J M_J \mu_B B_o} \tag{4.2.56}$$

Wegen der obigen Annahme braucht nur ein J berücksichtigt zu werden, nämlich das nach der dritten Hundschen Regel (2.1.14) energetisch günstigste. Die Zustandssumme Z_1 berechnet sich dann wie in (4.2.19):

$$Z_1 = e^{-\beta E^{(0)}_{\gamma LSJ}} \frac{\sinh(\beta g_J \mu_B B_o(J + \frac{1}{2}))}{\sinh(\frac{1}{2} \beta g_J \mu_B B_o)} \tag{4.2.57}$$

Das ergibt für die Magnetisierung:

$$M = M_o B_J(\beta g_J J \mu_B B_o) \tag{4.2.58}$$

$$M_o = n \cdot J g_J \mu_B \tag{4.2.59}$$

"Sättigungsmagnetisierung"

Die Suszeptibilität erhalten wir wie üblich durch Ableitung nach dem Feld B_o. Interessant ist hier wiederum vor allem das Hochtemperaturverhalten, das wie in (4.2.38) zum Curie-Gesetz ($\beta\mu_B\, B_o \ll 1$) führt

$$\chi = \frac{C}{T} \tag{4.2.60}$$

$$C = n\,\mu_o\,\frac{p_{eff}^2}{3k_B}\,\mu_B^2 \qquad \text{("Curie-Konstante")} \tag{4.2.61}$$

allerdings mit anderer Bedeutung der effektiven Magnetonenzahl:

$$p_{eff} = g_J\,\sqrt{J(J+1)} \tag{4.2.62}$$

Das Curie-Gesetz wird eindeutig experimentell bestätigt. - Interessant ist noch der Größenordnungsvergleich zwischen dem in Kap. (4.1) diskutierten Pauli-Paramagnetismus und dem Langevin-Paramagnetismus. Nach (4.1.14) und (4.2.60) gilt:

$$\frac{\chi_{Pauli}}{\chi_{Langevin}} = \frac{9}{2}\,\frac{1}{g_J^2\,J(J+1)}\cdot\frac{k_B T}{\varepsilon_F} \tag{4.2.63}$$

In der Regel ist also $\chi_{Langevin} \gg \chi_{Pauli}$.

(4.2.3) VAN VLECK-PARAMAGNETISMUS

Wir wollen zum Schluß noch eine spezielle, allerdings etwas unanschauliche Modifikation des Paramagnetismus diskutieren. Es handelt sich um den van Vleck'schen Paramagnetismus, der in erster Näherung zu einer temperatur<u>un</u>abhängigen Suszeptibilität führt und in Systemen beobachtet wird, deren lokalisiertes magnetisches Moment aus einer Elektronenschale stammt, die gerade um ein Elektron weniger als halbgefüllt ist. Das bedeutet, daß der Grundzustandsterm

$$J = S \cdot |2l - p| = 0 \tag{4.2.64}$$

unmagnetisch ist. ($p = 2(2l + 1)$ bedeutet volle Schale) Dieses ist z.B. beim Eu^{3+} in $Eu_2\,O_3$ mit seinen sechs 4f-Elektronen der Fall. - Der van Vleck-Paramagnetismus läßt sich verstehen, wenn man die Voraussetzungen des letzten Abschnitts etwas abschwächt, d.h.,die Feinstrukturaufspaltung nicht mehr als sehr groß gegenüber k_BT ansieht. Zu beachten ist dann, daß

(a) die höheren Terme des Multipletts nicht mehr vernachlässigbar sind,

(b) der Operator S_z (in H_z) für Übergänge zwischen den Feinstrukturtermen sorgt.

Da wir uns natürlich nach wie vor auf ein einzelnes LS-Multiplett beschränken können, gilt für die Zustandssumme:

$$Z_1 = e^{-\beta E^{(0)}_{\gamma LS}} \cdot \mathrm{Sp}(e^{-\beta(H_{SB} + H_z)}) \tag{4.2.65}$$

Die Feinstrukturaufspaltung soll zwar nicht mehr groß gegenüber k_BT, wohl aber gegenüber $\mu_B \cdot B_0$ sein. Wir entwickeln deshalb die Exponentialfunktion in der Spur bis zu linearen Termen in B_0, d.h. bis zu linearen Termen in H_z:

Wir bezeichnen mit $E_J(\Lambda)$ die Eigenwerte von H_{SB},

$$E_J(\Lambda) = \frac{\hbar^2}{2} \Lambda(\gamma, LS)\,(J(J+1) - L(L+1) - S(S+1)) \quad , \tag{4.2.66}$$

und haben dann:

$$Z_1 = e^{-\beta E^{(0)}_{\gamma LS}} \sum_{n=0}^{\infty} \frac{(-\beta)^n}{n!} \sum_{J,M_J} \langle J\ M_J | (H_{SB} + H_Z)^n | J\ M_J \rangle$$

$$\approx \ldots\ldots \langle J\ M_J | (H^n_{SB} + \sum_{r=0}^{n-1} H^{n-1-r}_{SB}\ H_Z\ H^r_{SB}) | J\ M_J \rangle$$

$$= e^{-\beta E^{(0)}_{\gamma LS}} \sum_{n=0}^{\infty} \frac{(-\beta)^n}{n!} \sum_J \{ (2J + 1)\ E^n_J(\Lambda) +$$

$$+ n \cdot E^{n-1}_J(\Lambda) \cdot \sum_{M_J=-J}^{+J} \langle J\ M_J | H_Z | J\ M_J \rangle \}$$

Der letzte Terme verschwindet, wie in (4.2.45) gezeigt. Also bleibt für die Zustandssumme:

$$Z_1 \approx e^{-\beta E^{(0)}_{\gamma LS}} \sum_J (2J + 1)\ e^{-\beta E_J(\Lambda)} \tag{4.2.67}$$

Zur Berechnung der Magnetisierung,

$$M = n \cdot \frac{1}{Z_1}\ Sp(m\ e^{-\beta H_1})$$

brauchen wir nun noch eine Spur der Form

$$Sp(H_Z\ e^{-\beta (H_{SB}+H_Z)}) \approx$$

$$\approx \sum_{n=0}^{\infty} \frac{(-\beta)^n}{n!} \sum_{J,M_J} \langle J\ M_J | (H_Z \cdot H^n_{SB} + \tag{4.2.68}$$

$$+ H_Z \sum_{r=0}^{n-1} H^{n-1-r}_{SB} \cdot H_Z \cdot H^r_{SB}) | J\ M_J \rangle$$

Die Wirkung von H_{SB} auf den Zustand $|J\ M_J\rangle$ist bekannt, die von H_Z wegen S_Z dagegen nicht:

$$\sum_{J,M_J} \langle J\ M_J | H_Z \cdot H^n_{SB} | J\ M_J \rangle = \sum_J E^n_J(\Lambda) \sum_{M_J} \langle J\ M_J | H_Z | J\ M_J \rangle$$

$$= 0 \tag{4.2.69}$$

Damit folgt

$$Sp(H_Z\, e^{-\beta(H_{SB}+H_Z)}) \approx \sum_{n=0}^{\infty} \frac{(-\beta)^n}{n!} \sum_{\substack{JM_J \\ J'M_{J'}}} \langle J\, M_J | H_Z | J'\, M_{J'}\rangle \cdot$$

$$\cdot \langle J'\, M_{J'} | H_Z | J\, M_J\rangle \sum_{r=0}^{n-1} E_{J'}^{n-1-r}(\Lambda) \cdot E_J^r(\Lambda)$$

Das erste Matrixelement ist nur für $M_J = M_{J'}$ von Null verschieden, da H_Z und J_Z kommutieren.Den Rest kann man zusammenfassen:

$$Sp(H_Z\, e^{-\beta(H_{SB}+H_Z)})$$

$$= \sum_{\substack{J,J' \\ M_J}} |\langle J\, M_J | H_Z | J'\, M_J\rangle|^2 \; \frac{e^{-\beta E_{J'}} - e^{-\beta E_J}}{E_{J'} - E_J} \tag{4.2.70}$$

Der Operator S_Z (in H_Z) schafft Übergänge zwischen Feinstrukturtermen mit J und J' = J ± 1. Daß keine anderen Quantenzahlen in Betracht kommen, macht man sich leicht mit Hilfe des Wigner-Eckart-Theorems (2.5.42) klar. S_Z ist ein irreduzibler Tensoroperator erster Stufe (k = 1). Dessen Matrixelemente sind nach (2.5.45) nur dann von Null verschieden, wenn

$$|J - J'| \leqq k \leqq J + J'$$

erfüllt ist. Es kommen also nur J' = J, J ± 1 infrage.

(a) J' = J:

Das muß wegen des Quotienten als Grenzübergang verstanden werden

$$\lim_{J'\to J} \frac{e^{-\beta E_{J'}} - e^{-\beta E_J}}{E_{J'} - E_J} = -\beta\, e^{-\beta E_J} \tag{4.2.71}$$

Das verbleibende Matrixelement haben wir in (2.5.55) mit Hilfe des Wigner-Eckart-Theorems ausgerechnet:

$$|\langle J\, M_J | H_Z | J\, M_J\rangle|^2 = (g_J\, \mu_B\, M_J)^2 \cdot B_0^2 \tag{4.2.72}$$

Insgesamt liefert also der J' = J - Summand in (4.2.70) den Beitrag:

$$- \sum_{JM_J} e^{-\beta E_J} \beta (g_J \mu_B M_J)^2 \cdot B_o^2$$

Die Nichtdiagonalelemente

<u>(b) J' = J ± 1:</u>

sind schwieriger auszuwerten:

$$\sum_{JM_J} |\langle J\, M_J|H_Z|J\pm 1\, M_J\rangle|^2 \cdot \frac{e^{-\beta E_{J\pm 1}} - e^{-\beta E_J}}{E_{J\pm 1} - E_J}$$

$$= \sum_{\bar{J}M_{\bar{J}}} |\langle \bar{J}\pm 1\, M_{\bar{J}}|H_Z|\bar{J}\, M_{\bar{J}}\rangle|^2 \; \frac{e^{-\beta E_{\bar{J}}}}{E_{\bar{J}} - E_{\bar{J}\pm 1}}$$

$$- \sum_{JM_J} |\langle JM_J|H_Z|J\pm 1\, M_J\rangle|^2 \; \frac{e^{-\beta E_J}}{E_{J\pm 1} - E_J}$$

Eingesetzt in (4.2.70) ergibt das zunächst:

$$\sum_{J,M_J} \sum_{J'=J\pm 1} |\langle J\, M_J|H_Z|J'\, M_J\rangle|^2 \; \frac{e^{-\beta E_{J'}} - e^{-\beta E_J}}{E_{J'} - E_J}$$

$$= -2 \sum_{JM_J} e^{-\beta E_J} \Big\{ \frac{|\langle J+1\, M_J|H_Z|J\, M_J\rangle|^2}{E_{J+1} - E_J} + \frac{|\langle JM_J|H_Z|J-1\, M_J\rangle|^2}{E_{J-1} - E_J} \Big\} \quad (4.2.73)$$

Die nichtdiagonalen Matrixelemente von H_Z sind nicht so einfach zu berechnen wie das diagonale Matrixelement unter (a). Das Verfahren ist jedoch exakt dasselbe wie das in Kap. (2.6) benutzte. Wir geben hier nur das Ergebnis an (Condon, Shortley 1959):

$$|\langle J\, M_J|H_Z|J-1\, M_J\rangle|^2 = \frac{\mu_B^2}{\hbar^2} B_o^2 |\langle J\, M_J|S_Z|J-1\, M_J\rangle|^2$$

$$= \mu_B^2\, B_o^2\, (J^2 - M_J^2)\, \frac{(J^2 - (L-S)^2)((L+S+1)^2 - J^2)}{4J^2 \cdot (2J+1)(2J-1)} \quad (4.2.74)$$

Setzen wir $J = 1 + \frac{1}{2}$, $S = \frac{1}{2}$, $L = 1$, $M_J = m$, so reproduziert sich unser früheres Ergebnis (2.6.68). Das andere nichtdiagonale Matrixelement ergibt sich aus (4.2.74) durch $J \to J + 1$.

Damit haben wir alles zusammen, um die Magnetisierung des Paramagneten anzugeben. Die Summationen über M_J lassen sich leicht mit (4.2.47) ausführen:

$$\sum_{M_J=-J}^{+J} M_J^2 = \frac{1}{3} J(J+1)(2J+1) \qquad (4.2.76)$$

$$\sum_{M_J=-J}^{+J} (J^2 - M_J^2) = \frac{1}{3} J(2J+1) \cdot (2J-1) \qquad (4.2.77)$$

$$\sum_{M_J=-J}^{+J} ((J+1)^2 - M_J^2) = \frac{1}{3} (2J+1)(J+1)(2J+3) \qquad (4.2.78)$$

Wir vereinbaren noch die folgende Abkürzung:

$$V(J) \equiv \mu_B^2 \cdot \left\{\frac{(J^2 - (L-S)^2)((L+S+1)^2 - J^2)}{6J(2J+1)(E_{J-1} - E_J)} + \frac{((J+1)^2 - (L-S)^2)((L+S+1)^2 - (J+1)^2)}{6(J+1)(2J+1)(E_{J+1} - E_J)}\right\} \qquad (4.2.79)$$

Damit haben wir dann endgültig als Magnetisierung:

$$M = n \cdot B_0 \frac{\sum_{J=|L-S|}^{L+S} (2J+1)\, e^{-\beta E_J} \cdot \left\{\frac{J(J+1)}{3k_BT}(g_J\, \mu_B)^2 + V(J)\right\}}{\sum_{J=|L-S|}^{L+S} (2J+1)\, e^{-\beta E_J}} \qquad (4.2.80)$$

Dieses Ergebnis wurde unter der Voraussetzung abgeleitet, daß

$\hbar^2 \cdot \Lambda(\gamma, LS),\ k_BT >> \mu_B\, B_0$, aber nicht notwendig $\hbar^2\Lambda >> k_BT$.

Die Suszeptibilität χ ist hier einfach gleich $\mu_0 \cdot M/B_0$. Die temperatur<u>un</u>abhängige Korrektur $V(J)$ macht den van Vleckschen Paramagnetismus aus. Nehmen wir einmal der Einfachheit halber an, daß die durch Λ gegebene Multiplett-Aufspaltung doch so groß sei, daß im wesentlichen nur der tiefste Term besetzt ist. Dann können wir uns in der Summe auf den ersten Term beschränken, dieser enthält jedoch bereits durch die Nichtdiagonalität von S_Z Beimischungen der höheren J-Niveaus, die in dem V(J) stecken:

$$\chi \approx n\, \mu_o \left\{ \frac{J(J+1)}{3k_BT} (g_J\, \mu_B)^2 + V(J) \right\} \qquad (4.2.81)$$

Der erste Summand stellt gerade das Ergebnis des letzten Abschnitts (Curie-Gesetz (4.2.60)) dar, in dem wir von vorneherein die Nichtdiagonalelemente von S_Z vernachlässigt hatten. J ist die Quantenzahl des Grundzustands.

Nach der Landeschen Intervallregel (2.10.24) gilt:

$$E_{J+1} - E_J = \hbar^2\, \Lambda(\gamma, LS) \cdot (J+1)$$

$$E_{J-1} - E_J = -\hbar^2\, \Lambda(\gamma, LS) \cdot J \qquad (4.2.82)$$

Das bedeutet, daß der van Vleck-Term V(J) um einen Faktor

$$\frac{\hbar^2 \cdot \Lambda(\gamma, LS)}{k_BT}$$

kleiner ist als der erste Term in der obigen Klammer, der dem Langevin-Paramagnetismus des vorigen Kapitels entspricht. Dieser Faktor ist i.a. $\gg 1$, so daß in der Regel V(J) vernachlässigt werden kann. Der van Vleck-Paramagnetismus ist deshalb nur dann deutlich beobachtbar, wenn der Grundzustandsterm J = 0 aufweist, da dann der erste Summand verschwindet. Das ist eben immer dann der Fall, wenn die Elektronenschale um ein Elektron weniger als halbgefüllt ist. Fig. 4.6 zeigt das Beispiel (Borovik-

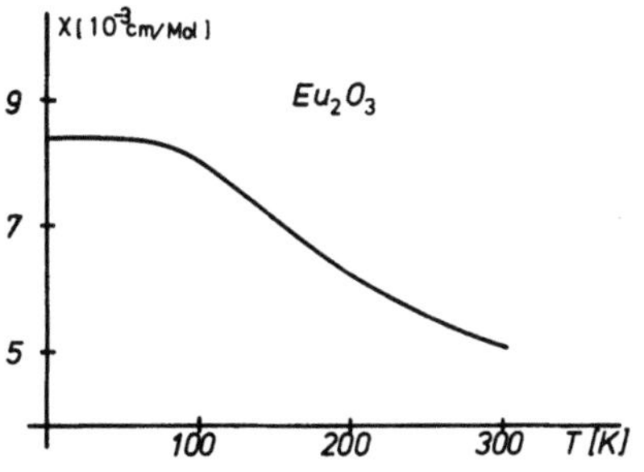

Fig.4.6

Romanov, Kreines 1956) Eu^{3+} in $Eu_2 O_3$. Bei hohen Temperaturen berechnet sich χ nach der komplizierten Formel (4.2.80), die auch die angeregten Zustände berücksichtigt. Bei tiefen Temperaturen spielt nur noch der Grundzustand $J = 0$ eine Rolle und der temperaturunabhängige van Vleck-Paramagnetismus macht sich bemerkbar.

Ergänzende Literatur

Zu Kap. (4.1)

Fetter, A.L., Walecka, J.D., "Quantum Theory of Many-Particle Systems", McGraw-Hill, 1971, S. 21ff

Sampson, J.B., Seitz, F., Phys. Rev. 58, 633 (1940)

Schumacher, R.T., Vehse, W.E., Bull.Amer. Phys. Soc. 4, 296 (1960)

Schumacher, R.T., Wehse, W.E., J. Phys. Chem. Solids 24, 297 (1963)

Silverstein, S.D., Phys. Rev. 130, 1703 (1963)

Wagner, D., "Einführung in die Theorie des Magnetismus", Vieweg, 1966

Zu Kap. (4.2)

Borovik-Romanov, A.S., Kreines, N.M., Sov. Phys. JETP 2, 657 (1956)

Condon, E.U., Shortley, G.H., "The Theory of Atomic Spectra", Cambridge Univ. Press, 1959

van Vleck, J.H., "The Theory of Electric and Magnetic Susceptibilities", Oxford Univ. Press, 1932

Wagner, D., "Einführung in die Theorie des Magnetismus", Vieweg, 1966

Zusammenfassung

Wir suchen nach einem detaillierten Verständnis der mikroskopischen Wechselwirkung, die dafür sorgt, daß in ferro-, ferri- und antiferromagnetischen Materialien permanent existierende magnetische Momente sich unterhalb einer kritischen Temperatur (T_C oder T_N) spontan kollektiv ordnen. Dazu besprechen wir zunächst zwei phänomenologische Theorien, nämlich das Konzept des Austauschfeldes und die Weiß'sche Theorie des Ferromagneten. Für kollektiven Magnetismus ist die sog. Austauschwechselwirkung verantwortlich, die obwohl rein elektrostatischen Ursprungs, nur quantenmechanisch erklärbar ist. Die <u>direkte</u> Austauschwechselwirkung wird nach dem Heitler-London-Verfahren und mit Hilfe des Dirac'schen Vektormodells erläutert. Sie ist bestimmt durch Überlapp-Integrale der Wellenfunktion der beteiligten magnetischen Ionen und damit sehr kurzreichweitig. Häufiger als die direkte ist deshalb eine <u>indirekte</u> Austauschwechselwirkung realisiert. Wir besprechen die drei wichtigsten indirekten Kopplungsmechanismen, die RKKY-Wechselwirkung für Metalle, den Superaustausch für Isolatoren und den sog. Doppelaustausch, der in einigen "schlechten" Leitern vorliegt. Alle diese Theorien führen letztlich auf dieselbe Operatorform des Modellhamiltonoperators ("Heisenberg-Modell").

(V) Austauschwechselwirkung

Das Wesen des

Diamagnetismus, Paramagnetismus

konnten wir verstehen, ohne eine explizite Wechselwirkung zwischen magnetischen Momenten (bzw. zwischen den diese Momente aufbauenden Elektronen) annehmen zu müssen. Diese kann zwar zu drastischen Korrekturen führen (s. Kap. 4.1.5), das eigentliche Phänomen wird jedoch nicht durch Wechselwirkungen der Momente untereinander bewirkt. - Das ist nun ganz anders beim

Ferromagnetismus
Ferrimagnetismus
Antiferromagnetismus

Diese Erscheinungsformen des Magnetismus sind gekennzeichnet durch eine "spontane" Ordnung der permanenten magnetischen Momente des Festkörpers für Temperaturen unterhalb einer kritischen Temperatur T^*.

Für diese kritische Temperatur benutzt man die Bezeichnungen:

Ferromagnetismus, Ferrimagnetismus: $T^* = T_C$ "Curie-Temperatur"

Antiferromagnetismus: $T^* = T_N$ "Neél-Temperatur"

Oberhalb T^* verschwindet die spontane Ordnung, die Stoffe verhalten sich dann wie normale Paramagnete. Diese magnetischen Phänomene sind ohne Wechselwirkungen nicht erklärbar. Man spricht deshalb auch von

"kooperativen oder kollektiven Phänomenen"

Die für den kollektiven Magnetismus entscheidenden Wechselwirkungen nennt man

"Austauschwechselwirkungen"

Wie wir bereits aus Kap. (4.1.5) wissen, handelt es sich hier im Grunde genommen um elektrostatische Coulomb-Kräfte. Unter deren Matrixelementen, gebildet mit total antisymmetrisierten Wellenfunktionen, gibt es klassisch nicht verständliche Terme, die einem "Austausch" der Indizes von identischen Teilchen entsprechen. Solche

"Austauschphänomene"

wurden 1926 von Dirac und von Heisenberg, unabhängig voneinander, als entscheidend für den kollektiven Magnetismus entdeckt. Um diese soll es in diesem Kapitel gehen.

Es gibt bis heute keine abgeschlossene Theorie des Magnetismus, die die Gesamtheit aller Phänomene einheitlich beschreiben könnte.

Modell-Vorstellungen sind noch unvermeidbar, die sich außerdem in der Regel nur auf ganz spezielle Erscheinungsformen des Magnetismus beziehen.
Zur besseren Übersicht beginnen wir deshalb zunächst mit einer gewissen Klassifikation:
Ausgangspunkt sind zwei generelle Voraussetzungen für kollektiven Magnetismus:

(1) Festkörper
(2) permanente magnetische Momente

Wie bei den Dia- und Paramagneten unterscheidet man zweckmäßig den Magnetismus der Isolatoren und den der Metalle.

(α) Isolatoren:
Der Magnetismus wird bewirkt von lokalisierten magnetischen Momenten aus einer unvollständig gefüllten Elektronenschale, z.B. 3d-, 4d-, 4f-, 5f-Schalen.

Beispiele:

ferro: $CrBr_3$,
K_2CuF_4,
EuO, EuS,
$CdCr_2Se_4$,
Rb_2CrCl_4,

antiferro: EuTe, MnO,
$Rb\,Mn\,F_3$,
$Rb_2\,Mn\,Cl_4$,

ferri: EuSe

Diese Substanzen werden recht gut beschrieben durch das Heisenberg-Modell

$$H_f = - \sum_{i,j} J_{ij} \underset{\sim}{S}_i \cdot \underset{\sim}{S}_j$$

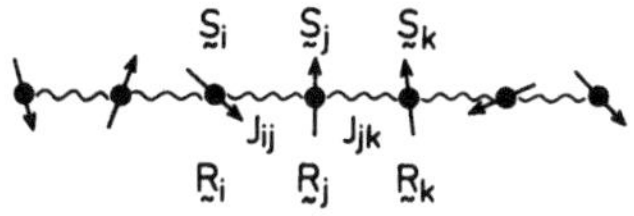

Fig. 5.1

J_{ij}: "Austauschintegrale"

Die physikalische Begründung solcher Kopplungskonstanten J_{ij} wird zunächst im Mittelpunkt dieses Abschnitts stehen.

Der Heisenberg-Hamilton-Operator ist als ein "effektiver" Operator zu verstehen. Die Spin-Spin-Wechselwirkung $\underset{\sim}{S}_i \cdot \underset{\sim}{S}_j$, angewendet auf entsprechende Spinzustände, "simuliert" den Beitrag der Austausch-Matrixelemente der Coulomb-Wechselwirkung, von denen man glaubt, daß sie für die spontane Magnetisierung verantwortlich sind.

(ß) Metalle

(ß,1) Bandmagnetismus

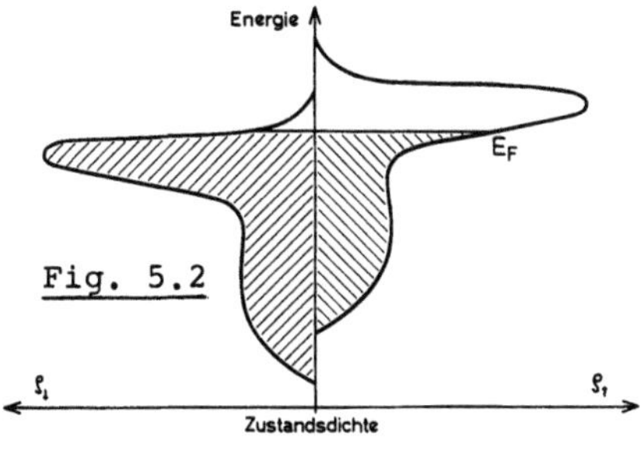

Fig. 5.2

Typisch für diese Klasse ist, daß dieselben Bandelektronen sowohl für den elektrischen Strom als auch für den Magnetismus verantwortlich sind. Beispiele: Fe, Co, Ni und deren Verbindungen.

Hier sorgt eine Austauschwechselwirkung bei $T < T_c$ für eine spinabhängige Bandverschiebung und damit für eine Spinvorzugsrichtung der Bandelektronen.

Das allereinfachste, trotzdem nicht exakt lösbare Modell für diese Klasse ist das Hubbard-Modell

$$H_s = \sum_{ij\sigma} T_{ij}\, c^+_{i\sigma}\, c_{j\sigma} + \frac{1}{2} U \sum_{i,\sigma} n_{i\sigma} \quad n_{i-\sigma}$$

$$n_{i\sigma} = c^+_{i\sigma}\, c_{i\sigma}$$

$c^+_{i\sigma}$ - Erzeugungsoperator eines Elektrons mit dem Spin σ am Gitterplatz $\underset{\sim}{R}_i$

$c_{j\sigma}$ - Vernichtungsoperator eines Elektrons mit dem Spin σ am Gitterplatz $\underset{\sim}{R}_j$.

Die Coulomb-Wechselwirkung wird nur in ihrer vereinfachten, intraatomaren Version berücksichtigt. Der Einfluß des Gitterpotentials steckt in dem sog. "hopping"-Integralen T_{ij}.

(β,2) "lokalisierter" Magnetismus

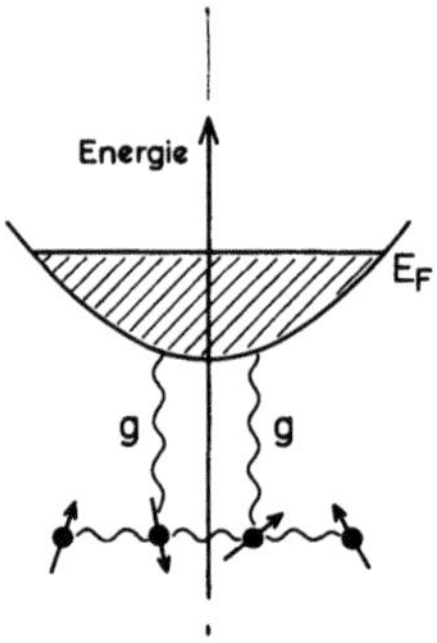

Fig. 5.3

Magnetismus und elektrischer Strom werden von verschiedenen Elektronengruppen getragen, z.B. in metallischen 4f-Systemen wie Gd. Ein angemessenes Modell ist das

s-f(s-d) Modell

$$H = H_s + H_f - g \sum_i \underset{\sim}{\sigma}_i \quad \underset{\sim}{S}_i$$

$\underset{\sim}{\sigma}_i$ - Spinoperator des Leitungselektrons am Ort $\underset{\sim}{R}_i$

$\underset{\sim}{S}_i$ - lokalisierter Spin

(5.1) PHÄNOMENOLOGISCHE THEORIEN

(5.1.1) AUSTAUSCHFELD

Welchen physikalischen Ursprungs ist die Wechselwirkung, die einen Ferromagneten unterhalb T_c in einen geordneten Zustand zwingt?Beim Paramagneten wird eine solche Ordnung durch ein äußeres Magnetfeld $\underset{\sim}{B}_o$ hervorgerufen. Es liegt also zunächst nahe anzunehmen, daß im Innern eines Ferromagneten irgendein "inneres" Magnetfeld, das wir ab jetzt "Austauschfeld" nennen wollen, produziert wird, das die permanenten magnetischen Momente ausrichtet. Bevor wir nach der Ursache für dieses Feld fragen, wollen wir einmal seine Größenordnung abschätzen.

Die Temperatur T_c, bei der der Phasenübergang des Ferromagnetismus ⇔ Paramagnetismus stattfindet, läßt sich aus der allgemeinen thermodynamischen Bedingung

$$F = U - T \quad S \overset{!}{=} \text{Minimum} \tag{5.1.1}$$

ableiten. Zwei Einflüsse sind entscheidend:

(a) Austauschfeld B_A → Ordnung → U minimal

(b) Temperatur T → Unordnung → S maximal

$$T \lessgtr T_c \Leftrightarrow (a) \gtrless (b)$$

Bei T_c halten sich die thermische Energie und die Feldenergie offensichtlich die Waage. T_c ist damit ein Maß für die Stärke der ferromagnetischen Kopplung, deren Größenordnung mit einer einfachen Überlegung gefunden werden kann:

$$E_{ex} \approx \mu_B \; B_A \approx k_B \; T_c \tag{5.1.2}$$

Mit

$$\mu_B = 0.579 \cdot 10^{-4} \; \frac{eV}{T} \quad ; \quad k_B = 0.862 \cdot 10^{-4} \; \frac{eV}{K} \tag{5.1.3}$$

läßt sich B_A über T_c abschätzen:

	T_c [K]	$k_B\ T_c$ [meV]	B_A [T]
Fe	1043	89.907	1552.79
Co	1393	120.077	2073.86
Ni	631	54.392	939.42
Gd	290	24.998	431.74
EuO	69.33	5.976	103.22

Zum Vergleich beachte man, daß sehr starke Laborfelder höchstens

$$10 \ldots B_0 \ldots 20 \text{ Tesla}$$

betragen können. Die Austauschfelder sind also riesig. Woher könnte dieses Austauschfeld stammen? Da das System permanente magnetische Momente enthält, wäre die naheliegendste Vermutung, daß es ein Resultat der klassischen Dipol-Dipol-Wechselwirkung ist. Eine einfache Abschätzung macht aber sofort klar, daß diese klassische Wechselwirkung als Ursache für Ferromagnetismus <u>nicht</u> infrage kommt:

Das Dipolfeld eines bei $\underset{\sim}{R}_j$ lokalisierten Moments $\underset{\sim}{m}_j$ beträgt am Ort $\underset{\sim}{R}_i$:

$$\frac{\mu_0}{4\pi}\left[\frac{3(\underset{\sim}{m}_j \cdot \underset{\sim}{r}_{ij})\,\underset{\sim}{r}_{ij} - r_{ij}^2\,\underset{\sim}{m}_j}{r_{ij}^5}\right] \quad ; \; \underset{\sim}{r}_{ij} = \underset{\sim}{R}_i - \underset{\sim}{R}_j$$

Das bei $\underset{\sim}{R}_i$ lokalisierte Moment $\underset{\sim}{m}_i$ hat dann im Feld aller anderen Momente die Energie

$$E_D^{(i)} = -\,\underset{\sim}{m}_i \cdot \underset{\sim}{B}_D\,(\underset{\sim}{R}_i) = \qquad (5.1.4)$$

$$= \frac{\mu_0}{4\pi}\sum_j{}' \frac{r_{ij}^2(\underset{\sim}{m}_i \cdot \underset{\sim}{m}_j) - 3(\underset{\sim}{m}_i \cdot \underset{\sim}{r}_{ij})(\underset{\sim}{m}_j \cdot \underset{\sim}{r}_{ij})}{r_{ij}^5}$$

Solche Gittersummen lassen sich für einfache Gitter exakt durchführen. Wir beschränken uns hier auf eine einfache

Abschätzung:

$$
\begin{aligned}
|E_D^{(i)}| &\approx \frac{\mu_o}{4\pi} \frac{(P_{eff} \quad \mu_B)^2}{r^3} z \\
&= 0.5371 \cdot 10^{-4} \frac{z \quad P_{eff}^2}{r^3} \text{ eV} \cdot (\text{Å})^3
\end{aligned}
\qquad (5.1.5)
$$

z = Zahl der nächsten Nachbarn, P_{eff} = effektive Magnetonenzahl, r ≈ 2 Å typischer Abstand zwischen nächsten Nachbarn. Es ist also

$$
|E_D^{(i)}| \approx 10^{-4} \text{ eV } (\hat{=} 1.16 \text{ K}, \hat{=} 1.73 \text{ T}) \qquad (5.1.6)
$$

Damit ist klar, daß diese Dipol-Wechselwirkung <u>nicht</u> die Ursache für Ferromagnetismus sein kann. Sie tritt lediglich als Korrektur zur eigentlichen Austauschwechselwirkung auf und stellt dann einen Anisotropie-Effekt dar (der bei Substanzen mit kleinem T_c natürlich durchaus beträchtlich sein kann!).

(5.1.2) WEISS'SCHER FERROMAGNET

Von P. Weiß (1908) stammt die erste phänomenologische Theorie eines Ferromagneten, die in der Lage ist, den Phasenübergang "Ferromagnetismus ⇝ Paramagnetismus" qualitativ zu erklären. Ohne die Austauschwechselwirkung im Detail zu kennen oder auch nur untersuchen zu wollen, wird ihre Existenz in Form eines Austauschfeldes $\underset{\sim}{B}_A$ einfach postuliert:

Weiß-Modell:

(1) Es gibt ein Austauschfeld

$$\underset{\sim}{B}_A = \mu_o \underset{\sim}{H}_A \quad ,$$

das proportional zur makroskopischen Magnetisierung $\underset{\sim}{M}$ ist:

$$\underset{\sim}{B}_A = \lambda \mu_o \underset{\sim}{M} \tag{5.1.7}$$

(2) permanente magnetische Momente des Ferromagneten verhalten sich unter dem Einfluß von $\underset{\sim}{B}_A$ wie ein Langevin-Paramagnet (s. Kap. (4.2.2))

(2) bedeutet gemäß Gleichung (4.2.58):

$$\begin{aligned} M(T) &= M_o B_J(\beta J g_j \mu_B B_A) \\ &= M_o B_J(\beta J g_j \mu_B \mu_o \lambda M(T)) \end{aligned} \tag{5.1.8}$$

$$M_o = \frac{N}{V} J g_j \mu_B \qquad \text{"Sättigungsmagnetisierung"} \tag{5.1.9}$$

Das ist eine implizite Bestimmungsgleichung für M(T), die wir nun im Einzelnen untersuchen wollen:

(a) $M(T) = 0$ ist stets Lösung, da $B_J(0) = 0$. Gibt es weitere Lösungen?

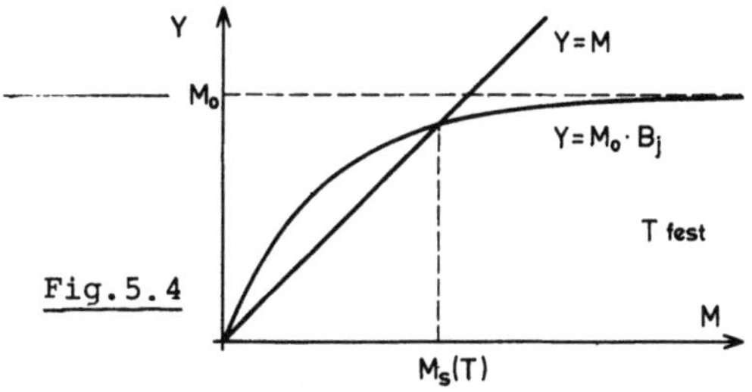

Fig.5.4

(b) Graphische Lösung:

Da $B_J \underset{M\to\infty}{\to} 1$, gibt es eine Lösung $M \neq 0$ genau dann, wenn die Anfangssteigung von $M_o \cdot B_J$ größer als 1 ist. Das liefert ein Kriterium für "spontane Magnetisierung" $M_s(T)$:

$$\frac{d}{dM}(M_o\ B_J)\Big|_{M=0} \overset{!}{\gtrless} 1 \qquad (5.1.10)$$

Daraus läßt sich eine Beziehung für die Curie-Temperatur T_c ableiten. $M \to 0$ bedeutet (4.2.34)

$$M(T) \approx M_o\ \frac{J+1}{3J}\ \beta J\ g_j\ \mu_B\ \mu_o\ \lambda\ M = \lambda C\ \frac{M}{T} \qquad (5.1.11)$$

wobei mit C die "Curie-Konstante" (4.2.61) gemeint ist:

$$C = n\ \mu_o\ \frac{P_{eff}^2\ \ \mu_B^2}{3\ k_B} \quad ;\ P_{eff} = g_j\ \ \sqrt{J(J+1)} \qquad (5.1.12)$$

Das Kriterium für Ferromagnetismus lautet damit:
"Es gibt eine endliche Temperatur mit

$$\frac{\lambda\ C}{T_c} = 1 \Leftrightarrow T_c = \lambda C \qquad (5.1.13)$$

Das bedeutet:

$$\begin{aligned} T < T_c &\to \frac{\lambda\ C}{T} > 1 \to \text{Ferromagnetismus} \\ T > T_c &\to \frac{\lambda\ C}{T} < 1 \to \text{Paramagnetismus} \end{aligned} \qquad (5.1.14)$$

Über die experimentelle Meßgröße T_c ist damit auch der Austauschparameter λ festgelegt.

Existiert eine Lösung $M_s > 0$, dann ist auch $-M_s$ eine Lösung, d.h.,man hat insgesamt drei Lösungen, nämlich $M = 0, \pm M_s$.

Mit einem einfachen thermodynamischen Argument kann man sich klarmachen, daß die magnetischen Lösungen $\pm M_s$ dann stabil sein müssen. Die freie Energie F nimmt an den Lösungsstellen Extremwerte an. Ferner divergiert sie als Funktion von M bei $M = \pm M_o$, da die Magnetisierung natürlich nicht größer als M_o (bzw. kleiner als $-M_o$) werden kann. F hat also bei $M = 0$ ein Maximum und bei $\pm M_s$ Minima. Letztere sind deshalb die stabilen Lösungen.

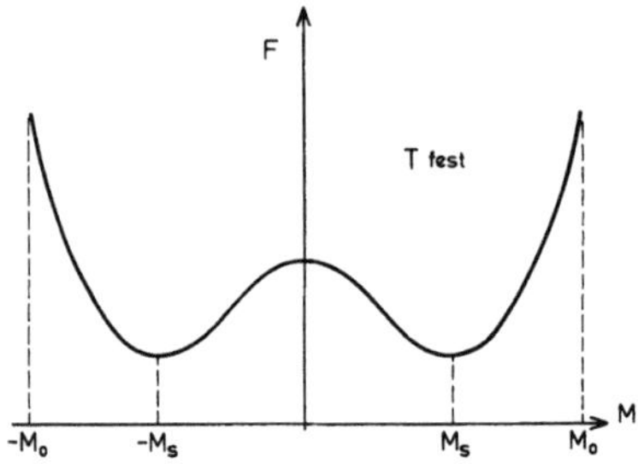

Fig. 5.5

(c) Tieftemperatur-Verhalten:

Die Magnetisierungskurve $M = M(T)$ für $T \leqq T_c$ läßt sich leicht grapisch finden:

$$y_1 = \frac{M_s(T)}{M_o} = B_J(x) \quad ; \quad x = \beta J\, g_j\, \mu_B\, \mu_o\, \lambda M_s(T)$$

$$y_2 = \frac{M_s(T)}{M_o} = x\, \frac{J+1}{3J}\, \frac{T}{T_c} \tag{5.1.15}$$

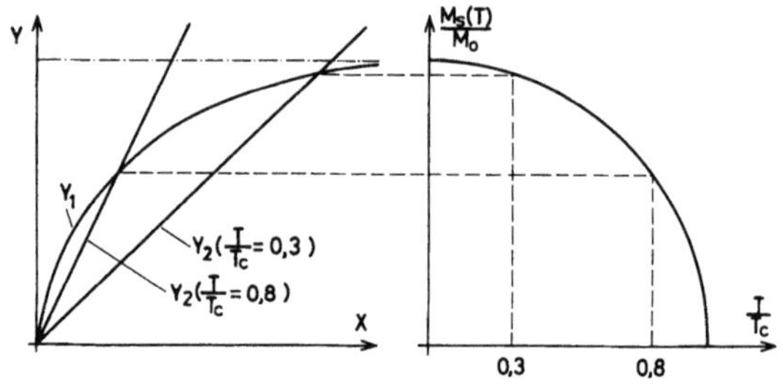

Fig. 5.6

Die Schittpunkte der Kurven $y_1(x)$ und $y_2(x)$ liefern die Magnetisierungskurve.

(d) Hochtemperatur-Verhalten:

Für $T > T_c$ gibt es keine Lösung $M_s \neq 0$. Das System zeigt paramamagnetisches Verhalten. $M \neq 0$ ist nur durch ein äußeres Feld B_o zu erreichen:

$$M(T, B_o) = M_o \cdot B_J(\beta J\, g_j\, \mu_B\, \mu_o(\lambda M + \frac{1}{\mu_o} B_o)) \qquad (5.1.16)$$

Bei hohen Temperaturen (β << 1) können wir entwickeln:

$$M(T, B_o) \approx \frac{C}{T} (\lambda M(T, B_o) + \frac{1}{\mu_o} B_o)$$

$$\curvearrowright M(T, B_o) \approx \frac{1}{\mu_o} B_o \cdot \frac{C}{T - T_c} \qquad (5.1.17)$$

Daraus folgt das Curie-Weiß-Gesetz

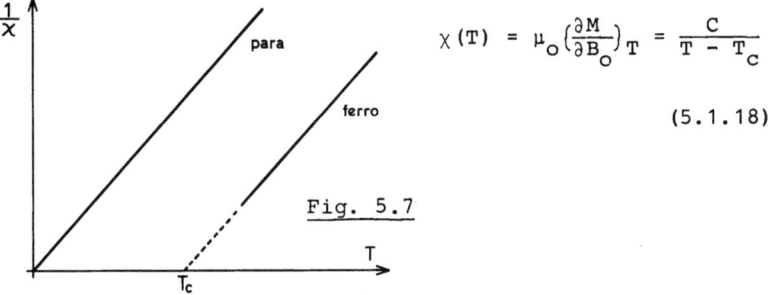

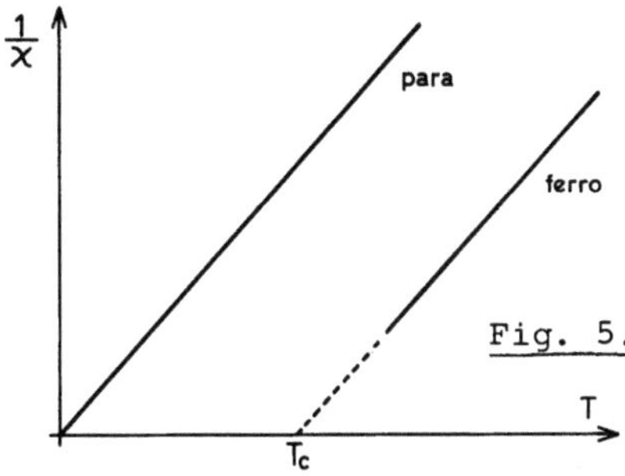

Fig. 5.7

$$\chi(T) = \mu_o \left(\frac{\partial M}{\partial B_o}\right)_T = \frac{C}{T - T_c} \qquad (5.1.18)$$

Dieses Curie-Weiß-Gesetz ist experimentell eindeutig verifiziert. Es kann zur experimentellen Bestimmung der Curie-Temperatur T_c herangezogen werden.

(5.2) DIREKTE AUSTAUSCHWECHSELWIRKUNG

Das Weißsche Modell des Ferromagneten liefert qualitativ bereits recht gute Ergebnisse (Magnetisierungskurve, Curie-Weiß-Gesetz). Im Detail ist es natürlich viel zu einfach. Außerdem erklärt es nicht das Zustandekommen der ferromagnetischen Kopplung, sondern postuliert diese in Form des zu M proportionalen Austauschfeldes.

Die für die spontane Magnetisierung verantwortliche Austauschwechselwirkung ist klassisch nicht erklärbar, rein quantenmechanischen Ursprungs, obwohl andererseits auch rein elektrostatischer Natur. Sie ist eine unmittelbare Folge des Pauli-Prinzips. Dieses fordert, daß die Matrixelemente der elektrostatischen Coulomb-Wechselwirkung zwischen den geladenen Teilchen des Festkörpers mit total antisymmetrisierten Wellenfunktionen zu bilden sind. Darunter sind dann bestimmte Matrixelemente, die gewissermaßen einem "Austausch" von Teilchenindizes entsprechen. Diese sind, wie wir sehen werden, für das Phänomen verantwortlich. Man kann deshalb sagen:

Ursache des Ferromagneten:	elektrische Felder
Wirkung des Ferromagneten:	magnetische Felder

Bei der Begründung des Ferromagnetismus kann man in guter Näherung die tatsächlich vorhandenen magnetischen Felder des Festkörpers (z.B. Dipolfelder) zunächst vernachlässigen. Wir wollen uns durch ein paar qualitative Überlegungen nun an das Phänomen herantasten.

(5.2.1) PAULI-PRINZIP

Wir denken zunächst einmal an einen Bandmagneten, d.h. an ein ferromagnetisches Metall. Das Pauli-Prinzip sorgt dann dafür, daß sich Elektronen mit parallelen Spins, die zu demselben Energieband gehören und damit auch in allen anderen Quantenzahlen übereinstimmen, nicht zu nahe kommen. Das führt zu einer Reduktion der Coulomb-Abstoßung der gleichnamig geladenen Teilchen und damit automatisch zu einem Gewinn ΔE_{pot} an potentieller Energie

$$\Delta E_{pot} \approx E_{pot}(\uparrow\downarrow) - E_{pot}(\uparrow\uparrow) \tag{5.2.1}$$

Wenn nun aber die totale Spinordnung so günstig ist, warum sind dann nicht alle metallischen Stoffe ferromagnetisch? Das liegt an der kinetischen Energie, für die diese ferromagnetische Ordnung in der Regel ungünstig ist.

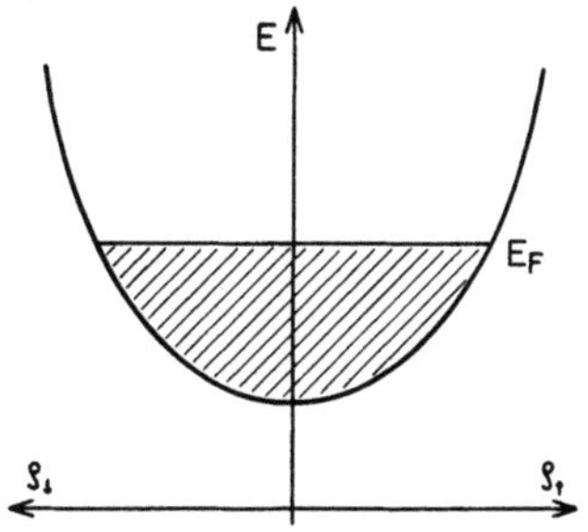

Paramagnetismus:
günstig für kinetische Energie, ungünstig für potentielle Energie

Fig. 5.8

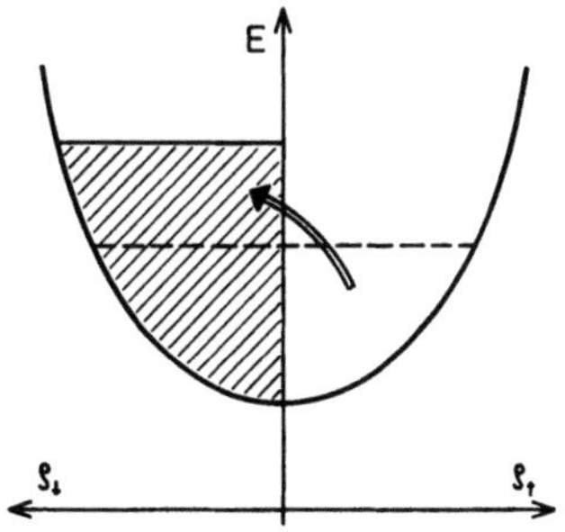

Ferromagnetismus:
günstig für potentielle Energie, ungünstig für kinetische Energie

Fig. 5.9

Fig. 5.10

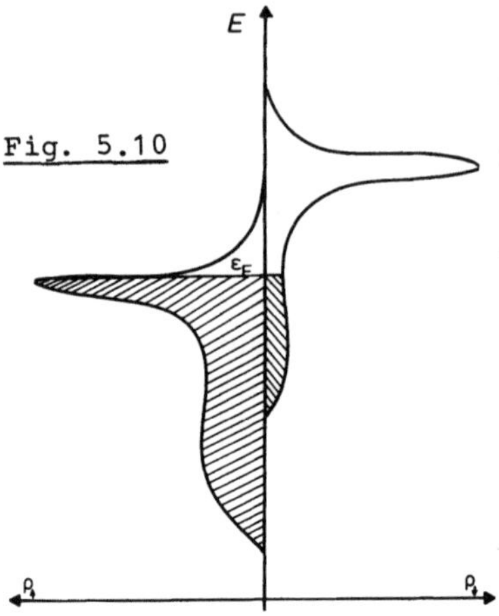

Bei einigen Stoffen mit "passender" Bandstruktur (Fig. 5.10) ist die Abgabe an potentieller Energie größer als die Zunahme an kinetischer Energie, so daß der geordnete Zustand energetisch günstiger ist als der ungeordnete. Das ist die qualitative Erklärung für Ferromagnetismus. Ausdruck des oben geschilderten Sachverhalts ist das einfache Stoner-Kriterium

$$U \cdot \rho(\varepsilon_F) > 1 \qquad (5.2.2)$$

das wir später noch explizit ableiten werden. Es besagt, daß eine sehr große intraatomare Coulomb-Wechselwirkung U für Ferromagnetismus günstig ist, da dann der Gewinn an potentieller Energie besonders groß ist, und ebenso eine hohe Zustandsdichte an der Fermikante ε_F, da dann relativ viele ↑-Elektronen in ↓-Elektronen "verwandelt" werden können ohne allzu große Zunahme an kinetischer Energie.

Wir wollen an einem ganz einfachen Zwei-Elektronen-System zeigen, wie das Pauli-Prinzip zu magnetischen Effekten führen kann, ohne daß der Hamiltonoperator des Systems selbst spinabhängig wäre, d.h. eine direkte Wechselwirkung zwischen magnetischen Momenten beschriebe. Die beiden Elektronen sind ununterscheidbare Fermionen. Die Gesamtwellenfunktion muß deshalb antisymmetrisch gegenüber Teilchenvertauschung sein. Da der Hamiltonoperator H selbst spinunabhängig ist,

$$H = \sum_{i=1}^{2} \frac{p_i^2}{2m} + V(\underset{\sim}{r}_1, \underset{\sim}{r}_2) \quad , \qquad (5.2.3)$$

faktorisisert der Systemzustand $|\psi\rangle$,

$$|\psi\rangle = |q\rangle^{(\pm)} |S; m_s\rangle^{(\mp)} \quad , \qquad (5.2.4)$$

in einen Ortsanteil $|q\rangle$ und einen Spinanteil $|S;\, m_s\rangle$. Den Spinanteil können wir angeben. In einem Zwei-Elektronen-System sind

$$S = 0 \quad \text{und} \quad S = 1$$

möglich. Das ermöglicht einen antisymmetrischen Singulett-Zustand

$$|0;\, 0\rangle = \frac{1}{\sqrt{2}} \left(|\uparrow\downarrow\rangle - |\downarrow\uparrow\rangle \right) \tag{5.2.5}$$

und einen symmetrischen Triplett-Zustand

$$|1;\, 1\rangle = |\uparrow\uparrow\rangle$$

$$|1;\, 0\rangle = \frac{1}{\sqrt{2}} \left(|\uparrow\downarrow\rangle + |\downarrow\uparrow\rangle \right) \tag{5.2.6}$$

$$|1;\, -1\rangle = |\downarrow\downarrow\rangle$$

Die Symmetrie des Spinzustands $|S;\, m_s\rangle$ stellt entsprechende Symmetrie-Forderungen an den Ortsanteil $|q\rangle$, da $|\psi\rangle$ antisymmetrisch sein muß. Insgesamt wird es vier Eigenlösungen geben:

$$\begin{aligned} |\psi_1\rangle &= |q\rangle^{(+)}\,|0;\, 0\rangle \\ |\psi_2\,(m_s)\rangle &= |q\rangle^{(-)}\,|1;\, m_s\rangle \quad ; \quad m_s = 0, \pm 1 \end{aligned} \tag{5.2.7}$$

H wirkt nur auf den Ortsanteil

$$H|q\rangle^{(\pm)} = E_{\pm}\,|q\rangle^{(\pm)} \tag{5.2.8}$$

Wenn nun aber

$$E_+ \neq E_- \quad , \tag{5.2.9}$$

wofür wir im nächsten Abschnitt ein Beispiel kennenlernen werden, dann gibt es automatisch eine energetisch bevorzugte Spinanordnung und damit eine "spontane" magnetische Ordnung. Es leuchtet unmittelbar ein, daß wir dann den an sich spinunabhängigen Hamiltonoperator auch durch einen effektiven Operator $\tilde{H}$ ersetzen können, der statt ausschließlich auf $|q\rangle$ ausschließlich auf die beiden Elektronenspins wirkt. Wenn wir $\tilde{H}$ so wählen, daß

$$\tilde{H}|0;\ 0\rangle = E_+|0;\ 0\rangle$$
$$\tilde{H}|1;\ m_s\rangle = E_-|1;\ m_s\rangle \qquad (5.2.10)$$

gilt, dann sind $\tilde{H}$ und H offenbar in ihrer Wirkung äquivalent. Wie müßte ein solcher Operator $\tilde{H}$ aussehen? Sei $\underset{\sim}{S}_i$ der Spin des i-ten Elektrons (i = 1, 2), und damit

$$\underset{\sim}{S}_i^2 = \hbar^2\, S_i(S_i + 1) = \hbar^2 \cdot \frac{3}{4}$$
$$\underset{\sim}{S}^2 = (\underset{\sim}{S}_1 + \underset{\sim}{S}_2)^2 = S(S + 1) \cdot \hbar^2 \qquad (5.2.11)$$
$$= \underset{\sim}{S}_1^2 + \underset{\sim}{S}_2^2 + 2\underset{\sim}{S}_1 \cdot \underset{\sim}{S}_2 = \frac{3}{2}\hbar^2 + 2(\underset{\sim}{S}_1 \cdot \underset{\sim}{S}_2)\ ,$$

dann gilt für das Skalarprodukt:

$$\frac{1}{\hbar^2}\, \underset{\sim}{S}_1 \cdot \underset{\sim}{S}_2 = \frac{1}{2}\, S\,(S + 1) - \frac{3}{4} = \begin{cases} -\frac{3}{4} \text{ falls } S = 0 \\ \frac{1}{4} \text{ falls } S = 1 \end{cases} \qquad (5.2.12)$$

Der Operator

$$\tilde{H} = \frac{1}{4}\,(E_+ + 3E_-) - (E_+ - E_-)\,\frac{1}{\hbar^2}(\underset{\sim}{S}_1 \cdot \underset{\sim}{S}_2) \qquad (5.2.13)$$

liefert somit angewendet auf die Zustände $|\psi_1\rangle$ und $|\psi_2(m_s)\rangle$ dieselben Eigenwerte wie der tatsächliche Hamiltonoperator H.

$$\tilde{H}|\psi_1\rangle = E_+|\psi_1\rangle$$
$$\tilde{H}|\psi_2(m_s)\rangle = E_-\,|\psi_2(m_2)\rangle \qquad (5.2.14)$$

Das so definierte $\tilde{H}$ beschreibt das "molekulare Heisenberg-Modell

$$\tilde{H} = J_o - J_{12}\, \underset{\sim}{S}_1 \cdot \underset{\sim}{S}_2 \qquad (5.2.15)$$

$$J_{12} = \frac{1}{\hbar^2}\,(E_+ - E_-) \qquad (5.2.16)$$

Ist $J_{12} > 0$, so ist die Spinkopplung offensichtlich ferromagnetisch. Ist $J_{12} < 0$, so ist sie antiferromagnetisch.

(5.2.2) HEITLER-LONDON-VERFAHREN

Anschließend an die Diskussion des letzten Abschnitts wollen wir an einem Beispiel demonstrieren, daß in der Tat $E_+ \neq E_-$ sein kann. Wir untersuchen dazu als einfaches Beispiel ein Zweielektronensystem das H_2-Molekül nach dem Heitler-London-Verfahren, um zu einem zumindest qualitativen Verständnis der interatomaren Austauschwechselwirkung zu gelangen. Dasselbe Verfahren wird im übrigen herangezogen, um die homöopolare Bindung zu verstehen.

Fig. 5.11

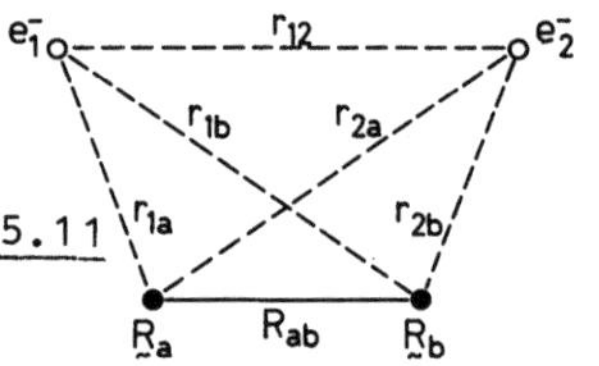

Die beiden Protonen seien bei $\underset{\sim}{R}_a$ und $\underset{\sim}{R}_b$ fixiert (d.h. wir setzen $m_a = m_b = \infty$). Beide Kerne mögen sich in ihrem Grundzustand befinden.

Wir zerlegen den Hamiltonoperator des Gesamtsystems in einen "ungestörten" Anteil H_0 und einen "Störanteil" H_1:

$$H = H_0 + H_1 \tag{5.2.17}$$

$$H_0 = \frac{1}{2m}\,(p_1^2 + p_2^2) - \frac{e^2}{4\pi\,\varepsilon_0}\,\left(\frac{1}{r_{1a}} + \frac{1}{r_{2b}}\right) \tag{5.2.18}$$

$$H_1 = \frac{e^2}{4\pi\,\varepsilon_0}\,\left(\frac{1}{R_{ab}} + \frac{1}{r_{12}} - \frac{1}{r_{1b}} - \frac{1}{r_{2a}}\right) \tag{5.2.19}$$

Da H keine Spinanteile enthält, werden die gesuchten Eigenzustände faktorisieren:

$$|\psi_s\rangle = |q\rangle^{(+)}\,|0;\ 0\rangle$$
$$|\psi_t\rangle = |q\rangle^{(-)}\,|1;\ m_s\rangle \tag{5.2.20}$$

Das Problem ist nicht exakt lösbar. Das "ungestörte" Problem $H_1 = 0$ wird durch unendlich weit voneinander entfernte Kerne realisiert. Wir haben dann das exakt lösbare, "normale" Wasserstoff-Problem. Die Lösungen sind aus der Grundvorlesung bekannt.

$$\left(\frac{p_1^2}{2m} - \frac{e^2}{4\pi\,\varepsilon_o\, r_{1a}}\right)|\varphi_a^{(1)}> = E_a\ |\varphi_a^{(1)}>$$
$$\left(\frac{p_2^2}{2m} - \frac{e^2}{4\pi\,\varepsilon_o\, r_{2b}}\right)|\varphi_b^{(2)}> = E_b\ |\varphi_b^{(2)}> \qquad (5.2.21)$$

Für den symmetrisierten Ortsanteil des "ungestörten" Zwei-Elektronenzustands muß dann gelten:

$$|q>^{(\pm)} = \frac{1}{\sqrt{2}}\,(|\varphi_a^{(1)}>|\varphi_b^{(2)}> \pm |\varphi_a^{(2)}>|\varphi_b^{(1)}>)$$
$$\equiv \frac{1}{\sqrt{2}}\,(|q_1> \pm |q_2>) \qquad (5.2.22)$$

Die letzte Zeile stellt nur eine Abkürzung der Schreibweise dar. Damit folgt dann:

$$H_o|q>^{(\pm)} = (E_a + E_b)|q>^{(\pm)} \qquad (5.2.23)$$

Kombiniert mit den Spinzuständen ist also die Energie $E_a + E_b$ insgesamt vierfach entartet. Wegen $R_{ab} \to \infty$ überlappen die um die beiden Kerne a und b zentrierten Einteilchen Wellenfunktionen nicht:

$$<\varphi_a^{(1,2)}|\varphi_b^{(1,2)}> = \int d^3r\ \varphi_a^*(\underset{\sim}{r})\ \varphi_b(\underset{\sim}{r}) = 0 \quad , \qquad (5.2.24)$$

die $|q_{1,2}>$ sind deshalb orthogonal zueinander:

$$<q_1|q_2> = 0 \qquad (5.2.25)$$

Das gilt nicht mehr, wenn wir die Kerne auf einen endlichen Abstand bringen und damit die Störung "einschalten". Für $H_1 \neq 0$ ist das Problem nur noch näherungsweise lösbar. Wir wählen hier ein Variationsverfahren für den Grundzustand ($E_a = E_b = E_o$). Da nicht nur H_o, sondern auch der Gesamthamiltonoperator H symmetrisch gegenüber Teilchen-Vertauschungen ist, liegt folgender "Variationsansatz" nahe:

$$|q\rangle = c_1|q_1\rangle + c_2|q_2\rangle \tag{5.2.26}$$

Dabei sind $|q_{1,2}\rangle$ wie in (5.2.22) definiert, nun aber nicht mehr orthogonal zueinander, da wegen des endlichen Abstandes der Kerne das sog. "Überlapp-Integral"

$$L = \langle\varphi_a^{(1,2)}|\varphi_b^{(1,2)}\rangle = \int d^3r\ \varphi_a^*(\underset{\sim}{r})\ \varphi_b(\underset{\sim}{r}) \tag{5.2.27}$$

nicht mehr Null ist. - Der obige Ansatz vernachlässigt "polare" Zustände von der Form

$$|\varphi_a^{(1)}\rangle|\varphi_a^{(2)}\rangle \quad ; \quad |\varphi_b^{(1)}\rangle|\varphi_b^{(2)}\rangle \quad ,$$

die Situationen beschreiben, bei denen sich beide Elektronen an demselben Atom aufhalten. Wegen der abstoßenden Coulomb-Wechselwirkung sollten diese Konfigurationen energetisch relativ ungünstig und für den Grundzustand wohl nicht so wichtig sein (Beim Problem der Bindung legen sie die "Restionizität" der kovalenten (homöopolaren) Bindung fest.).

Fordert man für den Variationsansatz auch noch Symmetrie in den Teilchenindizes, so wird notwendig $c_1 = \pm c_2$ zu setzen sein, so daß über die Normierung die Koeffizienten dann bereits festgelegt sind. Wir wollen c_1, c_2 hier jedoch als Variationsparameter auffassen und durch die Forderung

$$\frac{\partial E_v}{\partial c_{1,2}} \overset{!}{=} 0 \tag{5.2.28}$$

$$E_v = \frac{\langle q|H|q\rangle}{\langle q|q\rangle} = E_v(c_1,\ c_2) \tag{5.2.29}$$

festlegen. Die so bestimmte Variationsenergie E_v stellt dann auf jeden Fall eine obere Schranke für die tatsächliche Grundzustandsenergie dar.

Bei der Berechnung von E_v treten ein paar charakteristische Integrale auf:

"Coulomb-Integral":

$$V \equiv \langle q_1|H_1|q_1\rangle = \langle q_2|H_1|q_2\rangle$$
$$= \iint d^3r_1\, d^3r_2\, H_1 |\varphi_a(\underset{\sim}{r}_1)|^2 \cdot |\varphi_b(\underset{\sim}{r}_2)|^2 \qquad (5.2.30)$$

"Austausch-Integral":

$$A \equiv \langle q_1|H_1|q_2\rangle = \langle q_2|H_1|q_1\rangle$$
$$= \iint d^3r_1\, d^3r_2\, \varphi_a^*(\underset{\sim}{r}_1)\, \varphi_b^*(\underset{\sim}{r}_2)\, H_1\, \varphi_a(\underset{\sim}{r}_2)\, \varphi_b(\underset{\sim}{r}_1) \qquad (5.2.31)$$

Damit können wir nun die Variationsenergie E_V berechnen

$$\langle q|q\rangle = c_1^2 \langle q_1|q_1\rangle + c_2^2\langle q_2|q_2\rangle$$
$$+ c_1\, c_2(\langle q_1|q_2\rangle + \langle q_2|q_1\rangle) \qquad (5.2.32)$$
$$= c_1^2 + c_2^2 + 2c_1\, c_2\, L^2$$

$$\frac{\langle q|H_o|q\rangle}{\langle q|q\rangle} = 2E_o \qquad (5.2.33)$$

$$\langle q|H_1|q\rangle = (c_1^2 + c_2^2) \cdot V + 2c_1\, c_2 \cdot A \qquad (5.2.34)$$

Das ergibt:

$$E_V = 2E_o + \frac{(c_1^2 + c_2^2)\, V + 2c_1\, c_2\, A}{(c_1^2 + c_2^2) + 2c_1\, c_2\, L^2} \qquad (5.2.35)$$

Die Variationsbedingung (5.2.28) führt auf

$$(c_2^2 - c_1^2)(A - V\, L^2) = 0 \qquad (5.2.36)$$

Der zweite Faktor ist in der Regel ungleich Null, so daß zusammen mit der Normierungsbedingung

$$c_1^2 + c_2^2 = 1$$

folgt:

$$c_1 = \pm c_2 = \frac{1}{\sqrt{2}} \tag{5.2.37}$$

Damit erfüllt unser Variationsansatz (5.2.26) für $|q>$ automatisch alle Symmetrieforderungen. Für die Grundzustandsenergie ergibt sich mit diesen c_1, c_2:

$$E_\pm = 2E_0 + \frac{V \pm A}{1 \pm L^2} \tag{5.2.38}$$

Wenn A und L ungleich Null sind, dann ist die im letzten Abschnitt diskutierte Voraussetzung $E_+ \neq E_-$ für eine energetisch bevorzugte Spinanordnung erfüllt.

Wir können dann den "wahren" Hamiltonoperator H durch einen effektiven "Austauschoperator" $\tilde{H}$ ersetzen:

$$\tilde{H} = J_0 - J_{12}\, \underset{\sim}{S}_1 \cdot \underset{\sim}{S}_2 \tag{5.2.39}$$

$$J_{12} = \frac{1}{\hbar^2}(E_+ - E_-) = -\frac{2}{\hbar^2}\,\frac{V L^2 - A}{1 - L^4} \tag{5.2.40}$$

Das Vorzeichen von J_{12} hängt von der relativen Stärke der Integrale L, A und V ab. In der Regel ist jedoch $L << 1$ und $A < 0$, so daß J_{12} negativ ist, d.h. der Singulett-Zustand liegt energetisch am niedrigsten.

$\tilde{H}$ ist von dem Typ, wie wir ihn für unsere magnetischen Probleme brauchen. Wir haben einen quantenmechanischen Mechanismus kennengelernt, der bestimmte Spineinstellungen bevorzugen kann.

Postulat: $\tilde{H}$ läßt sich auf N Mehr-Elektronenatome verallgemeinern!

Das führt zum Heisenberg-Modell

$$H = -\sum_{i,j} J_{ij}\, \underset{\sim}{S}_i \cdot \underset{\sim}{S}_j \tag{5.2.41}$$

Diskussion

(1) Vorzeichen und Größen der Koppelkonstanten J_{12} hängt von den relativen Größen der Integrale V, L und A ab. Der entscheidende Parameter ist dabei der Kernabstand R_{ab}, der den Grad des Überlapps der Wasserstoff-Wellenfunktionen $|\varphi_a\rangle$, $|\varphi_b\rangle$ festlegt.

Benutzt man zur Berechnung der Integrale die (1s)-Wellenfunktion des Wasserstoffatoms, so ergibt sich das skizzierte Resultat, d.h. J_{12} ist stets negativ, der "antiferromagnetische" Singulett-Zustand ist stabil.

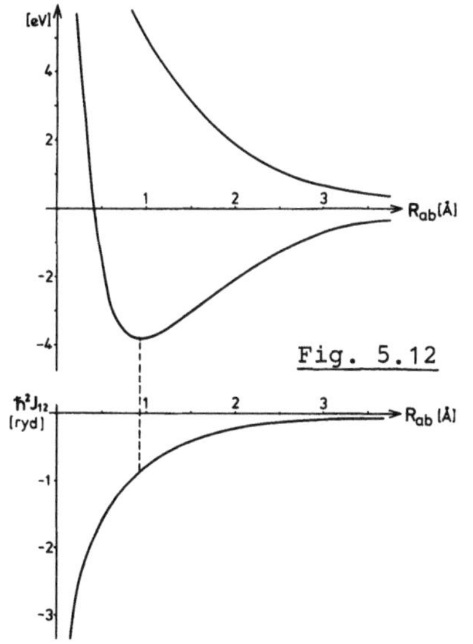

Fig. 5.12

(2) Das Heitler-London-Verfahren konvergiert nicht! Das liegt letztlich an der Nicht-Orthogonalität der um verschiedene Kerne zentrierten Wasserstoff-Eigenzustände $|\varphi_{a,b}\rangle$. Entsprechende Nicht-Orthogonalitäts-Integrale gehen mit immer höherer Potenz in die Säkular-Gleichung für die Eigenenergien ein, wenn man die Zahl der am "Austausch" beteiligten Elektronen erhöht. Das führt letztlich zur Divergenz. Man spricht von der "Nicht-Orthogonalitäts-Katastrophe".

(3) Man versucht manchmal, das unter (2) genannte Problem dadurch zu umgehen, daß man statt der nichtorthogonalen orthogonale Variationszustände verwendet. Für die Zustände $|q_{1,2}\rangle$ auf S. V.19 haben wir nämlich eigentlich nur zu fordern, daß sie Produkte von Einteilchenzuständen sind, die für $R_{ab} \to \infty$ in die Wasserstoff-Eigenzustände $|\varphi_a\rangle$, $|\varphi_b\rangle$ übergehen:

$$|q_{1,2}\rangle = |u^{(1,2)}\rangle|v^{(2,1)}\rangle$$
$$|q\rangle^{(\pm)} = \frac{1}{\sqrt{2}}\left(|q_1\rangle \pm |q_2\rangle\right) \tag{5.2.42}$$

Bisher haben wir für $|u\rangle$ und $|v\rangle$ gleich Wasserstoff-Eigenzustände angesetzt, möglich wäre aber auch der folgende Ansatz:

$$|u\rangle = \alpha_+|\varphi_a\rangle + \alpha_-|\varphi_b\rangle$$
$$|v\rangle = \alpha_+|\varphi_b\rangle + \alpha_-|\varphi_a\rangle \tag{5.2.43}$$

Mit

$$\alpha_\pm = \frac{1}{2}(1 + \langle\varphi_a|\varphi_b\rangle)^{-1/2} \pm \frac{1}{2}(1 - \langle\varphi_a|\varphi_b\rangle)^{-1/2} \tag{5.2.44}$$

streben diese Zustände für $R_{ab} \to \infty$ in der Tat gegen $|\varphi_a\rangle$ bzw. $|\varphi_b\rangle$, da

$$\alpha_+ \underset{R_{ab}\to\infty}{\to} 1 \quad ; \quad \alpha_- \underset{R_{ab}\to\infty}{\to} 0 \tag{5.2.45}$$

Man zeigt leicht, daß $|u\rangle$ und $|v\rangle$ orthonormiert sind

$$\langle u|u\rangle = \langle v|v\rangle = 1 \quad ; \quad \langle u|v\rangle = 0 \tag{5.2.46}$$

Mit einer Rechnung, völlig analog zur oben durchgeführten, wir haben nur überall $|\varphi_a\rangle$ durch $|u\rangle$ und $|\varphi_b\rangle$ durch $|v\rangle$ zu ersetzen, findet man nun

$L = 0$

$$J_{12} = \frac{2}{\hbar^2} A = \frac{2}{\hbar^2} \iint d^3r_1 \, d^3r_2 \, u^*(\underset{\sim}{r}_1) \, v^*(\underset{\sim}{r}_2) \, H_1 \, u(\underset{\sim}{r}_2) \, v(\underset{\sim}{r}_1) \qquad (5.2.47)$$

Dieses Integral, berechnet mit 1s-Wasserstoff-Wellenfunktionen, ist aber stets positiv.
Diese Überlegung macht deutlich, daß die konkrete Gestalt von J_{12} nicht zu ernst genommen werden darf. Die Kopplungskonstanten J_{ij} des Heisenberg-Modells sollten als Parameter aufgefaßt werden. Es ist völlig unnütz daran zu denken, den Austauschparameter J_{12} zwischen nächsten Nachbarn in einem Festkörper aufgrund eines noch so ausgefeilten molekularen Modells berechnen zu wollen.

(4) Wichtig und exakt beweisbar ist jedoch, daß J_{12} durch Überlapp-Integrale bestimmt ist. Es gibt keinen Ferromagnetismus, falls die Wellenfunktion der beteiligten Elektronen nicht überlappen.

(5) Polare Zustände vom Typ

$$|\varphi_a^{(1)}\rangle|\varphi_a^{(2)}\rangle \quad \text{und} \quad |\varphi_b^{(1)}\rangle|\varphi_b^{(2)}\rangle$$

werden im Variationsansatz nicht berücksichtigt, d.h., es wird implizit vorausgesetzt, daß jeweils ein Elektron zum Proton a, das andere zum Proton b gehört. Das Modell ist deshalb nur für Isolatoren brauchbar, für Bandmagneten wie Fe, Co, Ni (Klasse (ß,1) auf S. V.3) sicher nicht.

(6) Die Punkte (4) und (5) schließen einander im Grunde genommen aus. Das Modell ist nur gut, wenn die betreffenden Wellenfunktionen so gut wie gar nicht überlappen, andererseits gibt es ohne Überlapp aber auch keinen Austausch.

In der Tat ist der Koppelmechanismus in magnetischen Isolatoren i.a. auch vom Typ <u>Superaustausch</u>, der in Kap. (5.3.2) beschrieben wird. Dabei liegt

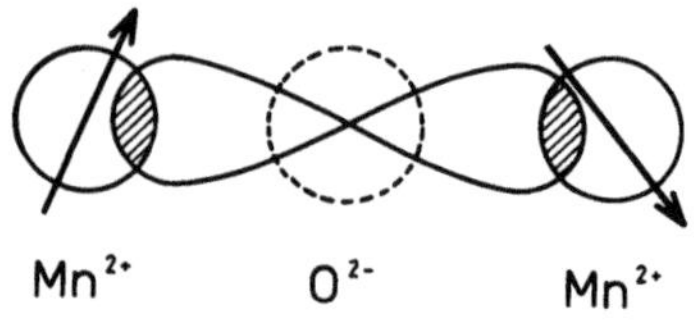

Fig. 5.13

häufig zwischen zwei magnetischen Ionen ein diamagnetisches Ion, das die Kopplung vermittelt (Prototyp: MnO). Der Abstand zwischen den magnetischen Ionen ist viel zu groß, als daß ein "direkter Austausch" "greifen" könnte. Die Kopplung wird durch das diamagnetische Ion übertragen. Das führt, wie wir sehen werden, jedoch wieder zu einem Modell-Hamilton-Operator vom Heisenberg-Typ, allerdings mit einer anderen Interpretation der Koppelkonstanten J_{ij}.

Die ferromagnetischen Metalle der Klasse (β,2)(s. S. 228) lassen sich ebenfalls in der Regel nur verstehen, wenn man einen durch Leitungselektronen vermittelten <u>indirekten Austausch (RKKY-Wechselwirkung)</u> zuläßt. Das wird in Kap. (5.3.1) genauer diskutiert.

(5.2.3) DIRAC'S VEKTORMODELL

Die "Ableitung" des Heisenberg-Hamilton-Operators nach dem Heitler-London-Verfahren hat den Vorteil, daß man einen gewissen Einblick in die physikalischen Grundlagen der Austausch-Wechselwirkung gewinnt. Die Diskussion des letzten Abschnitts macht aber auch klar: Die Austausch-Wechselwirkung hat nicht einen derartig universellen Charakter wie z.B. das Coulomb-Gesetz oder die Newtonschen Axiome.

Das bedeutet aber nicht, daß das gesamte Konzept des Heisenberg-Hamilton-Operator in Frage zu stellen wäre. Es gibt eine Reihe von anderen Herleitungen, die zu derselben Operatorform führen. Wir wollen in diesem Abschnitt einen solchen Vorschlag von Dirac diskutieren, indem wir zeigen, daß gewöhnliche Coulomb-Wechselwirkung in erster störungstheoretischer Näherung auf einen effektiven Spin- (oder Austausch-) Hamiltonoperator vom Heisenberg-Typ führt, wobei wir uns diesmal nicht auf ein Zwei-Elektronensystem beschränken müssen.

Wir betrachten ein Ensemble von N ununterscheidbaren Fermionen, die sich ohne Wechselwirkung in den Einteilchenzuständen

$$|\alpha_1\rangle \;,\; |\alpha_2\rangle, \;\ldots\;, |\alpha_N\rangle$$

befinden mögen. Die α_i's stehen für einen Satz von Quantenzahlen. Die Zustände $|\alpha_i\rangle$ können als orthonormal vorausgesetzt werden. Sie sind notwendig paarweise verschieden, da sie von den N Fermionen besetzt sein sollen. Ein möglicher "ungestörter" Zustand $|\psi\rangle$ für das gesamte Ensemble ist dann

$$|\psi\rangle = |\alpha_1^{(1)}\rangle|\alpha_2^{(2)}\rangle \ldots |\alpha_N^{(N)}\rangle \quad , \tag{5.2.48}$$

wobei der obere Index die N Fermionen durchnumeriert (s. auch Anhang A).

Der Hamiltonoperator

$$H = H_o + H_1 \tag{5.2.49}$$

des Systems, sowie H_o und H_1 für sich, sind symmetrisch gegenüber Teilchen-Vertauschungen. Deshalb ergibt die Anwendung einer beliebigen Permutation P auf den Zustand $|\psi\rangle$ einen neuen Zustand $P|\psi\rangle$ zu derselben "ungestörten" Energie

$$P|\psi\rangle = |\alpha_1^{(r)}\rangle|\alpha_2^{(s)}\rangle\ldots|\alpha_N^{(z)}\rangle \tag{5.2.50}$$

Offensichtlich gibt es N! solcher ungestörten Zustände mit derselben Energie E_o,

$$H_o|\psi\rangle = E_o|\psi\rangle$$

$$H_o\ P|\psi\rangle = E_o\ P|\psi\rangle\ ,\ \ldots$$

die den sog."Eigenraum" $\mathcal{H}_o$ zur Energie E_o aufspannen. Gemäß üblicher Störungstheorie für Systeme mit Entartung haben wir in diesem Eigenraum die "Störmatrix" aufzustellen, deren Elemente vom Typ

$$\langle\psi|P^\alpha\ H_1\ P^\beta|\psi\rangle$$

sind, und deren Eigenwerte die Energiekorrekturen erster Ordnung darstellen.

Wir können nun formal zwei verschiedene Typen von Permutationen unterscheiden, nämlich den bisher benutzten Typ P^α, der auf die oberen Indizes wirkt ("Teilchen"), und den Typ P_α, der die unteren Indizes permutiert, d.h. die Anordnung der Zustände ändert. P_α ist allerdings nur dann sinnvoll definierbar, wenn man, wie in (5.2.48) angenommen, die Einteilchenzustände $|\alpha_i\rangle$ im N-Teilchenzustand $|\psi\rangle$ nach irgendeinem Gesichtspunkt anordnen kann.

Es leuchtet unmittelbar ein, daß jedes P^{α} mit jedem P_{β} kommutiert:

$$P^{\alpha} \cdot P_{\beta} = P_{\beta} \cdot P^{\alpha} \tag{5.2.51}$$

Ebenso offensichtlich gilt mit $|\psi\rangle$ aus (5.2.48)

$$P^{\alpha} \cdot P_{\alpha}|\psi\rangle = 1 \cdot |\psi\rangle \tag{5.2.52}$$

da bei dieser Operation nur die Reihenfolge der Faktoren in $|\psi\rangle$ geändert wird.
Da alle $|\alpha_i\rangle$ orthogonal zueinander sind, sind auch $|\psi\rangle$ und $P|\psi\rangle$ orthogonal, falls P nicht die Identität ist, d.h.

$$\langle\psi|P_{\alpha}\ P^{\beta}|\psi\rangle = \delta_{\alpha\beta} \quad , \tag{5.2.53}$$

wenn wir den Ensemble-Zustand $|\psi\rangle$ als normiert voraussetzen.

Sei nun C(P) irgendeine skalare Größe, die von der speziellen Verteilung der N Teilchen auf die N Einteilchen-Zustände $|\alpha_i\rangle$ abhängen möge. Dann gilt offenbar:

$$C(P^{\alpha}) = \sum_{\beta} C(P^{\beta})\langle\psi|\ P_{\beta} \cdot P^{\alpha}|\psi\rangle \tag{5.2.54}$$

Die Summe läuft über alle N! Permutationen P_{β} bei fest vorgegebenem P^{α}. Wir definieren nun spezielle Koeffizienten

$$(H_1)(P) \equiv \langle\psi|H_1\ P|\psi\rangle \quad , \tag{5.2.55}$$

für die natürlich auch die obige Beziehung gilt. Man beachte, daß $|\psi\rangle$ und $P|\psi\rangle$ Eigenzustände zu H_o sind, nicht jedoch zu H_1, so daß in der Regel $(H_1)(P) \neq 0$ sein wird. Die Störung H_1 ist aber symmetrisch gegenüber Teilchenvertauschungen, sonst wären diese nicht "ununterscheidbar", so daß für eine beliebige Permutation gilt:

$$H_1\ P = P\ H_1 \tag{5.2.56}$$

Dann können wir schreiben:

$$<\psi|P^{\alpha}\ H_1\ P^{\beta}|\psi> = <\psi|H_1\ P^{\alpha}\ P^{\beta}|\psi> = (H_1)(P^{\alpha}\ P^{\beta})$$

$$= \sum_{\gamma} (H_1)(P^{\gamma})\ <\psi|P_{\gamma}\ P^{\alpha}\ P^{\beta}|\psi>$$

$$= \sum_{\gamma} (H_1)(P^{\gamma})\ <\psi|P^{\alpha}\ P_{\gamma}\ P^{\beta}|\psi>$$

Diese Beziehung gilt für beliebige Zustände $P^{\alpha,\beta}|\psi>$ des Eigenraums $\mathcal{H}_0$. Damit ist

$$H_1 = \sum_{\gamma} c_{\gamma} \cdot P_{\gamma} \qquad (5.2.57)$$

in diesem Raum eine Operatoridentität, wenn wir die skalaren Koeffizienten c_{γ} als

$$c_{\gamma} = (H_1)(P^{\gamma}) \qquad (5.2.58)$$

interpretieren. Der Störoperator H_1 läßt sich also in diesem Raum als Linearkombination von Permutationsoperatoren P_{γ} schreiben.

Wir wollen nun diese allgemeine Theorie auf ein System von Elektronen anwenden. Der Störoperator H_1 sei durch die Coulomb-Wechselwirkung gegeben. Wichtig ist dabei, daß die Elektronen einen Spin besitzen, dessen Bedeutung aber nicht so sehr in der möglichen Wechselwirkung des an den Spin gekoppelten magnetischen Moments mit irgendwelchen äußeren Feldern liegt, sondern in der Tatsache, daß gemäß dem Pauli-Prinzip der Spin die Zahl der möglichen, besetzbaren Niveaus verdoppelt. Elektronen sind durch zwei Typen von dynamischen Variablen gekennzeichnet, den Spinvariablen σ_x, σ_y, σ_z und den Ortsvariablen x, y, z. Den beiden Typen von Variablen entsprechen zwei Arten von Permutationsoperatoren, P_{σ} für die Spinvariablen, P_x für die Bahnvariablen. Die oben in der allgemeinen Ableitung benutzten Operatoren P_{γ} beziehen sich natürlich auf die Gesamtheit aller dynamischen Variablen:

$$P_{\gamma} \rightarrow (P_x \cdot P_{\sigma})_{\gamma}$$

Elektronen sind Fermionen, werden also durch total antisymmetrisierten N-Teilchen-Zustände $|\psi^{(-)}>$ beschrieben:

$$(P_x \cdot P_\sigma)_\gamma |\psi^{(-)}> = \pm|\psi^{(-)}> \tag{5.2.59}$$

Das Vorzeichen + oder - hängt davon ab, ob es sich um eine gerade oder ungerade Permutation handelt. Beschränken wir uns also von vornherein in H_o auf die passend antisymmetrisierten Zustände $|\psi^{(-)}>$, so können wir

$$(P_x \cdot P_\sigma)_\gamma = \pm 1 \tag{5.2.60}$$

ebenfalls als Operatoridentität auffassen. Das hat wichtige Konsequenzen. Da die Störung H_1 nur in der üblichen Coulomb-Wechselwirkung besteht, enthält der Hamiltonoperator nicht explizit den Spin. Wir müßten also vor allem die $(P_x)_\gamma$ untersuchen. Wegen der obigen Operatoridentität können wir aber auch mit dem "leichteren" Studium der $(P_\sigma)_\gamma$ beginnen, wodurch die $(P_x)_\gamma$ dann festgelegt sind.

Wir zeigen zunächst, daß sich P_σ durch Spinoperatoren $\underset{\sim}{S}$ ausdrücken läßt.

$$\underset{\sim}{S} = \frac{\hbar}{2}\underset{\sim}{\sigma} \quad , \underset{\sim}{\sigma} = (\sigma_x, \sigma_y, \sigma_z) \tag{5.2.61}$$

Die Komponenten von $\underset{\sim}{\sigma}$ sind die Paulischen Spinmatrizen:

$$\sigma_x = \begin{pmatrix} 0 & 1 \\ 1 & 0 \end{pmatrix} \; ; \; \sigma_y = \begin{pmatrix} 0 & -i \\ i & 0 \end{pmatrix} \; ; \; \sigma_z = \begin{pmatrix} 1 & 0 \\ 0 & -1 \end{pmatrix} \tag{5.2.62}$$

Man verifiziert leicht die folgenden Beziehungen:

$$\sigma_i^2 = 1 \quad ; \quad i = x, y, z \tag{5.2.63}$$

$$\sigma_i \cdot \sigma_j = i \cdot \sigma_k ; \quad (i, j, k) = (x, y, z) \text{ und zyklisch} \tag{5.2.64}$$

$$[\sigma_i, \sigma_j]_+ = \sigma_i \sigma_j + \sigma_j \sigma_i = 2\delta_{ij} \cdot 1 \tag{5.2.65}$$

Mit diesen Relationen läßt sich weiter zeigen,

$$(\underset{\sim}{\sigma}^{(1)} \cdot \underset{\sim}{\sigma}^{(2)})^2 = 3 - 2(\underset{\sim}{\sigma}^{(1)} \cdot \underset{\sim}{\sigma}^{(2)}) \;, \qquad (5.2.66)$$

wobei die oberen Indizes Teilchenindizes sein sollen. Wir definieren nun den folgenden Operator

$$Q_{12} = \frac{1}{2}(1 + \underset{\sim}{\sigma}^{(1)} \cdot \underset{\sim}{\sigma}^{(2)}) \qquad (5.2.67)$$

für dessen Quadrat

$$Q_{12}^2 = \frac{1}{4}(1 + 2\sigma^{(1)} \cdot \underset{\sim}{\sigma}^{(2)} + (\underset{\sim}{\sigma}^{(1)} \cdot \underset{\sim}{\sigma}^{(2)})^2) = 1 \qquad (5.2.68)$$

gilt. Q_{12} erfüllt damit eine wichtige Eigenschaft eines Transpositionsoperators. Über die Definitionsgleichung für Q_{12} findet man ferner sofort,

$$Q_{12} \cdot \sigma^{(1)}_{x,y,z} = \sigma^{(2)}_{x,y,z} \cdot Q_{12}$$

und damit gleichbedeutend:

$$\begin{aligned} Q_{12} \cdot \underset{\sim}{\sigma}^{(1)} \cdot Q_{12}^{-1} &= \underset{\sim}{\sigma}^{(2)} \\ Q_{12} \cdot \underset{\sim}{\sigma}^{(2)} \cdot Q_{12}^{-1} &= \underset{\sim}{\sigma}^{(1)} \end{aligned} \qquad Q_{12} = Q_{12}^{-1} \qquad (5.2.69)$$

Der Operator Q_{12} vertauscht also die Spins von Teilchen 1 und Teilchen 2, kann sich also höchstens um einen skalaren Faktor von $(P_\sigma)_{12}$ (Transposition!) unterscheiden

$$(P_\sigma)_{12} = \alpha \cdot Q_{12} \qquad , \qquad (5.2.70)$$

wobei α natürlich wegen $(P_\sigma)^2_{12} = Q^2_{12} = 1$ nur entweder +1 oder -1 sein kann. Das Vorzeichen überlegt man sich wie folgt: Es gibt bzgl. der Spinvariablen zweier Elektronen drei mögliche symmetrische Zustände

$$\begin{aligned} &|m_s^{(1)} = \uparrow\rangle |m_s^{(2)} = \uparrow\rangle \quad ; \quad |m_s^{(1)} = \downarrow\rangle |m_s^{(2)} = \downarrow\rangle \\ &\{|m_s^{(1)} = \uparrow\rangle |m_s^{(2)} = \downarrow\rangle + |m_s^{(1)} = \downarrow\rangle |m_s^{(2)} = \downarrow\rangle\} \end{aligned} \qquad (5.2.71)$$

und einen antisymmetrischen Zustand

$$\{|m_s^{(1)} = \uparrow\rangle |m_s^{(2)} = \downarrow\rangle - |m_s^{(1)} = \downarrow\rangle |m_s^{(2)} = \uparrow\rangle\} \qquad (5.2.72)$$

$(P_\sigma)_{12}$ hat also die Eigenwerte 1, 1, 1, -1. Das Skalarprodukt $(\underset{\sim}{\sigma}^{(1)} \cdot \underset{\sim}{\sigma}^{(2)})$ hat in derselben Reihenfolge die Eigenwerte 1, 1, 1, -3, und damit Q_{12} die Eigenwerte 1, 1, 1, -1. Deshalb muß $\alpha = +1$ sein:

$$(P_\sigma)_{12} = \frac{1}{2} (1 + \underset{\sim}{\sigma}^{(1)} \cdot \underset{\sim}{\sigma}^{(2)}) \qquad (5.2.73)$$

Damit haben wir aber auch die Permutationsoperatoren für die Ortsvariablen:

$$(P_x)_{12} = - \frac{1}{2} (1 + \underset{\sim}{\sigma}^{(1)} \cdot \underset{\sim}{\sigma}^{(2)}) \qquad (5.2.74)$$

Die Störung H_1 besteht als Coulomb-Wechselwirkung der Elektronen aus einer Summe von Zwei-Teilchen-Wechselwirkungen. Von den Matrixelementen $c_\gamma = (H_1)(P^\gamma)$ in dem allgemeinen Ausdruck für H_1 (5.2.57) werden also nur die von Null verschieden sein, bei denen P^γ entweder die Identität oder ein Vertauschungsoperator zweier Elektronen ist. H_1 hat deshalb die folgende Gestalt:

$$H_1 = \sum_{i<j} c_{ij} \cdot (P_x)_{ij} + E_c \qquad (5.2.75)$$

E_c ist eine Konstante. In erster Ordnung Störungstheorie stellen also die Eigenwerte des Operators

$$H_1 = E_c - \frac{1}{2} \sum_{i<j} c_{ij} (1 + \underset{\sim}{\sigma}^{(i)} \cdot \underset{\sim}{\sigma}^{(j)}) \qquad (5.2.76)$$

im Eigenraum H_o die gesuchten Energiekorrekturen dar.

In dieser Form liefert H_1 die Rechtfertigung für den Heisenberg-Hamilton-Operator. Wenn wir nämlich annehmen, daß für alle möglichen Paare von Elektronen aus bei $\underset{\sim}{R}_i$ bzw. $\underset{\sim}{R}_j$ lokalisierten, unabgeschlossenen Schalen die Matrixelemente

c_{ij} in erster Näherung gleich sind, so kann man die Elektronenspins in einer solchen Schale zu einem Gesamtspin $\underset{\sim}{S}_i$ zusammenfassen, wobei der Index i jetzt den Gitterplatz $\underset{\sim}{R}_i$ bezeichnet. Unterdrückt man dann noch unwesentliche Konstanten, so ergibt sich unmittelbar der "Austauschoperator":

$$H = - \sum_{i,j} J_{ij} \underset{\sim}{S}_i \cdot \underset{\sim}{S}_j \qquad (5.2.77)$$

Wie in Kap. (5.2.2) ist auch hier H das Resultat einer Störungstheorie erster Ordnung für die "normale" Elektron-Elektron Coulomb-Wechselwirkung. Die Koppel-Konstante J_{ij} entsprechen klassisch nicht verständlichen Austausch-Matrixelementen dieser Coulomb-Wechselwirkung, $\langle\psi|H_1\, P^{ij}|\psi\rangle$, wobei $|\psi\rangle$ ein nicht-symmetrisierter N-Teilchen-Zustand ist.

(5.3) INDIREKTE AUSTAUSCHWECHSELWIRKUNG

Der "direkte" Austausch-Mechanismus, wie wir ihn in Kap. (5.2), speziell Kap. (5.2.2), vorgestellt haben, scheidet häufig bereits deshalb als Kopplungsmechanismus in magnetischen Materien aus, weil die magnetischen Ionen zu große Abstände voneinander haben. Damit werden die Überlappintegrale zu klein, um eine hinreichend starke Kopplung vermitteln zu können. Es gibt jedoch eine Reihe von "indirekten" Austauschmechanismen, die letztlich im Rahmen einer Störungstheorie zweiter Ordnung auf einen effektiven Hamiltonoperator vom Heisenberg-Typ führen, zum Unterschied zur direkten Austauschwechselwirkung aus Kap. (5.2), die ja ein Resultat einer Störungstheorie erster Ordnung ist.

Der Begriff "indirekter Austausch" ist nicht eindeutig. Wir diskutieren in diesem Abschnitt drei unterschiedliche indirekte Kopplungstypen.

(5.3.1) RUDERMANN-KITTEL-KASUYA-YOSIDA-(RKKY-)-WECHSELWIRKUNG

Wir beginnen mit einer indirekten Wechselwirkung zwischen magnetischen Ionen, die durch quasi-frei bewegliche Elektronen des Leitungsbandes vermittelt wird. Es ist ein Kopplungstyp, der insbesondere in metallischen 4f-Systemen wie z.B. Gd beobachtet wird, also der Klasse (β,2) von S. (V.4) zuzuordnen ist.

Die Idee geht zurück auf M.A. Rudermann und C. Kittel (1954), die die langreichweitige Kopplung zwischen Kernspins diskutieren, und zwar auf der Basis der in Kap. (2.8) kennengelernten Kontakt-Hyperfein-Wechselwirkung zwischen einem Kernspin und dem Spin eines s-Leitungselektrons. Der Kernspin polarisiert aufgrund dieser Wechselwirkung die Leitungselektronenspins in seiner Umgebung. Wegen des Pauli-Prinzips kann die Polarisationswolke nicht ausschließlich in der Nähe des Kernspins lokalisiert sein, einer "Anreicherungs-" wird eine "Verarmungsschicht" für die Spinpolarisation der Leitungselektronen folgen. Es ist zu erwarten, daß die Polarisation als Funktion des Abstands vom polarisierenden Kern ein oszillatorisches Verhalten aufweisen wird. Diese "Information" wird von einem benachbarten Kernspin "wahrgenommen", woraus eine effektive Kopplung zwischen den beiden Kernspins resultiert.

Ganz analog zu dieser effektiven Kernspinkopplung sollte eine Austausch-Wechselwirkung zwischen den lokalisierten Elektronen einer unvollständig gefüllten Elektronenschale eines Festkörperions und den quasifreien Leitungselektronen zu einer effektiven Kopplung zwischen den lokalisierten Momenten führen.

Die Idee eines solchen Kopplungsmechanismus in ferromagnetischen Metallen geht zurück auf T. Kasuya (1956) und K. Yosida (1957). Provoziert wurde diese Idee durch recht interessante experimentelle Beobachtungen: Löst man paramagnetische Mn^{2+}-Ionen ($(3d)^5 \curvearrowright S = 5/2$, $L = 0$) in einer unmagnetischen Cu-Matrix, so beobachtet man je nach Mn-Konzentration recht unterschiedliche Phänomene:

(1) "Löschung" des 3d-Moments

(2) Kondo-Verhalten

Störung der Cu-Leitungselektronen durch die magnetischen Mn-Momente führt zu anomalem Widerstandsverhalten

(3) Spinglas-Verhalten

Statistische Verteilung der Mn-Ionen in der Cu-Matrix führt zu nach Vorzeichen und Betrag unterschiedlichen Kopplungen zwischen den Mn-Ionen. Das kann bedeuten, daß ein Mn-Spin nicht alle Austausch-Wechselwirkungen befriedigen kann ("Frustration").

(4) Ferromagnetische Ordnung der 3d-Spins

(5) Antiferromagnetische Ordnung.

Ausgangspunkt ist das folgende Modell:

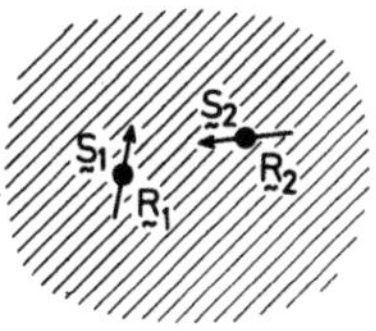

Fig. 5.14

Zwei nicht direkt gekoppelte magnetische Ionen bei $\underset{\sim}{R}_1$ und $\underset{\sim}{R}_2$, gekennzeichnet durch Spinoperatoren $\underset{\sim}{S}_1$, $\underset{\sim}{S}_2$, befinden sich in einem "See" von Leitungselektronen eines unmagnetischen Metalls. Die Leitungselektronen beschreiben wir durch das einfache Sommerfeld-Modell (Kap. 4.1.1))

$$H_s = \sum_{\underset{\sim}{k},\sigma} \varepsilon(\underset{\sim}{k})\, c^+_{\underset{\sim}{k}\sigma}\, c_{\underset{\sim}{k}\sigma} \tag{5.3.1}$$

Dabei ist $c^+_{\underset{\sim}{k}\sigma}$ $(c_{\underset{\sim}{k}\sigma})$ der Erzeugungs-(Vernichtungs-)Operator eines Elektrons mit der Wellenzahl $\underset{\sim}{k}$ und dem Spin $\sigma\,(\sigma = \uparrow, \downarrow)$ und der Energie $\varepsilon(\underset{\sim}{k})$. Die beiden Spins sollen nicht miteinander wechselwirken. Wir können deshalb den die beiden Spins beschreibenden Hamiltonoperator H_f gleich Null setzen:

$$H_f \equiv 0 \tag{5.3.2}$$

Als Störung fassen wir die Austausch-Wechselwirkung zwischen den lokalisierten Spins $\underset{\sim}{S}_1$, $\underset{\sim}{S}_2$ und den Elektronenspins $\underset{\sim}{s}$ auf, die vom Heisenberg-Typ sein möge:

$$\begin{aligned} H_{sf} &= -g \sum_{i=1}^{2} \underset{\sim}{s}_i \cdot \underset{\sim}{S}_i \\ &= -g \sum_{i=1}^{2} \{s^z_i \cdot S^z_i + \frac{1}{2}(s^+_i S^-_i + s^-_i S^+_i)\} \end{aligned} \tag{5.3.3}$$

Damit hat H_{sf} dieselbe Struktur wie die Hyperfeinwechselwirkung H_{kont} (s. Kap. (2.8)) zwischen einem Kernspin und dem Spin eines s-Elektrons und läßt sich deshalb auch genauso begründen. Die Elektronenspinoperatoren lassen sich durch Erzeugungs- und Vernichtungsoperatoren ausdrücken:

$$s^z_i = \frac{\hbar}{2}(c^+_{i\uparrow} c_{i\uparrow} - c^+_{i\downarrow} c_{i\downarrow}) \tag{5.3.4}$$

$$s^+_i = \hbar\, c^+_{i\uparrow} c_{i\downarrow} \tag{5.3.5}$$

$$s_i^- = \hbar \cdot c_{i\downarrow}^+ \, c_{i\uparrow} \tag{5.3.6}$$

$c_{i\sigma}^+$ ($c_{i\sigma}$) erzeugt (vernichtet) ein Elektron mit dem Spin σ am Ort $\underset{\sim}{R}_i$. Mit den fundamentalen Vertauschungsrelationen für Fermionenoperatoren (s. Anhang A)

$$[c_{i\sigma}, c_{j\sigma'}]_+ = [c_{i\sigma}^+, c_{j\sigma'}^+]_+ = 0 \tag{5.3.7}$$

$$(c_{i\sigma})^2 = (c_{i\sigma}^+)^2 \equiv 0 \quad \text{(Pauli-Prinzip!)} \tag{5.3.8}$$

$$[c_{i\sigma}, c_{j\sigma'}^+]_+ = \delta_{ij}\, \delta_{\sigma\sigma'} \tag{5.3.9}$$

verifiziert man leicht die Gültigkeit der üblichen Vertauschungsrelationen für Spinoperatoren:

$$[s_i^+, s_j^-]_- = 2 \cdot \delta_{ij}\, \hbar\, s_i^z \tag{5.3.10}$$

$$[s_i^z, s_j^\pm]_- = \pm\delta_{ij}\, \hbar\, s_i^\pm \tag{5.3.11}$$

Man beachte, daß $[\ldots]_-$ den Kommutator und $[\ldots]_+$ den Antikommutator meint.

Es empfiehlt sich noch eine Transformation auf Wellenzahlen:

$$c_{i\sigma} = \frac{1}{\sqrt{N}} \sum_{\underset{\sim}{q}} e^{i\underset{\sim}{q}\,\underset{\sim}{R}_i}\, c_{\underset{\sim}{q}\sigma} \tag{5.3.12}$$

$$c_i^+ = \frac{1}{\sqrt{N}} \sum_{\underset{\sim}{q}} e^{-i\underset{\sim}{q}\,\underset{\sim}{R}_i}\, c_{\underset{\sim}{q}\sigma}^+ \tag{5.3.13}$$

Damit lautet der Störoperator H_{sf}:

$$H_{sf} = -\frac{g\hbar}{2N} \sum_{i=1}^{2} \sum_{\underset{\sim}{k},\underset{\sim}{q}} e^{-i\underset{\sim}{q}\,\underset{\sim}{R}_i} \{S_i^z (c_{\underset{\sim}{q}+\underset{\sim}{k}\uparrow}^+ c_{\underset{\sim}{k}\uparrow} - c_{\underset{\sim}{k}+\underset{\sim}{q}\downarrow}^+ c_{\underset{\sim}{k}\downarrow}) + S_i^+ c_{\underset{\sim}{k}+\underset{\sim}{q}\downarrow}^+ c_{\underset{\sim}{k}\uparrow} + S_i^- c_{\underset{\sim}{k}+\underset{\sim}{q}\uparrow}^+ c_{\underset{\sim}{k}\downarrow}\} \tag{5.3.14}$$

Die Leitungselektronen mögen sich ohne Störung in ihrem unpolarisierten Grundzustand befinden. Da sie außerdem nach Voraussetzung nicht miteinander wechselwirken, wird sich der ungestörte Elektronen-Grundzustand als antisymmetrisiertes Produkt von Einelektronenzuständen

$$|\underset{\sim}{k}^{(i)}, m_s^{(i)}> \equiv |\underset{\sim}{k}^{(i)}>|m_s^{(i)}> \tag{5.3.15}$$

schreiben lassen, wobei die magnetische Spinquantenzahl $m_s^{(i)}$ die Werte $\pm\frac{1}{2}$ annehmen kann. Da wir ferner die Leitungselektronen als s-Elektronen auffassen wollen, können wir wegen fehlender Spin-Bahn-Wechselwirkung noch Bahn- und Spinanteile separieren. Es sei

$$|0; f> \equiv |0>|f> \tag{5.3.16}$$

der "ungestörte" Grundzustand des Gesamtsystems, wobei der Zwei-Spin-Zustand $|f>$ durch die relative Orientierung der beiden Spins zueinander gekennzeichnet ist. Da keine direkte Wechselwirkung zwischen den beiden Spins vorliegen soll, wird es sich bei $|f>$ um eine Linearkombination aller möglichen relativen Orientierungen handeln. $|0>$ symbolisiert den unpolarisierten Grundzustand der Leitungselektronen ("gefüllte" Fermi-Kugel) (s. Anhang A)

$$|0> = \frac{1}{\sqrt{N!}} \sum_{\mathcal{P}} (-1)^P \cdot \mathcal{P}|\underset{\sim}{k}^{(1)} m_s^{(1)}, \underset{\sim}{k}^{(2)} m_s^{(2)}, \ldots, \underset{\sim}{k}^{(N)} m_s^{(N)}> \tag{5.3.17}$$

$|0; f>$ ist ein Eigenzustand zu $H_o = H_s + H_f$ und damit zu H_s:

$$H_s|0; f> = E_0^{(0)}|0; f> \tag{5.3.18}$$

Wir wollen den Einfluß von H_{sf} nun störungstheoretisch berücksichtigen. Zunächst überzeugt man sich leicht, daß die Energiekorrektur erster Ordnung

$$E_0^{(1)} = <0; f|H_{sf}|0; f> \tag{5.3.19}$$

keinen Beitrag liefert. Es gilt nämlich z.B.

$$\langle 0;\ f|S_i^z(c_\uparrow^+\ c_\uparrow - c_\downarrow^+\ c_\downarrow)|0;\ f\rangle = 0 \tag{5.3.20}$$

da das Elektronensystem ohne Störung unpolarisiert ist. Es gibt gleich viele ↑- wie ↓-Elektronen. Ferner ist natürlich auch $\langle f|S_i^z|f\rangle = 0$.

Da in jedem Teilsystem bei fehlender Kopplung Spinerhaltung vorliegt, gilt außerdem:

$$\langle 0;\ f|S_i^+\ c_\downarrow^+\ c_\uparrow|0;\ f\rangle = 0 \tag{5.3.21}$$

$$\langle 0;\ f|S_i^-\ c_\uparrow^+\ c_\downarrow|0;\ f\rangle = 0 \tag{5.3.22}$$

Die sf-Wechselwirkung H_{sf} macht sich also in erster Ordnung nicht bemerkbar:

$$E_0^{(1)} \equiv 0 \tag{5.3.23}$$

Für die zweite Ordnung ist der folgende Ausdruck zu berechnen:

$$E_0^{(2)} = \sum_{\substack{(A,\ f') \\ \neq (0,\ f)}} \frac{|\langle 0;\ f|H_{sf}|A;\ f'\rangle|^2}{E_0^{(0)} - E_A^{(0)}} \tag{5.3.24}$$

Dabei soll

$$|A\rangle = \frac{1}{\sqrt{N!}} \sum_{\mathcal{P}} (-1)^p\ \mathcal{P}|k'^{(1)} m_s'^{(1)},\ \ldots,\ k'^{(N)} m_s'^{(N)}\rangle \tag{5.3.25}$$

ein angeregter Zustand des "ungestörten" Elektronensystems sein mit der Energie $E_A^{(0)}$.

Der elektronische Anteil des Störoperators H_{sf} besteht aus lauter Einelektronenoperatoren. Wegen der Orthonormiertheit der Einteilchenzustände zerfällt dann das Matrixelement in Ausdrücke der folgenden Form:

$$\langle 0|\sigma_1|A\rangle \rightarrow \underbrace{\langle \underset{\sim}{k}'\; m_s'|}_{\text{aus } |0\rangle}\sigma_1\underbrace{|\underset{\sim}{k}''\; m_s''\rangle}_{\text{aus } |A\rangle} \qquad (5.3.26)$$

Insbesondere haben wir hier:

$$\langle \underset{\sim}{k}'\; m_s'|(c^+_{\underset{\sim}{k}+\underset{\sim}{q}\uparrow}\; c_{\underset{\sim}{k}\uparrow} - c^+_{\underset{\sim}{k}+\underset{\sim}{q}\downarrow}\; c_{\underset{\sim}{k}\downarrow})|\underset{\sim}{k}''\; m_s''\rangle \quad \downarrow$$

$$\Theta(k_F - |\underset{\sim}{k} + \underset{\sim}{q}|) \cdot \Theta(|\underset{\sim}{k}| - k_F)\,\delta_{\underset{\sim}{k},\underset{\sim}{k}''}\;\delta_{\underset{\sim}{k}+\underset{\sim}{q},\underset{\sim}{k}'}\frac{2}{\hbar}\langle m_s'|s_z|m_s''\rangle \qquad (5.3.27)$$

Fassen wir $|m_s\rangle$ als zweikomponentigen Spinor $\begin{pmatrix}1\\0\end{pmatrix}$ oder $\begin{pmatrix}0\\1\end{pmatrix}$ auf, so ist $\sigma_z = \frac{2}{\hbar}\, s_z$ die 2 x 2 - Pauli-Spinmatrix (5.2.62). Die Stufenfunktionen,

$$\Theta(x) = \begin{cases} 1, & \text{falls } x \geq 0 \\ 0, & \text{falls } x < 0 \end{cases} \quad , \qquad (5.3.28)$$

kommen ins Spiel, da der Zustand $|\underset{\sim}{k}'\; m_s'\rangle$ aus dem Grundzustand $|0\rangle$ ("gefüllte Fermi-Kugel") stammen soll und $|\underset{\sim}{k}''\; m_s''\rangle$ aus dem angeregten Zustand $|A\rangle$. Damit das für $E_0^{(2)}$ benötigte Matrixelement von Null verschieden ist, muß dann

$$|\underset{\sim}{k}'| = |\underset{\sim}{k} + \underset{\sim}{q}| \leq k_F \quad ; \qquad |\underset{\sim}{k}''| = |\underset{\sim}{k}| > k_F$$

sein.

Mit der Abkürzung

$$\Theta_{\underset{\sim}{k},\underset{\sim}{k}+\underset{\sim}{q}} = \Theta(k_F - |\underset{\sim}{k} + \underset{\sim}{q}|) \cdot \Theta(|\underset{\sim}{k}| - k_F) \qquad (5.3.29)$$

erhalten wir dann ganz analog:

$$\langle \underset{\sim}{k}'\; m_s'|\; c^+_{\underset{\sim}{k}+\underset{\sim}{q}\uparrow}\; c_{\underset{\sim}{k}\downarrow}|\underset{\sim}{k}''\; m_s''\rangle \quad \downarrow$$

$$\Theta_{\underset{\sim}{k},\underset{\sim}{k}+\underset{\sim}{q}} \cdot \delta_{\underset{\sim}{k},\underset{\sim}{k}''}\;\delta_{\underset{\sim}{k}',\underset{\sim}{k}+\underset{\sim}{q}}\;\frac{1}{\hbar}\;\langle m_s'|s_+|m_s''\rangle$$

$$\langle \underset{\sim}{k}'\; m_s'|c^+_{\underset{\sim}{k}+\underset{\sim}{q}\downarrow}\; c_{\underset{\sim}{k}\uparrow}|\underset{\sim}{k}''\; m_s''\rangle \quad \downarrow$$

$$\Theta_{\underset{\sim}{k},\underset{\sim}{k}+\underset{\sim}{q}} \cdot \delta_{\underset{\sim}{k},\underset{\sim}{k}''} \cdot \delta_{\underset{\sim}{k}',\underset{\sim}{k}+\underset{\sim}{q}}\;\frac{1}{\hbar}\;\langle m_s'|s_-|m_s''\rangle$$

Dabei sind die Spinoperatoren $s_\pm$ wie üblich über die Paulischen Spinmatrizen σ_x, σ_y, σ_z definiert ($s_{x,y,z} = \frac{\hbar}{2}\sigma_{x,y,z}$):

$$s_+ = \frac{\hbar}{2}(\sigma_x + i\sigma_y) = \hbar \begin{pmatrix} 0 & 1 \\ 0 & 0 \end{pmatrix} \; ; \quad s_- = \frac{\hbar}{2}(\sigma_x - i\,\sigma_y) = \hbar \begin{pmatrix} 0 & 0 \\ 1 & 0 \end{pmatrix} \tag{5.3.30}$$

Ihre Wirkung auf die beiden Spinore liest man leicht ab:

$$s_+ \begin{pmatrix} 1 \\ 0 \end{pmatrix} = 0 \quad ; \quad s_+ \begin{pmatrix} 0 \\ 1 \end{pmatrix} = \hbar \begin{pmatrix} 1 \\ 0 \end{pmatrix} \tag{5.3.31}$$

$$s_- \begin{pmatrix} 1 \\ 0 \end{pmatrix} = \hbar \begin{pmatrix} 0 \\ 1 \end{pmatrix}; \quad s_- \begin{pmatrix} 0 \\ 1 \end{pmatrix} = 0 \tag{5.3.32}$$

Die Energiedifferenzen im Nenner der Energiekorrektur $E_0^{(2)}$ (5.3.24) sind dann offenbar:

$$E_0^{(0)} - E_A^{(0)} \triangleq (\varepsilon(\underset{\sim}{k} + \underset{\sim}{q}) - \varepsilon(\underset{\sim}{k}))$$

Damit ergibt sich als Störkorrektur zweiter Ordnung:

$$E_0^{(2)} = \frac{g^2}{4N^2} \sum_{\underset{\sim}{k},\underset{\sim}{q}} \frac{\Theta_{\underset{\sim}{k},\underset{\sim}{k}+\underset{\sim}{q}}}{\varepsilon(\underset{\sim}{k} + \underset{\sim}{q}) - \varepsilon(\underset{\sim}{k})} \sum_{i,j=1}^{2} \sum_{m_s', m_s''} \sum_{f'} e^{-i\underset{\sim}{q}(\underset{\sim}{R}_i - \underset{\sim}{R}_j)}$$

$$\cdot \langle f| (2S_i^z \langle m_s'|s_z|m_s''\rangle + S_i^+ \langle m_s'|s_-|m_s''\rangle$$

$$+ S_i^- \langle m_s'|s_+|m_s''\rangle)|f'\rangle\langle f'| (2S_j^z \langle m_s''|s_z|m_s'\rangle$$

$$+ S_j^+ \langle m_s''|s_-|m_s'\rangle + S_j^- \langle m_s''|s_+|m_s'\rangle)|f\rangle \tag{5.3.33}$$

Dieser Ausdruck vereinfacht sich noch etwas durch Ausnutzung der beiden Vollständigkeitsrelationen

$$\sum_{f'} |f'\rangle\langle f'| = \mathbb{1} \tag{5.3.34}$$

$$\sum_{m_s''} |m_s''\rangle\langle m_s''| = \mathbb{1} \tag{5.3.35}$$

Damit erhalten wir als Zwischenergebnis:

$$E_0^{(2)} = \frac{g^2}{4N^2} \sum_{\underset{\sim}{k},\underset{\sim}{q}} \sum_{i,j=1}^{2} \sum_{m_s'} \frac{\Theta_{\underset{\sim}{k},\underset{\sim}{k}+\underset{\sim}{q}} \, e^{-i\underset{\sim}{q}(\underset{\sim}{R}_i - \underset{\sim}{R}_j)}}{\varepsilon(\underset{\sim}{k}+\underset{\sim}{q}) - \varepsilon(\underset{\sim}{k})}$$

$$\cdot \langle f|\langle m_s'|\{S_i^z(4S_j^z(s_z)^2 + 2S_j^+(s_z\, s_-) + 2S_j^-(s_z\, s_+))$$

$$+ S_i^+(2S_j^z\,(s_-\, s_z) + S_j^+(s_-)^2 + S_j^-(s_-\, s_+))$$

$$+ S_i^-(2S_j^z\,(s_+\, s_z) + S_j^+(s_+\, s_-) + S_j^-(s_+)^2\}|m_s'\rangle|f\rangle$$

Man überzeugt sich leicht davon, daß

$$s_z^2 = \frac{\hbar^2}{4}\mathbb{1}; \qquad s_+^2 = s_-^2 = 0 \tag{5.3.37}$$

$$s_+\, s_- = \hbar^2 \begin{pmatrix} 1 & 0 \\ 0 & 0 \end{pmatrix}; \quad s_-\, s_+ = \hbar^2 \begin{pmatrix} 0 & 0 \\ 0 & 1 \end{pmatrix} \tag{5.3.38}$$

$$s_+\, s_z = \frac{\hbar^2}{2} \begin{pmatrix} 0 & -1 \\ 0 & 0 \end{pmatrix}; \quad s_z\, s_+ = \frac{\hbar^2}{2} \begin{pmatrix} 0 & 1 \\ 0 & 0 \end{pmatrix} \tag{5.3.39}$$

$$s_-\, s_z = \frac{\hbar^2}{2} \begin{pmatrix} 0 & 0 \\ 1 & 0 \end{pmatrix}; \quad s_z\, s_- = \frac{\hbar^2}{2} \begin{pmatrix} 0 & 0 \\ -1 & 0 \end{pmatrix} \tag{5.3.40}$$

gilt. Bei der Spur-Bildung $\sum_{m_s'} \langle m_s'|\ldots|m_s'\rangle$ fallen dann eine Reihe weiterer Terme heraus. Es bleibt:

$$E_0^{(2)} = \frac{g^2\,\hbar^2}{4N^2} \sum_{\underset{\sim}{k},\underset{\sim}{q}} \sum_{i,j=1}^{2} \frac{\Theta_{\underset{\sim}{k},\underset{\sim}{k}+\underset{\sim}{q}} \, e^{-i\underset{\sim}{q}(\underset{\sim}{R}_i - \underset{\sim}{R}_j)}}{\varepsilon(\underset{\sim}{k}+\underset{\sim}{q}) - \varepsilon(\underset{\sim}{k})}$$

$$\cdot \langle f|\,2S_i^z\, S_j^z + S_i^+\, S_j^- + S_i^-\, S_j^+|f\rangle \tag{5.3.41}$$

Die Summe stellt gerade das doppelte Skalarprodukt $(\underset{\sim}{S}_i \cdot \underset{\sim}{S}_j)$ dar:

$$E_0^{(2)} = \frac{g^2\,\hbar^2}{2N^2} \sum_{\underset{\sim}{k},\underset{\sim}{q}} \sum_{i,j=1}^{2} \Theta_{\underset{\sim}{k},\underset{\sim}{k}+\underset{\sim}{q}} \cdot e^{-i\underset{\sim}{q}(\underset{\sim}{R}_i - \underset{\sim}{R}_j)} \frac{\langle f|\underset{\sim}{S}_i \cdot \underset{\sim}{S}_j|f\rangle}{\varepsilon(\underset{\sim}{k}+\underset{\sim}{q}) - \varepsilon(\underset{\sim}{k})} \tag{5.3.42}$$

Die Energiekorrekutr zweiter Ordnung läßt sich also offensichtlich als Eigenwert eines "effektiven" Hamiltonoperators vom Heisenberg-Typ auffassen:

$$H_f^{RKKY} = - \sum_{i,j} J_{ij}^{RKKY} \underset{\sim}{S}_i \cdot \underset{\sim}{S}_j \tag{5.3.43}$$

Damit ist gezeigt, daß das Elektronengas eine indirekte Kopplung der lokalisierten Spins vermittelt. Die Beschränkung auf zwei Spins können wir fallen lassen und stattdessen über alle N (N - 1) Paare von Spins $\underset{\sim}{S}_i$, $\underset{\sim}{S}_j$ summieren.

Die Koppelkonstanten J_{ij}^{RKKY} zeigen als Funktion des Abstands $|\underset{\sim}{R}_i - \underset{\sim}{R}_j|$ offensichtlich oszillatorisches Verhalten:

$$J_{ij}^{RKKY} = - \frac{g^2 - \hbar^2}{2N^2} \sum_{\underset{\sim}{k},\underset{\sim}{q}} \Theta_{\underset{\sim}{k},\underset{\sim}{k}+\underset{\sim}{q}} \frac{e^{-i\underset{\sim}{q}(\underset{\sim}{R}_i - \underset{\sim}{R}_j)}}{\varepsilon(\underset{\sim}{k} + \underset{\sim}{q}) - \varepsilon(\underset{\sim}{k})} \tag{5.3.44}$$

Wir wollen diesen Ausdruck in der <u>effektiven Massen-Näherung</u>

$$\varepsilon(\underset{\sim}{k}) = \frac{\hbar^2 k^2}{2m^*} \quad ; \quad \varepsilon_F = \frac{\hbar^2 k_F^2}{2m^*} \tag{5.3.45}$$

auswerten. Dazu verwandeln wir zunächst die beiden Summen in entsprechende Integrale:

$$\frac{1}{N^2} \sum_{\underset{\sim}{k},\underset{\sim}{q}} \rightarrow \frac{V^2}{N^2 (2\pi)^6} \int d^3k \int d^3q$$

Mit $\underset{\sim}{k}' = \underset{\sim}{k} + \underset{\sim}{q}$ ist dann zu berechnen:

$$J_{ij}^{RKKY} = \frac{m^* g^2 V^2}{N^2 \hbar^2 (2\pi)} \hbar^2 \int_{k' \leq k_F} d^3k' \int_{k \leq k_F} \frac{e^{-i(\underset{\sim}{k}'-\underset{\sim}{K})(\underset{\sim}{R}_i - \underset{\sim}{R}_j)}}{k^2 - k'^2} \tag{5.3.46}$$

Mit $\underset{\sim}{R}_{ij} = \underset{\sim}{R}_i - \underset{\sim}{R}_j$ als Polarachse lassen sich die Winkelintegrationen leicht ausführen:

$$\int_{-1}^{+1} dx\, e^{\pm ik R_{ij} x} = \frac{2 \sin(k R_{ij})}{k R_{ij}}$$

Damit erhalten wir als Zwischenergebnis:

$$J_{ij}^{RKKY} = \frac{m^* g^2 V^2}{N^2 4\pi^4 R_{ij}^2} \int_0^{k_F} dk' \cdot k' \int_{k_F}^{\infty} dk \cdot k \frac{\sin(k' R_{ij}) \sin(k R_{ij})}{k^2 - k'^2} \tag{5.3.47}$$

Im zweiten Integral kann ich die untere Grenze gleich Null setzen, da das Doppelintegral

$$\int_0^{k_F} dk'k' \int_0^{k_F} dkk \ldots = 0 \text{ ist. Es gilt:}$$

$$\int_0^{\infty} dk \quad k \frac{\sin(k \cdot R_{ij})}{k^2 - k'^2} = \frac{\pi}{2} \cos(k' R_{ij}) \qquad (5.3.48)$$

Dann bleibt noch zu berechnen

$$\int_0^{k_F} dk' \, k' \sin(k' R_{ij}) \cos(k' R_{ij}) = \frac{1}{2} \int_0^{k_F} dk'k' \sin(2k' R_{ij})$$

$$= \frac{1}{2} \left(\frac{1}{(2R_{ij})^2} \sin(2k' R_{ij}) - \frac{k'}{2R_{ij}} \cos(2k' R_{ij}) \right)_0^{k_F}$$

$$= \frac{1}{2} k_F^4 \quad 4R_{ij}^2 \frac{\sin(2k_F R_{ij}) - 2k_F R_{ij} \cos(2k_F R_{ij})}{(2R_{ij} k_F)^4}$$

Wir definieren zur Abkürzung

$$F(x) = \frac{\sin x - x \cos x}{x^4} \quad , \qquad (5.3.49)$$

und haben dann als <u>RKKY-Koppelkonstante:</u>

$$J_{ij}^{RKKY} = \frac{g^2 \, k_F^6}{\varepsilon_F} \cdot \frac{\hbar^2 \, V^2}{N^2 \, (2\pi)^3} \quad F(2k_F R_{ij}) \qquad (5.3.50)$$

Durch die Funktion F(x) erhält die Austauschkonstante J_{ij}^{RKKY} als Funktion des Abstand R_{ij} der magnetischen Ionen ein oszillatorisches Verhalten, d.h. je nach Abstand ist die Wechselwirkung ferromagnetisch oder antiferromagnetisch. Sie erklärt die zu Beginn dieses Kapitels aufgelisteten unterschiedlichen Verhaltensweisen von CuMn, CuFe, ...-Legierungen, da die Konzentration an Mn bzw. Fe den mittleren Abstand $\bar{R}_{ij}$ zwischen den magnetischen Ionen festlegt.

Bemerkenswert ist die relativ große Reichweite der RKKY-Wechselwirkung, die sich bei großem Abstand wie

$$J_{ij}^{RKKY} \sim \frac{1}{R_{ij}^3} \qquad (5.3.51)$$

verhält. Die direkte Austausch-Wechselwirkung fällt dagegen exponentiell mit dem Abstand ab, ist damit wesentlich kurzreichweitiger.

Bei der RKKY-Wechselwirkung handelt es sich um einen Effekt zweiter Ordnung,

$$J_{ij}^{RKKY} \sim g^2 \tag{5.3.52}$$

der sehr stark von der Elektronendichte $n_e = Ne/V$ der unmagnetischen Matrix abhängt. Wegen

$$k_F = (3\pi^2 n_e)^{1/3} \quad ; \quad \varepsilon_F = \frac{\hbar^2}{2m^*}(3\pi^2 n_e)^{2/3}$$

gilt nämlich:

$$J_{ij}^{RKKY} \sim n_e^{4/3} \tag{5.3.53}$$

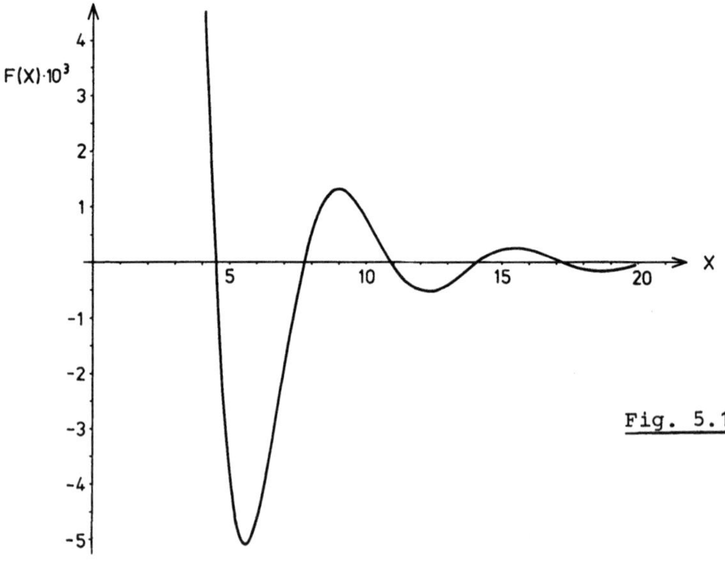

Fig. 5.15

(5.3.2) SUPERAUSTAUSCH

Der RKKY-Mechanismus ist ein Beispiel für einen indirekten Austausch in einem metallischen Heisenberg-Magneten, realisiert z.B. in metallischen Verbindungen Seltener Erden wie Gd (s. Klasse (β,2) auf S. 228. Wir wollen nun einen Mechanismus kennenlernen, der in magnetischen Isolatoren von Bedeutung ist. Eine Wechselwirkung vom RKKY-Typ kommt natürlich nicht in Betracht, da $J_{ij}^{RKKY} \sim n_e^{4/3}$ und die Dichte n_e der Leitungselektronen in einem Isolator natürlich Null ist. Die Bezeichnung "Superaustausch" rührt von den relativ großen Abständen her, über die diese indirekte Austauschwechselwirkung "greift". Es handelt sich um eine Wechselwirkung, die vor allem in magnetischen Oxyden oder Difluoriden der Übergangsmetalle, wie z.B.

MnO, NiO, Mn F_2, Fe F_2, Co F_2 , ...

realisiert zu sein scheint. Die unvollständig gefüllten und damit magnetischen d-Schalen der Mn^{2+}-, Ni^{2+}-, Fe^{2+}- bzw. Co^{2+}-Ionen liegen dabei in der Regel mehr als 4 Å voneinander entfernt, so daß der direkte Überlapp der d-Wellenfunktion vernachlässigbar gering sein sollte. Die eigentliche Austausch-Kopplung erfolgt über die zwischen zwei magnetischen Ionen liegenden unmagnetischen Sauerstoff- bzw. Fluor-Ionen. Diese ist in der Regel, auf jeden Fall bei den obigen Substanzen, antiferromagnetisch. Wir wollen uns mit Hilfe eines einfachen Cluster-Modells, klarmachen, wie das diamagnetische Ion eine Kopplung zwischen den magnetischen Ionen vermitteln kann.

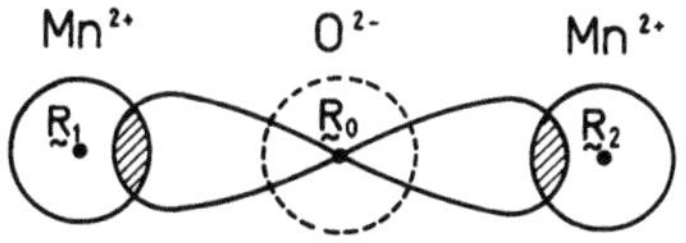

$S_1 = \frac{5}{2}$	0	$S_2 = \frac{5}{2}$	Grundzustand
$S_1 \pm \frac{1}{2}$	$\mp\frac{1}{2}$	S_2	angeregte Zustände
S_1	$\mp\frac{1}{2}$	$S_2 \pm \frac{1}{2}$	
$S_1 \pm \frac{1}{2}$	0	$S_2 \mp \frac{1}{2}$	

Fig. 5.16

Der Cluster bestehe aus zwei magnetischen Ionen bei $\underset{\sim}{R}_1$ und $\underset{\sim}{R}_2$, z.B. Mn^{2+} mit S = 5/2, und einem dazwischen liegenden diamagnetischen Ion bei $\underset{\sim}{R}_o$, z.B. O^{2-}. Die p-Wellenfunktion des Anions überlappt ("mischt") sehr stark mit den d-Wellenfunktionen der Kationen. Dadurch sind Elektronenübergänge möglich, allerdings mit folgenden Einschränkungen:

(1) O^{2-} nimmt ungern zusätzliche Elektronen auf, gibt relativ leicht eines an die benachbarten Ionen ab.
Mn^{2+} nimmt relativ leicht ein Elektron an, gibt ungern ein solches ab.

(2) Hundsche Regeln (Kap. (2.1)) müssen erfüllt sein. Das vom O^{2-} zum Mn^{2+} "hüpfende" Elektron muß, da die 3d-Schale des Mn^{2+} mit 5 Elektronen bereits halbgefüllt ist, seinen Spin antiparallel zum Mn^{2+}-Spin stellen.

Den geschilderten Sachverhalt kleiden wir in folgendes <u>halbklassische Modell:</u>

(a) Magnetische Mn^{2+}-Ionen ≙ klassische Spins konstanter Länge, aber variabler Orientierung

$$\underset{\sim}{S}_1 \cdot \underset{\sim}{S}_2 = S^2 \cos \vartheta \qquad (5.3.54)$$

(b) wegen (1) und (2) kommen nur die beiden p-Elektronen des Anions O^{2-} für einen Sprungprozeß infrage. Diese haben entgegengesetzte Spins und stellen sich am Mn^{2+}-Ion antiparallel zu $\underset{\sim}{S}_1$ bzw. $\underset{\sim}{S}_2$ ein.

Zu (b) sind noch einige Vorüberlegungen angebracht. $\underset{\sim}{S}_1$ und $\underset{\sim}{S}_2$ bilden den Winkel ϑ miteinander. Wir nehmen an, daß die Richtung von $\underset{\sim}{S}_1$ die z-Achse definiert. Wegen (2) befindet sich das p-Elektron dann bei $\underset{\sim}{S}_1$ in dem Spinzustand

$$\begin{pmatrix} 0 \\ 1 \end{pmatrix}$$

Wie sieht nun der Spinzustand des Elektrons aus, wenn das

Elektron nach $\underset{\sim}{R}_2$ "hüpft" und sich dort antiparallel zu $\underset{\sim}{S}_2$ einstellt? $\underset{\sim}{S}_2$ bildet ja mit der durch $\underset{\sim}{S}_1$ festgelegten z-Achse den Winkel ϑ. Wir finden diesen Spinzustand über die Eigenwertgleichung:

$$(\underset{\sim}{\sigma} \cdot \underset{\sim}{e})\begin{pmatrix} \chi_1 \\ \chi_2 \end{pmatrix} = \lambda \begin{pmatrix} \chi_1 \\ \chi_2 \end{pmatrix} \qquad (5.3.55)$$

$(\underset{\sim}{\sigma} \cdot \underset{\sim}{e})$ ist die Projektion des Elektronenspinoperators $\underset{\sim}{\sigma}$,

$$\underset{\sim}{\sigma} \equiv (\sigma_x, \sigma_y, \sigma_z) \quad , \qquad (5.3.56)$$

auf die Richtung $\underset{\sim}{e}$ von $\underset{\sim}{S}_2$:

$$\underset{\sim}{e} = (\sin\vartheta \cos\varphi, \sin\vartheta \sin\varphi, \cos\vartheta) \qquad (5.3.57)$$

Da φ beliebig gewählt werden kann, setzen wir $\varphi = 0$. Mit den Paulischen Spinmatrizen $\sigma_{x,y,z}$ (5.2.62) folgt unmittelbar:

$$(\underset{\sim}{\sigma} \cdot \underset{\sim}{e}) = \begin{pmatrix} \cos\vartheta & \sin\vartheta \\ \sin\vartheta & -\cos\vartheta \end{pmatrix} \qquad (5.3.58)$$

Die Eigenwerte λ ergeben sich aus der Säkulargleichung,

$$\det(\underset{\sim}{\sigma} \cdot \underset{\sim}{e} - \lambda \mathbb{1}) \overset{!}{=} 0 = -\cos^2\vartheta + \lambda^2 - \sin^2\vartheta \ , \qquad (5.3.59)$$

wie nicht anders zu erwarten zu

$$\lambda = \pm 1 \qquad (5.3.60)$$

Der Elektronenspin kann natürlich auch bei $\underset{\sim}{R}_2$ nur die Werte $\pm\hbar/2$ annehmen. Wir benötigen den Eigenzustand zu $\lambda = -1$. Für diesen gilt mit (5.3.55) und (5.3.58):

$$(\cos\vartheta + 1)\chi_1 + \sin\vartheta \ \chi_2 = 0$$

Das bedeutet

$$\frac{\chi_1}{\chi_2} = - \frac{\sin \vartheta}{1 + \cos \vartheta} = - \tan \frac{\vartheta}{2} \quad ,$$

Für den normierten Zustand $|\chi>^{(-)}$ gilt damit:

$$|\psi>^{(-)} \equiv \begin{pmatrix} \sin \vartheta/2 \\ \\ - \cos \vartheta/2 \end{pmatrix} \tag{5.3.61}$$

Wir kommen nun zu unserem Cluster-Modell zurück. Welche Cluster-Konfigurationen sind erlaubt?

(1) Beide p-Elektronen halten sich am diamagnetischen Anion auf:

$$|1> = |\varphi(\underset{\sim}{r}_1 - \underset{\sim}{R}_o)> \begin{pmatrix} 0 \\ 1 \end{pmatrix} \otimes |\varphi(\underset{\sim}{r}_2 - \underset{\sim}{R}_o)> \begin{pmatrix} 1 \\ 0 \end{pmatrix} \tag{5.3.62}$$

Dieser Zustand habe die Energie

$$E_1 = \varepsilon \tag{5.3.63}$$

(2) Eines der beiden p-Elektronen sei beim Ion 1:

$$|2> = |\varphi(\underset{\sim}{r}_1 - \underset{\sim}{R}_1)> \begin{pmatrix} 0 \\ 1 \end{pmatrix} \otimes |\varphi(\underset{\sim}{r}_2 - \underset{\sim}{R}_o)> \begin{pmatrix} 1 \\ 0 \end{pmatrix} \tag{5.3.64}$$

$$E_2 = \varepsilon + U \tag{5.3.65}$$

U ist so etwas wie die Coulomb-Wechselwirkung des p-Elektrons mit den d-Elektronen des Mn^{2+}.

(3) Das p-Elektron ist beim Ion 2. Das ist gegenüber (2) keine neue Situation. $\underset{\sim}{S}_2$ definiert jetzt die z-Richtung

$$|3> = |\varphi(\underset{\sim}{r}_1 - \underset{\sim}{R}_2)> \begin{pmatrix} 0 \\ 1 \end{pmatrix} \otimes |\varphi(\underset{\sim}{r}_2 - \underset{\sim}{R}_o) \begin{pmatrix} 1 \\ 0 \end{pmatrix} \tag{5.3.66}$$

$$E_3 = \varepsilon + U \tag{5.3.67}$$

(4) Je eines der beiden p-Elektronen befindet sich bei den beiden Mn^{2+}-Ionen:

$$|\psi\rangle = |\varphi(\underset{\sim}{r}_1 - \underset{\sim}{R}_1)\rangle \begin{pmatrix} 0 \\ 1 \end{pmatrix} \otimes |\varphi(\underset{\sim}{r}_2 - \underset{\sim}{R}_2)\rangle \begin{pmatrix} \sin \vartheta/2 \\ -\cos \vartheta/2 \end{pmatrix} \tag{5.3.68}$$

$$E_4 = \varepsilon + U + V \tag{5.3.69}$$

Die Zustände $|1\rangle$ bis $|4\rangle$ bilden im Rahmen des Cluster-Modells ein vollständiges System. Der gesuchte Eigenzustand des Hamiltonoperators H wird eine Linearkombination dieser Zustände sein.

Wir diskutieren die Matrixelemente von H in dieser Basis:

$$H_{12} = \langle 1|H|2\rangle = H_{13} = \langle 1|H|3\rangle = t \tag{5.3.70}$$

t ist das sog. Transfer-Matrixelement, das sicher klein ist, da die Übergänge "virtuell", d.h. mit Energieaufwand verbunden sind.

$$H_{24} = \langle 2|H|4\rangle = t\ (1\ 0)\begin{pmatrix} \sin \varphi/2 \\ -\cos \varphi/2 \end{pmatrix} = t \sin \frac{\varphi}{2} \tag{5.3.71}$$

$\sin \vartheta/2$ drückt die Wahrscheinlichkeit dafür aus, daß das ↑-p-Elektron sich bei $\underset{\sim}{R}_2$ antiparallel zu $\underset{\sim}{S}_2$ einstellen wird. Es gilt natürlich auch:

$$H_{34} = \langle 3|H|4\rangle = t \sin \vartheta/2 \tag{5.3.72}$$

Damit hat der Modell-Hamilton-Operator in der Basis $|1\rangle, \ldots, |4\rangle$ die folgende Gestalt:

$$H \equiv \begin{pmatrix} \varepsilon & t & t & 0 \\ t & \varepsilon + U & 0 & t \sin \vartheta/2 \\ t & 0 & \varepsilon + U & t \sin \vartheta/2 \\ 0 & t \sin \vartheta/2 & t \sin \vartheta/2 & \varepsilon + U + V \end{pmatrix} \tag{5.3.73}$$

Dessen Eigenwerte E erhalten wir aus der 4 x 4 -Säkulardeterminante

$$\det(H - E \cdot \mathbb{1}) \stackrel{!}{=} 0 \qquad (5.3.74)$$

Diese Bedingung läßt sich mit den Abkürzungen

$$x = E - \varepsilon$$
$$1 - \cos\vartheta = 2\sin^2\frac{\vartheta}{2} \qquad (5.3.75)$$

wie folgt schreiben:

$$0 \stackrel{!}{=} (x - U) \cdot [x^3 - x^2(2U + V) - x(t^2(3 - \cos\vartheta) - U(U + V)) + 2t^2(U + V)] \qquad (5.3.76)$$

Eine der vier Eigenlösungen ist damit unmittelbar abzulesen:

$$E_4 = \varepsilon + U \qquad (5.3.77)$$

Zur Lösung der verbleibenden kubischen Gleichung benutzen wir die Tatsache, daß das in (5.3.70) definierte Transfer-Integral t eine kleine Größe sein wird. Wir machen deshalb einen Polynom-Ansatz für x und sortieren nach Potenzen von t. Für $\underline{t = 0}$ haben wir die folgende Gleichung

$$x^3 - x^2(2U + V) + x \cdot U(U + V) \stackrel{!}{=} 0 , \qquad (5.3.78)$$

mit den Lösungen:

$$x_1^{(0)} = 0 \quad ; \quad x_2^{(0)} = U \quad ; \quad x_3^{(0)} = U + V \qquad (5.3.79)$$

Da wir davon ausgehen können, daß

$$U, V \gg t \qquad (5.3.80)$$

sind, und da wir ferner nur am Grundzustand interessiert sind, können wir uns für $t \neq 0$ auf die sich aus $x_1^{(0)}$ entwickelnde Lösung beschränken. Für diese machen wir den <u>Ansatz:</u>

$$x_1 = \sum_{n=1}^{\infty} \alpha_n \cdot t^n \qquad (5.3.81)$$

Damit lösen wir nun sukzessive die kubische Gleichung:

$$0 = x^3 - x^2(2U + V) - x(t^2(3 - \cos\vartheta) - U(U + V)) + 2t^2(U + V) \qquad (5.3.82)$$

Für die in t linearen Terme ist

$$0 = \alpha_1 \; t(U(U + V)) \Leftrightarrow \underline{\alpha_1 = 0} \qquad (5.3.83)$$

zu erfüllen. Für die Terme $\sim t^2$ gilt:

$$0 = \alpha_2 \; t^2 \cdot U(U + V) + 2t^2(U + V) \Leftrightarrow \underline{\alpha_2 = -\frac{2}{U}} \qquad (5.3.84)$$

α_3 bekommen wir aus der Gleichung

$$0 = \alpha_3 \cdot t^3 \cdot U(U + V) \Leftrightarrow \underline{\alpha_3 = 0} \qquad (5.3.85)$$

Die Terme $\sim t^4$ erfüllen die folgende Gleichung:

$$0 = -\alpha_2^2 \cdot t^4(2U + V) - \alpha_2 \cdot t^4(3 - \cos\vartheta) + \alpha_4 \; t^4 U(U + V)$$

Einsetzen von α_2 ergibt:

$$0 = -\frac{4}{U^2}(2U + V) + \frac{2}{U}(3 - \cos\vartheta) + \alpha_4 \cdot U(U + V)$$

$$= -\frac{2}{U^2}(U + 2V + U\cos\vartheta) + \alpha_4 \; U(U + V)$$

$$\Downarrow \quad \alpha_4 = \frac{2}{U^2}\left(\frac{U + 2V}{U(U + V} + \frac{\cos\vartheta}{U + V}\right) \qquad (5.3.86)$$

Die Terme $\sim t^5$ liefern keinen Beitrag

$$0 = +\alpha_5 \cdot t^5 \cdot U(U + V) \Leftrightarrow \underline{\alpha_5 = 0} \qquad (5.3.87)$$

Die Lösung für die <u>Grundzustandsenergie E_o</u> lautet damit:

$$E_o = \left[\varepsilon - \frac{2t^2}{U} + \frac{2(U + 2V)\;t^4}{U^3(U + V)}\right] + 2\left(\frac{t^2}{U}\right)^2 \frac{\cos\vartheta}{U + V} + \mathcal{O}(t^6) \qquad (5.3.88)$$

Der Rest $\mathcal{O}(t^6)$ enthält einen additiven Term $\sim\cos^2\vartheta$. $\cos\vartheta$ können wir nun durch das Skalarprodukt $\underset{\sim}{S}_1 \cdot \underset{\sim}{S}_2$ der beiden Mn-Spins ausdrücken:

$$E_0 = E_0^{(0)} + 2\left(\frac{t^2}{U}\right)^2 \frac{\underset{\sim}{S}_1 \cdot \underset{\sim}{S}_2}{S^2 \cdot (U + V)} + \mathcal{O}(t^6) \qquad (5.3.89)$$

Dabei ist $E_0^{(0)}$ eine unbedeutende Konstante

$$E_0^{(0)} = \varepsilon - \frac{2t^2}{U} + \frac{2(U + 2V)\, t^4}{U^3 (U + V)} \qquad (5.3.90)$$

Geben wir uns also mit Energiekorrekturen des Grundzustandes bis zu Termen $\sim t^5$ zufrieden, was eine vernünftige Näherung darstellen sollte, da das Transferintegral t für die Isolatoren naturgemäß klein sein dürfte, dann können wir den Hamiltonoperator des Cluster-Modells durch den folgenden <u>"effektiven" Heisenberg-Hamiltonoperator</u>

$$H_{SA} = - J_{12}^{SA}\, \underset{\sim}{S}_1 \cdot \underset{\sim}{S}_2$$
$$J_{12}^{SA} = - \frac{2}{S^2} \cdot \frac{t^4}{U^2 (U + V)} \qquad (5.3.91)$$

ersetzen. Wir erkennen, daß der hier diskutierte Superaustausch-Mechanismus zu einer indirekten, <u>antiferromagnetischen</u> Kopplung zwischen den lokalisierten Spins $\underset{\sim}{S}_1$, $\underset{\sim}{S}_2$ führt:

$$J_{12}^{SA} < 0 \qquad (5.3.92)$$

Wichtig ist, daß der Modell-Operator wieder vom Heisenberg-Typ ist, obwohl direkter Austausch zwischen den Spins wegen zu großer Abstände ausscheidet.

Wir wollen dieses Kapitel mit ein paar ergänzenden Bemerkungen abschließen:

(1) Der in E_0 vernachlässigte Rest $0(t^6)$ enthält einen $\cos^2\vartheta$-Term. Dieser würde bei Berücksichtigung zu einer $(\underset{\sim}{S}_1 \cdot \underset{\sim}{S}_2)^2$ - Korrektur im Modell-Hamiltonoperator führen. Wir sollten deshalb den effektiven Austauschoperator ge-

wissermaßen als niedrigste Ordnung einer Entwicklung nach Potenzen von $(\underset{\sim}{S}_1 \cdot \underset{\sim}{S}_2)$ auffassen.

(2) Der hier im Rahmen des halbklassischen Cluster-Modells von S. (V.48) diskutierte Superaustausch-Mechanismus hat in der Fachliteratur eine Reihe von Modifikationen und Ergänzungen erfahren. J. Kanamori (1959) und J.B. Goodenough (1963) schlagen folgendes Modell vor:

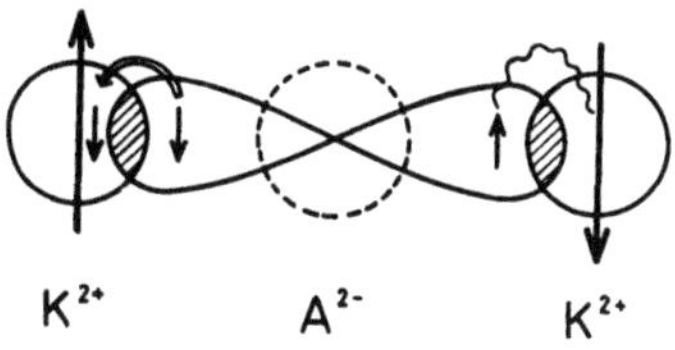

Fig. 5.17

Eines der p-Elektronen des Anions A^{2-} wechselt zum Kation K^{2+} und stellt sich der Hundschen Regel entsprechend zum dortigen Spin ein. Das zurückbleibende p-Elektron macht das Anion paramagnetisch und gestattet deshalb eine direkte Austausch-Wechselwirkung mit dem anderen magnetischen Kation. Das führt zu einer indirekten Kopplung der beiden K-Spins, die sowohl ferro- als auch antiferromagentisch sein kann.

(5.3.3) DOPPELAUSTAUSCH

Wir besprechen in diesem Abschnitt einen dritten Typ einer indirekten Austauschwechselwirkung, der auf einen Modell-Hamilton-Operator führt, der ebenfalls durch das Spin-Skalarprodukt $\underset{\sim}{S}_i \cdot \underset{\sim}{S}_j$ festgelegt ist. Er enthält jedoch nicht nur den bilinearen Term $\underset{\sim}{S}_i \cdot \underset{\sim}{S}_j$, sondern auch höhere Potenzen von diesem. Die höchste Potenz ist durch den Betrag des lokalisierten Spins bestimmt:

$$H_{DA} \sim \sum_{n=0}^{2S} J_n(S) \, (\underset{\sim}{S}_i \cdot \underset{\sim}{S}_j)^n \qquad (5.3.92)$$

Der Doppelaustausch ("<u>double exchange</u>") ist typisch für Systeme, in denen die magnetischen Ionen in zwei verschiedenen Valenzzuständen auftreten. Jonker und van Sauten (1950, 1953) entdeckten an Verbindungen der Form

$$(La_{1-x} M_x)MnO_3 \quad ; \quad M = Ba, Ca, Sr$$

ungewöhnliche magnetische und elektrische Eigenschaften. Übersteigt die Konzentration x des zweiwertigen, unmagnetischen (!) M^{2+} einen kritischen Wert x_c, so steigt die Leitfähigkeit an und die ursprünglich unmagnetische Probe wird plötzlich ferromagnetisch.

Ersetzt man in der Verbindung

$$La^{3+} \, Mn^{3+} \, O_3 \qquad (x = 0)$$

ein dreiwertiges La^{3+}-Ion durch ein zweiwertiges Erdalkali M^{2+}, so steuert dieses nur zwei Elektronen zur Bindung bei. Das fehlende dritte Elektron muß einem Mn^{3+}-Ion entzogen werden. Das bedeutet, daß das Mangan in einer solchen Verbindung in einer Valenzmischung aus Mn^{3+} und Mn^{4+} vorliegt:

$$(La^{3+}_{1-x} \, M^{2+}_x) Mn^{3+}_{1-x} \, Mn^{4+}_x \, O_3 \qquad (x \neq 0)$$

Das plötzliche Einsetzen von Ferromagnetismus für $x \geq x_c$

wurde zuerst von Zener (1951) einem Elektronen-Hopping zwischen Mn^{3+} und Mn^{4+} zugeschrieben. In einer der RKKY-Wechselwirkung (Kap. (5.3.1)) analogen Weise führt diese Elektronenbewegung zu einer indirekten Kopplung der Mn-Spins, die sich in der Regel als ferromagnetisch herausstellt. Wir diskutieren den Sachverhalt wiederum an einem einfachen <u>Cluster-Modell</u>

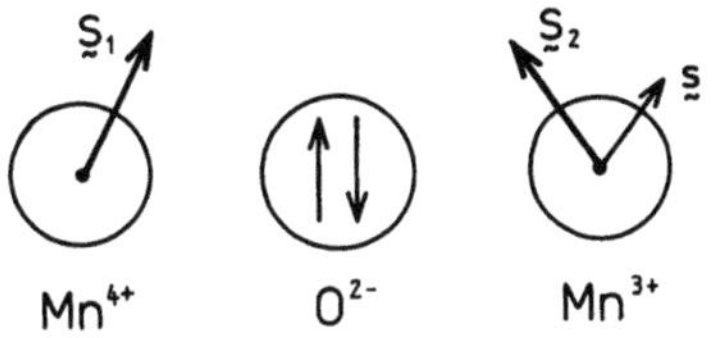

$S_1 = S_2 = S$

Fig. 5.18

Das Hüpfen des "Überschußelektrons" mit dem Spin s erfolgt nicht direkt, sondern über ein zwischen den beiden magnetischen Mn-Ionen liegendes diamagnetisches O^{2-}-Ion. Zwei äquivalente Transfer-Prozesse sind denkbar, die wie folgt symbolisiert werden können, wenn man mit $1\uparrow$ das Überschußelektron und mit $2\uparrow$, $3\downarrow$ die beiden O^{2-}-Elektronen kennzeichnet, durch die das Sauerstoffatom seine negative Ladung erhält.

Der erste Vorschlag stammt von
<u>(a) Zener (1950):</u>

$$\underbrace{Mn^{4+}}_{-}\quad \underbrace{O^{2-}}_{2\uparrow,3\downarrow}\quad \underbrace{Mn^{3+}}_{1\uparrow} \longrightarrow \underbrace{Mn^{3+}}_{2\uparrow}\quad \underbrace{O^{2-}}_{3\downarrow,1\uparrow}\quad \underbrace{Mn^{4+}}_{-}$$

Hier handelt es sich um zwei simultane Elektronensprünge. Daher stammt der Name <u>"Doppelaustausch"</u>.

Der zweite Vorschlag stammt von
<u>(b) Anderson-Hasegawa (1955)</u>

$$\underbrace{Mn^{4+}}_{-}\quad \underbrace{O^{2-}}_{2\uparrow,3\downarrow}\quad \underbrace{Mn^{3+}}_{1\uparrow} \longrightarrow \underbrace{Mn^{3+}}_{2\uparrow}\quad \underbrace{O^{-}}_{3\downarrow}\quad \underbrace{Mn^{3+}}_{1\uparrow} \longrightarrow \underbrace{Mn^{3+}}_{2\uparrow}\quad \underbrace{O^{2-}}_{3\downarrow,1\uparrow}\quad \underbrace{Mn^{4+}}_{-}$$

Beide Prozesse bewirken natürlich letztlich dasselbe, nämlich den Wechsel des Überschußelektrons von einem Mn-Ion zum anderen. Am Mn-Platz wechselwirkt der Elektronenspin mit dem lokalisierten Mn-Spin über den in Kap. (5.3.1) bereits studierten "lokalen Austausch" (5.3.3):

$$H_{sf} = - g \sum_{i=1}^{2} \underset{\sim}{s}_i \cdot \underset{\sim}{S}_i \tag{5.3.94}$$

Das Elektron soll also nicht wie beim Superaustausch (Kap. (5.3.2)) gemäß der Hundschen Regel in die d-Schale des Mangan-Ions eingebaut werden, sondern wie beim RKKY-Mechnismus (Kap. (5.3.1)) als quasi-freies Elektron mit dem lokalisierten Spin wechselwirken. Anders als bei der RKKY-Kopplung können wir hier H_{sf} jedoch <u>nicht</u> als Störung auffassen. Da es sich um "schlechte Leiter" handelt, wird die intraatomare Kopplung sehr viel stärker sein als das "hopping"-Matrixelement. Störungstheorie bzgl. H_{sf} ist unbrauchbar.

Der Elektronenspin $\underset{\sim}{s}_i$ und der lokalisierte Mn-Spin $\underset{\sim}{S}_i$ können zu

$$S_{eM} = S \pm \frac{1}{2}$$

koppeln. Die zugehörigen Energien lassen sich leicht berechen. Aus

$$\underset{\sim}{S}^2_{eM} = \hbar^2 S_{eM}(S_{eM} + 1) = (\underset{\sim}{s} + \underset{\sim}{S})^2 = \frac{3}{4}\hbar^2 + S(S+1)\hbar^2 + 2(\underset{\sim}{s} \cdot \underset{\sim}{S})$$

folgt:

$$\underset{\sim}{s} \cdot \underset{\sim}{S} = \frac{\hbar^2}{2} \begin{cases} -(S+1) & \text{falls } S_{eM} = S - 1/2 \\ +S & \text{falls } S_{eM} = S + 1/2 \end{cases} \tag{5.3.95}$$

Die Austausch-Wechselwirkung zwischen Überschußelektron und magnetischem Ion liefert also die Energien:

$$\varepsilon_\alpha = -\frac{1}{2}\bar{g}S \quad ; \quad \varepsilon_\beta = +\frac{1}{2}\bar{g}(S+1) \quad ; \quad (\bar{g} = \hbar^2 g) \tag{5.3.96}$$

Der Spin $\underset{\sim}{S}_1$ möge die z-Achse definieren. Dann gehören zu ε_α und ε_β die folgenden lokalen Spinzustände des Überschuß-elektrons bei $\underset{\sim}{S}_1$:

$$|\alpha\rangle = \begin{pmatrix}1\\0\end{pmatrix} \quad ; \quad |\beta\rangle = \begin{pmatrix}0\\1\end{pmatrix} \tag{5.3.97}$$

Man macht sich leicht klar, daß es sich bei $|\alpha\rangle$ und $|\beta\rangle$ nicht um Eigenzustände des Hamiltonoperators handeln kann.

Wenn der Spin $\underset{\sim}{S}_2$ mit $\underset{\sim}{S}_1$ den Winkel ϑ bildet, so folgt für die entsprechenden Zustände am zweiten Mn-Ion (5.3.61):

$$\begin{aligned} |\alpha'\rangle &= \begin{pmatrix}\cos\vartheta/2\\ \sin\vartheta/2\end{pmatrix} = \cos\vartheta/2\,|\alpha\rangle + \sin\vartheta/2\,|\beta\rangle \\ |\beta'\rangle &= \begin{pmatrix}\sin\vartheta/2\\ -\cos\vartheta/2\end{pmatrix} = \sin\vartheta/2\,|\alpha\rangle - \cos\vartheta/2\,|\beta\rangle \end{aligned} \tag{5.3.98}$$

Im Rahmen unseres einfachen Cluster-Modells betrachten wir nun die folgenden vier Zustände als eine <u>vollständige Basis:</u>

$\|1\rangle = \|1\alpha\rangle$	Elektron am Atom 1 im Zustand $\|\alpha\rangle$
$\|2\rangle = \|1\beta\rangle$	Elektron am Atom 1 im Zustand $\|\beta\rangle$
$\|3\rangle = \|2\alpha'\rangle$	Elektron am Atom 2 im Zustand $\|\alpha'\rangle$
$\|4\rangle = \|2\beta'\rangle$	Elektron am Atom 2 im Zustand $\|\beta'\rangle$

Dabei soll implizit vorausgesetzt sein, daß der Sprungprozeß des Überschußelektrons ohne Spinflip erfolgt. Die Existenz des O^{2-} ist im Rahmen dieses Modells nicht mehr relevant. Es katalysiert lediglich den Sprungprozeß. Die Matrixelemente des Modell-Hamilton-Operators

$$H = H_o + H_{sf} \tag{5.3.99}$$

wobei H_o die kinetische Energie des Überschußelektrons beschreibt, lassen sich nun leicht angeben, wenn wir wie in Gleichung (5.3.70) über

$$\langle 1\alpha,\beta|H|2\alpha',\beta'\rangle = \langle 1\alpha,\beta|H_o|2\alpha',\beta'\rangle = t\langle\alpha,\beta|\alpha',\beta'\rangle \tag{5.3.100}$$

das Transferintegral t einführen. Relativ einfach sind die Diagonalelemente ($\langle i,\alpha\beta|H_o|i,\alpha,\beta\rangle = 0$, $i = 1,2$):

$$\begin{aligned} H_{11} &= \varepsilon_\alpha = -\frac{1}{2}\bar{g}S = H_{33} \\ H_{22} &= \varepsilon_\beta = \frac{1}{2}\bar{g}(S+1) = H_{44} \end{aligned} \tag{5.3.101}$$

Für die Nichtdiagonalelemente gilt:

$$\begin{aligned} H_{12} &= \langle\alpha|\beta\rangle = 0 = H_{21} = H_{34} = H_{43} \\ H_{13} &= t\langle\alpha|\alpha'\rangle = t\cos\vartheta/2 = H_{31} \\ H_{14} &= t\langle\alpha|\beta'\rangle = t\sin\vartheta/2 = H_{41} \\ H_{23} &= t\langle\beta|\alpha'\rangle = t\sin\vartheta/2 = H_{32} \\ H_{24} &= t\langle\beta|\beta'\rangle = -t\cos\vartheta/2 = H_{42} \end{aligned} \tag{5.3.102}$$

Damit haben wir den folgenden Modell-Hamilton-Operator:

$$H \equiv \begin{pmatrix} -\frac{1}{2}\bar{g}S & 0 & t\cos\frac{\vartheta}{2} & t\sin\frac{\vartheta}{2} \\ 0 & \frac{1}{2}\bar{g}(S+1) & t\sin\frac{\vartheta}{2} & -t\cos\frac{\vartheta}{2} \\ t\cos\frac{\vartheta}{2} & t\sin\frac{\vartheta}{2} & -\frac{1}{2}\bar{g}S & 0 \\ t\sin\frac{\vartheta}{2} & -t\cos\frac{\vartheta}{2} & 0 & \frac{1}{2}\bar{g}(S+1) \end{pmatrix} \tag{5.3.103}$$

H ist in der Basis$\{|i\rangle, i = 1 \ldots, 4\}$ natürlich nicht diagonal, da es sich dabei nicht um Eigenzustände handelt.

Die Eigenwerte finden wir wie üblich über die Säkular-Determinante

$$\det(H - E \cdot \mathbb{1}) = \{(E - \frac{1}{4}\bar{g})^2 - (t\cos\vartheta/2 - \frac{1}{2}\bar{g}(S + \frac{1}{2}))^2 - t^2\sin^2\vartheta/2\} \cdot \{(E - \frac{1}{4}\bar{g})^2 - (t\cos\frac{\vartheta}{2} + \frac{1}{2}\bar{g}(S + \frac{1}{2})) - t^2\sin^2\vartheta/2\} \quad (5.3.104)$$

Definieren wir

$$\gamma_\pm = +\sqrt{(t\cos\frac{\vartheta}{2} \pm \frac{1}{2}\bar{g}(S + \frac{1}{2}))^2 + t^2\sin^2\frac{\vartheta}{2}} \quad (5.3.105)$$

so ergeben sich aus der Bedingung, daß die Säkulardeterminante verschwindet, die folgenden vier Eigenenergien unseres Modell-Hamilton-Operators

$$E_{--} = \frac{1}{4}\bar{g} - \gamma_- \quad ; \quad E_{-+} = \frac{1}{4}\bar{g} - \gamma_+$$
$$E_{+-} = \frac{1}{4}\bar{g} + \gamma_- \quad ; \quad E_{++} = \frac{1}{4}\bar{g} + \gamma_+ \quad (5.3.106)$$

Wie beim Superaustausch in Kap. (5.3.2) wollen wir nun versuchen, die Winkelabhängigkeiten ($\cos\vartheta/2$, $\sin^2\vartheta/2$) durch die Spinvektoren $\underset{\sim}{S}_1$, $\underset{\sim}{S}_2$ auszudrücken. In einem halbklassischen Vektormodell ist das relativ einfach:

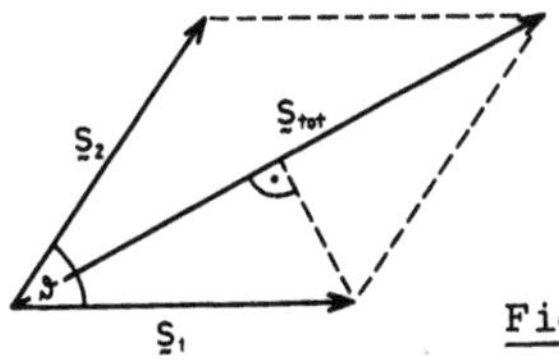

Fig. 5.19

$$|\underset{\sim}{S}_1| = |\underset{\sim}{S}_2| = S$$

$$\cos\frac{\vartheta}{2} = \frac{\frac{1}{2}|\underset{\sim}{S}_1 + \underset{\sim}{S}_2|}{S} = \frac{S_{tot}}{2S} \quad (5.3.107)$$

Schließt man noch den Spin des Überschußelektrons ein, so sind die Beträge

$$S_o = S_{tot} \pm \frac{1}{2} \quad (5.3.108)$$

möglich. Da das halbklassische Modell in der Grenze $S \to \infty$

korrekt wird, wird man in guter Nährung setzen können:

$$\cos \vartheta/2 \approx \frac{S_o}{2S} \qquad (5.3.109)$$

Eine quantenmechanisch korrekte Behandlung des Problems (Anderson, Hasegawa 1955), auf die wir hier nicht näher eingehen können, führt zu demselben Hamiltonoperator H wie in (5.3.103), wenn man nur

$$\cos \frac{\vartheta}{2} = \frac{S_o + \frac{1}{2}}{2S + 1} \qquad (5.3.110)$$

setzt. Sonst bleibt alles unverändert. S_o kann halbzahlige Werte zwischen 1/2 und 2S + 1/2 annehmen. Wir wollen mit diesem Ausdruck weiterrechnen.

Bei den zu Beginn dieses Kapitels vorgestellten Prototypen für "Doppelaustausch" handelt es sich um schlechte elektrische Leiter, d.h. das "hopping"-Matrixelement t wird eine kleine Größe sein. Wir können also

$$\bar{g} \gg t$$

annehmen und damit $\gamma_\pm$ vereinfachen:

$$\gamma_\pm = \{t^2 \pm \bar{g}(S + \tfrac{1}{2})t \cos \vartheta/2 + \tfrac{1}{4} \bar{g}^2 (S + \tfrac{1}{2})^2\}^{1/2}$$

$$\approx \frac{1}{2} \bar{g}(S + \tfrac{1}{2}) \cdot \{1 \pm \frac{4t \cos \vartheta/2}{\bar{g} \cdot (S + \frac{1}{2})}\}^{1/2}$$

$$\approx \frac{1}{2} \bar{g}(S + \tfrac{1}{2}) \cdot \{1 \pm \frac{2t \cos \vartheta/2}{\bar{g} \cdot (S + \frac{1}{2})}\}$$

$$= \frac{1}{2} \bar{g}(S + \tfrac{1}{2}) \pm t \cos \vartheta/2 \qquad (5.3.111)$$

Das ergibt für die Eigenenergien:

$$E_{--} \approx - \frac{1}{2} \bar{g}S + t \cos \vartheta/2$$

$$E_{-+} \approx - \frac{1}{2} \bar{g}S - t \cos \vartheta/2$$

$$E_{+-} \approx \frac{1}{2}\,\bar{g}(S + 1) - t \cos \vartheta/2$$

$$E_{++} \approx \frac{1}{2}\,\bar{g}(S + 1) + t \cos \vartheta/2 \qquad (5.3.112)$$

Um konkret zu sein, nehmen wir

$$t > 0 \quad , \quad \bar{g} > 0 \qquad (5.3.113)$$

an. Dann ist E_{-+} die Grundzustandsenergie ($\vartheta \leq \pi$), die wir nun allein weiterdiskutieren wollen:

$$E_{-+} = E_o \approx -\frac{1}{2}\,\bar{g}S - t \cdot \frac{S_o + \frac{1}{2}}{2S + 1} \qquad (5.3.114)$$

Das weitere Vorgehen ist auf die Ableitung eines effektiven Hamilton-Operators gerichtet, dessen Grundzustandsenergie mit E_o übereinstimmt:

$$S_o = S_{tot} + \frac{1}{2} \leadsto E_o = -\frac{1}{2}\,\bar{g}S - \frac{t}{2S + 1} - t\,\frac{S_{tot}}{2S + 1}$$

$$S_o = S_{tot} - \frac{1}{2} \leadsto E_o = -\frac{1}{2}\,\bar{g}S - t\,\frac{S_{tot}}{2S + 1}$$

Diese beiden Fälle unterscheiden sich nur um die an sich unbedeutende Konstante $\frac{t}{2S + 1}$. Wir betrachten deshalb nur den einfacheren zweiten Fall. Auch die Konstante $(-\frac{1}{2}\,\bar{g}S)$ ist natürlich unbedeutend, d.h. wir suchen letztlich einen effektiven Hamiltonoperator, dessen Eigenwerte mit

$$E = -t\,\frac{S_{tot}}{2S + 1} \qquad (5.3.115)$$

übereinstimmen. Wir versuchen deshalb zunächst, $\underset{\sim}{S}_{tot}$ durch $\underset{\sim}{S}_1$ und $\underset{\sim}{S}_2$ auszudrücken.

$$\underset{\sim}{S}^2_{tot} = (\underset{\sim}{S}_1 + \underset{\sim}{S}_2)^2 = \hbar^2\, S_{tot}(S_{tot} + 1)$$

$$= \hbar^2\,((S_{tot} + \tfrac{1}{2})^2 - \tfrac{1}{4})$$

$$= \underset{\sim}{S}^2_1 + \underset{\sim}{S}^2_2 + 2(\underset{\sim}{S}_1 \cdot \underset{\sim}{S}_2)$$

$$= 2S(S + 1)\hbar^2 + 2(\underset{\sim}{S}_1 \cdot \underset{\sim}{S}_2)$$

Damit gilt dann:

$$S_{tot} = -\frac{1}{2} + \frac{1}{2}\sqrt{1 + 8S(S+1) + 8/\hbar^2\ \underset{\sim}{S}_1 \cdot \underset{\sim}{S}_2} \tag{5.3.116}$$

Dieses führt schließlich zu dem gesuchten Doppelaustausch-Hamiltonoperator, wenn wir noch unbedeutende Konstante weglassen:

$$H = \frac{-t}{2(2S+1)}\sqrt{1 + 8S(S+1) + 8/\hbar^2\ \underset{\sim}{S}_1 \cdot \underset{\sim}{S}_2} \tag{5.3.117}$$

In dieser Form ist H <u>nicht</u> vom Heisenberg-Typ. Entwickelt man die Wurzel in eine Reihe, so tauchen im Prinzip alle möglichen Potenzen von $(\underset{\sim}{S}_1 \cdot \underset{\sim}{S}_2)$ auf. Wir können deshalb zu dem folgenden Ansatz übergehen:

$$H_2 = -t \cdot \sum_{n=0}^{\infty} J_n(S) \cdot (\underset{\sim}{S}_1 \cdot \underset{\sim}{S}_2)^n \tag{5.3.118}$$

Allerdings sind nicht alle Potenzen von $(\underset{\sim}{S}_1 \cdot \underset{\sim}{S}_2)$ unabhängig voneinander. Das wollen wir an zwei Beispielen demonstrieren:

<u>(a) $S = \frac{1}{2}$</u>

In diesem Fall sind

$$S_{tot} = 0,\ 1 \tag{5.3.119}$$

möglich. Das bedeutet

$$\frac{1}{\hbar^2}\underset{\sim}{S}_1 \cdot \underset{\sim}{S}_2 = \frac{1}{2} S_{tot}(S_{tot}+1) - S(S+1) = \begin{cases} -\frac{3}{4} & \text{für } S_{tot} = 0 \\ +\frac{1}{4} & \text{für } S_{tot} = 1 \end{cases} \tag{5.3.120}$$

Mit Hilfe dieser Werte können wir in dem Ansatz

$$\frac{1}{\hbar^4}(\underset{\sim}{S}_1 \cdot \underset{\sim}{S}_2)^2 = \alpha + \beta\frac{1}{\hbar^2}(\underset{\sim}{S}_1 \cdot \underset{\sim}{S}_2) \tag{5.3.121}$$

die Parameter α und β eindeutig festlegen:

$$\frac{9}{16} = \alpha - \frac{3}{4}\beta$$

$$\frac{1}{16} = \alpha + \frac{1}{4}\beta$$

(5.3.121) lautet dann konkret:

$$\frac{1}{\hbar^4}(\underset{\sim}{S}_1 \cdot \underset{\sim}{S}_2)^2 = \frac{3}{16} - \frac{1}{2\hbar^2}(\underset{\sim}{S}_1 \cdot \underset{\sim}{S}_2) \quad , \qquad (5.3.122)$$

Das ist eine Beziehung, die wir bereits in Kap. (5.2.3) benutzt haben. Damit bricht die unendliche Reihe in H bereits nach dem lineraren Term ab, d.h., man kann alle höheren Potenzen durch die linearen ausdrücken:
Das führt zu einem neuen Ansatz für unseren Modell-Hamilton-Operator:

$$H_{1/2} = -\,t(J_0\ (1/2) + J_1\ (1/2) \cdot (\underset{\sim}{S}_1 \cdot \underset{\sim}{S}_2)) \qquad (5.3.123)$$

Nun soll dieser Operator gemäß (5.3.115) ja die Eigenwerte

$$E = -\,t\begin{cases} 0 \text{ für } S_{tot} = 0 \\ 1/2 \text{ für } S_{tot} = 1 \end{cases} \qquad (5.3.124)$$

liefern. Das ergibt zwei Bestimmungsgleichungen für J_0 und J_1:

$$-\,t(J_0 - \frac{3}{4}J_1 \cdot \hbar^2) = 0$$

$$-\,t(J_0 + \frac{1}{4}J_1 \cdot \hbar^2) = -\frac{1}{2}t,$$

aus denen

$$J_0(1/2) = \frac{3}{8} \quad ; \quad J_1(1/2) = \frac{1}{2\hbar^2} \qquad (5.3.125)$$

folgt. Für S = 1/2 hat also H die gewohnte Heisenberg-Gestalt:

$$H_{1/2} = -\frac{3}{8}t - \frac{1}{2}t\frac{1}{\hbar^2}(\underset{\sim}{S}_1 \cdot \underset{\sim}{S}_2) \qquad (5.3.126)$$

Ganz analog läuft das Verfahren für

(b) S = 1

Jetzt sind

$$S_{tot} = 0,\ 1,\ 2 \tag{5.3.127}$$

möglich. Damit sind in dem Ansatz,

$$\frac{1}{\hbar^6}(\underset{\sim}{S}_1 \cdot \underset{\sim}{S}_2)^3 = \alpha + \frac{\beta}{\hbar^2}(\underset{\sim}{S}_1 \cdot \underset{\sim}{S}_2) + \frac{\gamma}{\hbar^4}(\underset{\sim}{S}_1 \cdot \underset{\sim}{S}_2)^2 \ , \tag{5.3.128}$$

die Koeffizienten α, β, γ eindeutig bestimmt. Mit der allgemein gültigen Beziehung (5.3.120) ergeben sich nämlich drei mögliche Werte für $\underset{\sim}{S}_1 \cdot \underset{\sim}{S}_2$

$$\frac{1}{\hbar^2}\underset{\sim}{S}_1 \cdot \underset{\sim}{S}_2 = \begin{cases} -\ 2 \text{ für } S_{tot} = 0 \\ -\ 1 \text{ für } S_{tot} = 1 \\ \ \ \ 1 \text{ für } S_{tot} = 2 \end{cases} \tag{5.3.129}$$

Das führt zu

$$\frac{1}{\hbar^6}(\underset{\sim}{S}_1 \cdot \underset{\sim}{S}_2)^3 = 2 + \frac{1}{\hbar^2}(\underset{\sim}{S}_1 \cdot \underset{\sim}{S}_2) - \frac{2}{\hbar^4}(\underset{\sim}{S}_1 \cdot \underset{\sim}{S}_2)^2$$

Die Reihe für $H_{S=1}$ bricht also nach dem quadratischen Term ab, was zu dem folgenden Ausdruck führt:

$$H_{S=1} = -\ t(J_0(1) + J_1(1)(\underset{\sim}{S}_1 \cdot \underset{\sim}{S}_2) + J_2(1)(\underset{\sim}{S}_1 \cdot \underset{\sim}{S}_2)^2) \tag{5.3.130}$$

Dieser Operator soll nach (5.3.115) die Eigenwerte

$$E = -\ \frac{t}{3} \cdot \begin{cases} 0 \text{ für } S_{tot} = 0 \\ 1 \text{ für } S_{tot} = 1 \\ 2 \text{ für } S_{tot} = 2 \end{cases} \tag{5.3.131}$$

haben. Mit der obigen Beziehung für $\underset{\sim}{S}_1 \cdot \underset{\sim}{S}_2$ liefert das die Bestimmungsgleichungen:

$$0 = J_0 - 2\hbar^2 J_1 + 4\hbar^4 J_2$$

$$\frac{1}{3} = J_0 - \hbar^2 J_1 + \hbar^4 J_2$$

$$\frac{2}{3} = J_0 + \hbar^2 J_1 + \hbar^4 J_2$$

Das ergibt

$$J_0(1) = \frac{5}{9}\ , \ J_1(1) = \frac{1}{6\hbar^2}\ , \ J_2(1) = -\frac{1}{18\hbar^4} \qquad (5.3.132)$$

Der Doppelaustausch-Hamilton-Operator $H_{S=1}$ ist nun allerdings nicht mehr vom Heisenberg-Typ:

$$H_{S=1} = -\frac{5}{9}\,t - \frac{t}{6\hbar^2}\,(\underset{\sim}{S}_1 \cdot \underset{\sim}{S}_2) + \frac{t}{18\hbar^4}\,(\underset{\sim}{S}_1 \cdot \underset{\sim}{S}_2)^2 \qquad (5.3.133)$$

Auf dieselbe Art und Weise läßt sich H_S für beliebige S berechnen. Für $S > 1/2$ ist H_S nicht mehr bilinear, sondern biquadratisch, bikubisch, usw. Die höchste Potenz von $(\underset{\sim}{S}_1 \cdot \underset{\sim}{S}_2)$ in H_S ist 2S. Obwohl die Koeffizienten $J_n(S)$ für alle S mit wachsendem n abnehmen, ist die Konvergenz nur schwach. Falls $J_n(S)$ für $n \geq 2$ nicht vernachlässigbar ist, dann ist H_S nicht mehr vom Heisenberg-Typ. Der stets dominierende bilineare Term ist jedoch immer ferromagnetisch!

Wir haben in diesem Kap. V eine Reihe von Austauschmechanismen kennengelernt, die zu Modell-Hamilton-Operatoren H führen, die im Prinzip kollektiven Magnetismus beschreiben können. Ob ein Modell den Phasenübergang Paramagnetismus $\Leftrightarrow$ Ferromagnetismus wirklich zeigt, entscheidet bei endlichen Temperaturen jedoch nicht die innere Energie $U = \langle H \rangle$, sondern die freie Energie $F = U - TS$. Die nächsten Kapitel sollen deshalb insbesondere darüber Aufschluß geben, unter welchen Umständen die entwickelten Modelle nun tatsächlich zu einem $T_{C,N} > 0$ führen.

Ergänzende Literatur

zu Kap. (5.2.2)

Dirac, P.A.M., Proc. Roy. Soc. 112A, 661 (1926)
Heisenberg, W., Z. Phys. 38, 441 (1926)
Heitler, W., London, F., Z. Phys. 44, 455 (1927)
Herring, C., Rev. Mod. Phys. 34, 631 (1962)
Lieb, E., Mattis D., Phys. Rev. 125, 164 (1962)
Mattis, D., "The Theory of Magnetism I", Springer, 1981
van Vleck, J.H., Rev. Mod. Phys. 17, 27 (1945)
Wagner, D., "Einführung in die Theorie des Magnetismus", Vieweg 1965

zu Kap. (5.2.3)

Arai, T., Phys. Rev. 126, 471 (1962)
Dirac, P.A.M., "The Principles of Quantum Mechanics", Kap. IX, Clarendon Press, 1958

zu Kap. (5.3.1)

Bloembergen, N., Rowland, T.J., Phys. Rev. 97, 1697 (1955)
Kasuya, T., Progr. Theor. Phys. 16, 45 (1956)
Mattis, D., "The Theory of Magnetism I", Springer, 1981
Rudermann, A.A., Kittel C., Phys. Rev. 96, 99 (1954)
Yosida, K., Phys. Rev. 106, 893 (1957)
Zener, C., Phys. Rev. 81, 440 (1951)

zu Kap. (5.3.2)

Anderson, P.W., Phys. Rev. 79, 950 (1950)
Anderson, P.W., "Magnetism", Bd. I, Hrsg. Rado, G.T. Suhl, H., Academic Press, 1963
Goodenough, J.B., "Magnetism and the Chemical Bond", Interscience, 1963, Kap. 3
Kanamori, J., Phys. Chem. Solids 10, 87 (1959)
Kramers, H.A., Physica 1, 182 (1934)
Vonsovskii, S.V., Karpenko, B.V., Hdb. Physik XVIII/1, Springer, 1968, S. 335
White, R.M., Quantum Theory of Magnetism", Springer,1983

zu Kap. (5.3.3)

Anderson, P.W., Hasegawa, H., Phys. Rev. 100, 675 (1955)

Cieplak, M., Phys. Rev. B. 18, 3470 (1978)

de Gennes, P., Phys. Rev. 118, 141 (1960)

Jonker, G.H., van Sauten, J.H., Physica 16, 337 (1950), 19, 120 (1953)

Kubo, K., Ohata, N., J. Phys. Soc. Japan 33, 21 (1972)

Zener, C., Phys. Rev. 82, 403 (1951)

Anhang A: „Die zweite Quantisierung“ 295

Zusammenfassung

Es wird der Formalismus der sogenannten "zweiten Quantisierung" eingeführt. Transformationsformeln werden abgeleitet und an einigen wichtigen Anwendungsbeispielen erläutert.

Anhang A: „Die zweite Quantisierung"

Eine exakte Beschreibung von wechselwirkenden Vielteilchen-Systemen erfordert die Lösung von entsprechenden Vielteilchen-Schrödinger-Gleichungen. Der Formalismus der zweiten Quantisierung führt zu einer starken Vereinfachung in der Beschreibung solcher Vielteilchensysteme, bedeutet letztlich aber nur eine Umformulierung der ursprünglichen Schrödinger-Gleichung. Typisch für die zweite Quantisierung ist die Einführung von sog. "Erzeugungs-" und "Vernichtungsoperatoren", die das mühsame Konstruieren der N-Teilchen-Wellenfunktionen als symmetrisierte bzw. antisymmetrisierte Produkte von 1-Teilchen-Wellenfunktionen überflüssig machen, wobei die gesamte Statistik in den "fundamentalen Vertauschungsrelationen" dieser Operatoren steckt. Kräfte und Wechselwirkungen werden durch "Erzeugung" und "Vernichtung" von Teilchen ausgedrückt.

Wie behandelt man ein N-Teilchen-System? Falls es sich um unterscheidbare und damit numerierbare Teilchen handelt, ergibt sich die Art der Beschreibung unmittelbar aus den allgemeinen Postulaten der Quantenmechanik:

$\mathcal{H}_1^{(i)}$: Hilbertraum des i-ten Teilchens mit der orthonormierten Basis $\{|\varphi_\alpha^{(i)}>\}$:

$$<\varphi_\alpha^{(i)}|\varphi_\beta^{(i)}> = \delta_{\alpha\beta} \tag{A.0.1}$$

$\mathcal{H}_N$: Hilbertraum des N-Teilchen-Systems,

$$\mathcal{H}_N = \mathcal{H}_1^{(1)} \otimes \mathcal{H}_1^{(2)} \otimes \ldots \otimes \mathcal{H}_1^{(N)} \quad , \tag{A.0.2}$$

mit der Basis $\{|\varphi_N>\}$:

$$\begin{aligned} |\varphi_N> &= |\varphi_{\alpha_1}^{(1)} \varphi_{\alpha_2}^{(2)} \cdot \ldots \cdot \varphi_{\alpha_N}^{(N)}> \\ &= |\varphi_{\alpha_1}^{(1)}>|\varphi_{\alpha_2}^{(2)}>\ldots|\varphi_{\alpha_N}^{(N)}> \end{aligned} \tag{A.0.3}$$

Ein allgemeiner N-Teilchen-Zustand $|\psi_N\rangle$,

$$|\psi_N\rangle = \sum_{\alpha_1 \ldots \alpha_N} c(\alpha_1 \ldots \alpha_N)\,|\varphi^{(1)}_{\alpha_1} \ldots \varphi^{(N)}_{\alpha_N}\rangle \quad , \tag{A.0.4}$$

unterliegt derselben statistischen Interpretation wie im Fall des 1-Teilchen-Systems. Die Dynamik des N-Teilchen-Systems resultiert aus einer formal unveränderten Schrödinger-Gleichung:

$$i\hbar|\dot{\psi}_N\rangle = \hat{H}|\psi_N\rangle \tag{A.0.5}$$

Die Behandlung des Mehrkörperproblems bringt in der Quantenmechanik bei unterscheidbaren Teilchen exakt dieselben Schwierigkeiten mit sich wie in der klassischen Physik, ganz einfach aufgrund der großen Zahl von Freiheitsgeraden. Es gibt jedoch keine zusätzlichen, typisch quantenmechanischen Komplikationen.

(A.1) IDENTISCHE TEILCHEN

"Identische Teilchen" sind Teilchen, die sich unter gleichen physikalischen Bedingungen vollkommen gleich verhalten, d.h. durch keine Messung voneinander unterschieden werden können. In der klassischen Mechanik ist der Zustand eines Teilchens für alle Zeiten bei bekannten Anfangsbedingungen durch die Hamiltonschen Bewegungsgleichungen festgelegt. Damit sind die Teilchen stets identifizierbar! In der Quantenmechanik gilt das "Prinzip der Ununterscheidbarkeit", das besagt, daß identische Teilchen grundsätzlich nicht unterschieden werden können. Sie verlieren, in der Quantenmechanik gewissermaßen ihre "Individualität". Die Ursache liegt darin, daß keine scharfen Teilchenbahnen ("zerfließende" Wellenpakete!) existieren. Die Bereiche nicht-verschwindender Aufenthaltswahrscheinlichkeiten verschiedener Teilchen überlappen. Jede Fragestellung, deren Beantwortung die Beobachtung eines Einzelteilchens erfordert, ist deshalb für ein System identischer Teilchen physikalisch sinnlos.

Ein Problem besteht nun darin, daß letztlich aus rechentechnischen Gründen eine Teilchen-Numerierung unerläßlich ist. Diese muß jedoch so geartet sein, daß physikalisch relevante Aussagen gegenüber Änderungen der Markierung invariant sind.

Wir führen den "Permutationsoperator" $\mathcal{P}$ ein, der in dem N-Teilchen-Zustand $|\varphi_N\rangle$ die Teilchenindizes vertauscht:

$$\mathcal{P}|\varphi_{\alpha_1}^{(1)} \ldots \varphi_{\alpha_N}^{(N)}\rangle = |\varphi_{\alpha_1}^{(i_1)} \varphi_{\alpha_2}^{(i_2)} \ldots \varphi_{\alpha_N}^{(i_N)}\rangle \qquad (A.1.1)$$

Jeder Permutationsoperator läßt sich als Produkt von "Transpositionsoperatoren" P_{ij} schreiben. Die Anwendung von P_{ij} auf einen Zustand identischer Teilchen führt nach dem Prinzip der Ununterscheidbarkeit zu einem Zustand, der sich von dem Ausgangszustand höchstens um einen unwesentlichen Phasenfaktor $\lambda = \exp(i\eta)$ unterscheidet:

$$P_{ij}|..\varphi_{\alpha_i}^{(i)}...\varphi_{\alpha_j}^{(j)}...> = |...\varphi_{\alpha_i}^{(j)}...\varphi_{\alpha_j}^{(i)}...>$$
$$\stackrel{!}{=} \lambda|...\varphi_{\alpha_i}^{(i)}...\varphi_{\alpha_j}^{(j)}...> \qquad \text{(A.1.2)}$$

Wegen $P_{ij}^2 = \mathbb{1}$ muß notwendig $\lambda = \pm 1$ sein. Die Zustände eines Systems identischer Teilchen sind deshalb gegenüber Vertauschung eines Teilchenpaares entweder symmetrisch oder antisymmetrisch! Das definiert zwei verschiedene Hilberträume:

$\mathcal{H}_N^{(+)}$: Raum der symmetrischen Zustände $|\psi_N>^{(+)}$

$$P_{ij}|\psi_N>^{(+)} = |\psi_N>^{(+)} \qquad \text{(A.1.3)}$$

$\mathcal{H}_N^{(-)}$: Raum der antisymmetrischen Zustände $|\psi_N>^{(-)}$

$$P_{ij}|\psi_N>^{(-)} = -|\psi_N>^{(-)} \qquad \text{(A.1.4)}$$

In diesen Räumen sind die P_{ij} hermitesch und unitär!

Welche Eigenschaften müssen Observable in einem System identischer Teilchen haben? Sie müssen notwendig von den Koordinaten aller Teilchen abhängen,

$$\hat{A} = \hat{A}(1, 2, .. , N), \qquad \text{(A.1.5)}$$

und mit allen Transpositionen (Permutationen) vertauschen:

$$[P_{ij}, \hat{A}]_- = 0 \qquad \text{(A.1.6)}$$

Das gilt insbesondere für den Hamiltonoperator H und damit auch für den Zeitentwicklungsoperator

$$U(t, t_o) = \exp(-\tfrac{i}{\hbar} H(t - t_o)) \quad ; \quad (H \neq H(t)) \qquad \text{(A.1.7)}$$

$$[P_{ij}, U]_- = 0 \qquad \text{(A.1.8)}$$

Das bedeutet, daß ein N-Teilchen-Zustand für alle Zeiten seinen Symmetriecharakter beibehält!

Welcher Raum, $\mathcal{H}_N^{(+)}$ oder $\mathcal{H}_N^{(-)}$, für welchen Teilchentyp infrage kommt, wird in der relativistischen Quantenfeldtheorie gezeigt. Wir übernehmen hier ohne Beweis den <u>"Spin-Statistik-Zusammenhang":</u>

$\mathcal{H}_N^{(+)}$: Raum der symmetrischen Zustände von N identischen Teilchen mit <u>ganzzahligem Spin.</u> Teilchen heißen <u>"Bosonen"</u>.

$\mathcal{H}_N^{(-)}$: Raum der antisymmetrischen Zustände von N identischen Teilchen mit <u>halbzahligem Spin</u>. Teilchen heißen <u>"Fermionen"</u>.

(A.2) "KONTINUIERLICHE" FOCK-DARSTELLUNG

(A.2.1) SYMMETRISIERTE VIELTEILCHEN-ZUSTÄNDE

$\mathcal{H}_N^{(-\varepsilon)}$ sei der Hilbertraum eines Systems aus N identischen Teilchen. Dabei sei

$$\varepsilon = \begin{cases} - & : \text{Bosonen} \\ + & : \text{Fermionen} \end{cases} \tag{A.2.1}$$

$\hat{\varphi}$ sei eine 1-Teilchen-Observable (oder ein Satz von 1-Teilchen-Observablen) mit kontinuierlichem Spektrum, φ_α sei ein spezieller Eigenwert und $|\varphi_\alpha\rangle$ der zugehörige 1-Teilchen-Eigenzustand:

$$\hat{\varphi}|\varphi_\alpha\rangle = \varphi_\alpha|\varphi_\alpha\rangle \tag{A.2.2}$$

$$\langle\varphi_\alpha|\varphi_\beta\rangle = \delta(\varphi_\alpha - \varphi_\beta) \quad (\equiv \delta(\alpha - \beta)) \tag{A.2.3}$$

$$\int d\varphi_\alpha |\varphi_\alpha\rangle\langle\varphi_\alpha| = \mathbb{1} \text{ in } \mathcal{H}_1 \tag{A.2.4}$$

Eine Basis des $\mathcal{H}_N^{(-\varepsilon)}$ wird dann von den folgenden (anti-) symmetrisierten N-Teilchen-Zuständen gebildet

$$|\varphi_{\alpha_1} \dots \varphi_{\alpha_N}\rangle^{(-\varepsilon)} = \frac{1}{N!} \sum_{\mathcal{P}} (-\varepsilon)^p \, \mathcal{P}\{|\varphi_{\alpha_1}^{(1)}\rangle|\varphi_{\alpha_2}^{(2)}\rangle \dots |\varphi_{\alpha_N}^{(N)}\rangle\} \tag{A.2.5}$$

p ist die Zahl der Transpositionen in $\mathcal{P}$. Summiert wird über alle möglichen Permutationen $\mathcal{P}$. Die Reihenfolge der 1-Teilchenzustände im Zustandssymbol auf der linken Seite von (A.2.5) nennt man die "Standardanordnung". Sie ist beliebig, aber fest vorgegeben. Vertauschung zweier 1-Teilchensymbole links bedeutet auf der rechten Seite lediglich einen konstanten Faktor $(-\varepsilon)$.

Man beweist leicht die folgenden Relationen für die so eingeführten N-Teilchen-Zustände:

Skalarprodukt:

$$^{(-\varepsilon)}\langle\varphi_{\beta_1}\ \ldots|\varphi_{\alpha_1}\ \ldots\rangle^{(-\varepsilon)} = \frac{1}{N!}\sum_{\mathcal{P}_\alpha}(-\varepsilon)^{P_\alpha}\mathcal{P}_\alpha\{\delta(\varphi_{\beta_1}-\varphi_{\alpha_1})\cdot\ldots$$
$$\ldots\cdot\delta(\varphi_{\beta_N}-\varphi_{\alpha_N})\} \qquad \text{(A.2.6)}$$

Der Index α soll andeuten, daß $\mathcal{P}_\alpha$ nur die φ_α's permutiert.

Vollständigkeitsrelation

$$\int\ldots\int d\varphi_{\beta_1}\ldots d\varphi_{\beta_N}\ |\varphi_{\beta_1}\ \ldots\rangle^{(-\varepsilon)}\ {}^{(-\varepsilon)}\langle\varphi_{\beta_1}\ \ldots| = \mathbb{1}$$
$$\text{in}\ \mathcal{H}_N^{(-\varepsilon)} \qquad \text{(A.2.7)}$$

Das führt zu der formalen Darstellung einer Observablen des N-Teilchen-Systems, die später noch einige Male ausgenutzt werden wird:

$$\hat{A} = \int\ldots\int d\varphi_{\alpha_1}\ \ldots\ d\varphi_{\alpha_N}\ d\varphi_{\beta_1}\ \ldots\ d\varphi_{\beta_N}\ |\varphi_{\alpha_1}\ \ldots\rangle^{(-\varepsilon)}$$
$$\cdot\ {}^{(-\varepsilon)}\langle\varphi_{\alpha_1}\ \ldots|\hat{A}|\varphi_{\beta_1}\ \ldots\rangle^{(-\varepsilon)}\ {}^{(-\varepsilon)}\langle\varphi_{\beta_1}\ \ldots| \qquad \text{(A.2.8)}$$

(A.2.2) KONSTRUKTIONSOPERATOREN

Wir wollen die Basiszustände des $\mathcal{H}_N^{(-\varepsilon)}$ aus dem Vakuumzustand $|0\rangle$ ($\langle 0|0\rangle = 1$) schrittweise mit Hilfe des Operators

$$a^+_{\varphi_\alpha} \equiv a^+_\alpha$$

aufbauen. Dieser ist definiert durch seine Wirkungsweise:

$$a^+_{\alpha_1}|0\rangle = \sqrt{1}\,|\varphi_{\alpha_1}\rangle^{(-\varepsilon)} \in \mathcal{H}_1^{(-\varepsilon)} \tag{A.2.9}$$

$$a^+_{\alpha_2}|\varphi_{\alpha_1}\rangle^{(-\varepsilon)} = \sqrt{2}\,|\varphi_{\alpha_2}\varphi_{\alpha_1}\rangle^{(-\varepsilon)} \in \mathcal{H}_2^{(-\varepsilon)} \tag{A.2.10}$$

......

Allgemein soll gelten:

$$a^+_\beta \underbrace{|\varphi_{\alpha_1}\ldots\varphi_{\beta_N}\rangle^{(-\varepsilon)}}_{\in\,\mathcal{H}_N^{(-\varepsilon)}} = \sqrt{N+1}\,\underbrace{|\varphi_\beta\,\varphi_{\alpha_1}\ldots\varphi_{\alpha_N}\rangle^{(-\varepsilon)}}_{\in\,\mathcal{H}_{N+1}^{(-\varepsilon)}} \tag{A.2.11}$$

a^+_β heißt <u>"Erzeugungsoperator".</u> Er "erzeugt" in dem N-Teilchen-Zustand ein zusätzliches Teilchen. Die Umkehrung von (A.2.11) lautet:

$$|\varphi_{\alpha_1}\ldots\varphi_{\alpha_N}\rangle^{(-\varepsilon)} = \frac{1}{\sqrt{N!}}\,a^+_{\alpha_1}\,a^+_{\alpha_2}\ldots a^+_{\alpha_N}|0\rangle \tag{A.2.12}$$

Dabei ist streng auf die Reihenfolge der Operatoren zu achten. Für das Produkt zweier Erzeugungsoperatoren folgt aus (A.2.11):

$$a^+_{\alpha_1}\,a^+_{\alpha_2}|\varphi_{\alpha_3}\ldots\varphi_{\alpha_N}\rangle^{(-\varepsilon)} = \sqrt{N(N-1)}\,|\varphi_{\alpha_1}\,\varphi_{\alpha_2}\,\varphi_{\alpha_3}\ldots\varphi_{\alpha_N}\rangle^{(-\varepsilon)} \tag{A.2.13}$$

Wenden wir die Operatoren in umgekehrter Reihenfolge an, so gilt dagegen:

$$a^+_{\alpha_2}\,a^+_{\alpha_1}|\varphi_{\alpha_3}\ldots\varphi_{\alpha_N}\rangle^{(-\varepsilon)} = \sqrt{N(N-1)}\,|\varphi_{\alpha_2}\,\varphi_{\alpha_1}\,\varphi_{\alpha_3}\ldots\varphi_{\alpha_N}\rangle^{(-\varepsilon)} \tag{A.2.14}$$

$$= (-\varepsilon)\sqrt{N(N-1)}\,|\varphi_{\alpha_1}\,\varphi_{\alpha_2}\,\varphi_{\alpha_3}\ldots\varphi_{\alpha_N}\rangle^{(-\varepsilon)}$$

Der letzte Schritt wird an (A.2.5) klar. Da die Zustände in (A.2.13) und (A.2.14) Basiszustände sind, ergibt sich durch Vergleich die folgende Operatoridentität:

$$[a^+_{\alpha_1}, a^+_{\alpha_2}]_\varepsilon = a^+_{\alpha_1} a^+_{\alpha_2} + \varepsilon\, a^+_{\alpha_2} a^+_{\alpha_1} = 0 \qquad \text{(A.2.15)}$$

Die Erzeugungsoperatoren kommutieren für Bosonen (ε = -), antikommutieren für Fermionen (ε = +).

Wir diskutieren nun den zu a^+_α adjungierten Operator a_α. Zunächst gilt wegen (A.2.11) und (A.2.12)

$$^{(-\varepsilon)}\langle\varphi_{\alpha_1} \ldots \varphi_{\alpha_N}| a_\gamma = \sqrt{N+1}\;\; ^{(-\varepsilon)}\langle\varphi_\gamma\, \varphi_{\alpha_1} \ldots \varphi_{\alpha_N}| \qquad \text{(A.2.16)}$$

$$^{(-\varepsilon)}\langle\varphi_{\alpha_1} \ldots \varphi_{\alpha_N}| = \frac{1}{\sqrt{N!}} \langle 0| a_{\alpha_N} \ldots a_{\alpha_2} a_{\alpha_1}$$

Die Bedeutung von a_γ macht man sich wie folgt klar

$$\underbrace{^{(-\varepsilon)}\langle\varphi_{\beta_2} \ldots \varphi_{\beta_N}|}_{\in \mathcal{H}^{(-\varepsilon)}_{N-1}} a_\gamma \underbrace{|\varphi_{\alpha_1} \ldots \varphi_{\alpha_N}\rangle^{(-\varepsilon)}}_{\in \mathcal{H}^{(-\varepsilon)}_{N}}$$

$$= \sqrt{N}\;\; ^{(-\varepsilon)}\langle\varphi_\gamma\, \varphi_{\beta_2} \ldots | \varphi_{\alpha_1} \ldots\rangle^{(-\varepsilon)}$$

$$= \frac{\sqrt{N}}{N!} \sum_{\mathcal{P}_\alpha} (-\varepsilon)^{P_\alpha} \mathcal{P}_\alpha (\delta(\varphi_\gamma - \varphi_{\alpha_1})\, \delta(\varphi_{\beta_2} - \varphi_{\alpha_2}) \cdot \ldots$$

$$\ldots \cdot \delta(\varphi_{\beta_N} - \varphi_{\alpha_N}))$$

Dabei haben wir (A.2.6) ausgenutzt. Wir können die rechte Seite noch etwas weiter umformen:

$$^{(-\varepsilon)}\langle\ldots| a_\gamma |\ldots\rangle^{(-\varepsilon)} = \frac{1}{\sqrt{N}} \frac{1}{(N-1)!} \{\delta(\varphi_\gamma - \varphi_{\alpha_1}) \sum_{\mathcal{P}_\alpha} (-\varepsilon)^{P_\alpha}$$

$$\cdot\, \mathcal{P}_\alpha (\delta(\varphi_{\beta_2} - \varphi_{\alpha_2}) \ldots \delta(\varphi_{\beta_N} - \varphi_{\alpha_N})) +$$

$$+ (-\varepsilon)\, \delta(\varphi_\gamma - \varphi_{\alpha_2}) \sum_{\mathcal{P}_\alpha} (-\varepsilon)^{P_\alpha} \mathcal{P}_\alpha (\delta(\varphi_{\beta_2} - \varphi_{\alpha_1})\, \delta(\varphi_{\beta_3} - \varphi_{\alpha_3})$$

$$\ldots \cdot \delta(\varphi_{\beta_N} - \varphi_{\alpha_N}))$$

$$+ \ldots +$$

$$+ (-\varepsilon)^{N-1}\, \delta(\varphi_\gamma - \varphi_{\alpha_N}) \sum_{\mathcal{P}_\alpha} (-\varepsilon)^{P_\alpha} \mathcal{P}_\alpha (\delta(\varphi_{\beta_2} - \varphi_{\alpha_1})\, \delta(\varphi_{\beta_3} - \varphi$$

$$\ldots \cdot \delta(\varphi_{\beta_N} - \varphi_{\alpha_{N-1}}))\}$$

$$= \frac{1}{\sqrt{N}} \{\delta(\varphi_\gamma - \varphi_{\alpha_1})\; {}^{(-\varepsilon)}\langle \varphi_{\beta_2} \ldots \varphi_{\beta_N} | \varphi_{\alpha_2} \ldots \varphi_{\alpha_N} \rangle^{(-\varepsilon)}$$

$$+ (-\varepsilon)\, \delta(\varphi_\gamma - \varphi_{\alpha_2})\; {}^{(-\varepsilon)}\langle \varphi_{\beta_2} \ldots \varphi_{\beta_N} | \varphi_{\alpha_1} \varphi_{\alpha_3} \ldots \varphi_{\alpha_N} \rangle^{(-\varepsilon)}$$

$$+ \ldots +$$

$$+ (-\varepsilon)^{N-1}\, \delta(\varphi_\gamma - \varphi_{\alpha_N})\; {}^{(-\varepsilon)}\langle \varphi_{\beta_2} \ldots \varphi_{\beta_N} | \varphi_{\alpha_1} \varphi_{\alpha_2} \ldots \varphi_{\alpha_{N-1}} \rangle^{(-\varepsilon)}$$

Damit ist die Wirkung von a_γ klar:

$$a_\gamma |\varphi_{\alpha_1} \ldots \varphi_{\alpha_N}\rangle^{(-\varepsilon)} = \frac{1}{\sqrt{N}} \{\delta(\varphi_\gamma - \varphi_{\alpha_1}) |\varphi_{\alpha_2} \ldots \varphi_{\alpha_N}\rangle^{(-\varepsilon)}$$

$$+ \ldots +$$

$$+ (-\varepsilon)^{N-1}\, \delta(\varphi_\gamma - \varphi_{\alpha_N}) |\varphi_{\alpha_1} \ldots \varphi_{\alpha_{N-1}}\rangle^{(-\varepsilon)}\} \qquad \text{(A.2.17)}$$

a_γ "vernichtet" ein Teilchen im Zustand $|\varphi_\gamma\rangle$, heißt deshalb "Vernichtungsoperator".

Mit (A.2.15) folgt unmittelbar:

$$[a_{\alpha_1}, a_{\alpha_2}]_\varepsilon = \varepsilon([a^+_{\alpha_1}, a^+_{\alpha_2}]_\varepsilon)^+ = 0 \qquad \text{(A.2.18)}$$

Die Vernichtungsoperatoren kommutieren für Bosonen (ε = -), antikommutieren für Fermionen (ε = +).

Mit (A.2.11) und (A.2.16) zeigt man

$$(a_\beta \, a_\gamma^+ + \varepsilon \, a_\gamma^+ \, a_\beta) \, |\varphi_{\alpha_1} \, \ldots \, \varphi_{\alpha_N}>^{(-\varepsilon)}$$

$$= \delta(\varphi_\beta - \varphi_\gamma) \, |\varphi_{\alpha_1} \, \ldots \, \varphi_{\alpha_N}>^{(-\varepsilon)}$$

woraus folgt:

$$[a_\beta, a_\gamma^+]_\varepsilon = \delta(\varphi_\beta - \varphi_\gamma) \qquad \text{(A.2.19)}$$

(A.2.15), (A.2.18) und (A.2.19) sind die drei "fundamentalen Vertauschungsrelationen" der Konstruktionsoperatoren a_γ, a_γ^+.

(A.2.3) VIELTEILCHEN-OPERATOREN

Ausgangspunkt ist die formale Darstellung (A.2.8) der N-Teilchen-Observablen $\hat{A}$, die zunächst mit (A.2.12) und (A.2.16) auch wie folgt geschrieben werden kann: $(d\varphi_{\alpha_i} \equiv d\alpha_i)$

$$\hat{A} = \frac{1}{N!} \int \ldots \int d\alpha_1 \ldots d\alpha_N \, d\beta_1 \ldots d\beta_N \, a^+_{\alpha_1} \ldots a^+_{\alpha_N} |0\rangle \cdot {}^{(-\varepsilon)}\langle \varphi_{\alpha_1} \ldots |\hat{A}| \varphi_{\beta_1} \ldots \rangle^{(-\varepsilon)} \langle 0 | a_{\beta_N} \ldots a_{\beta_1} \tag{A.2.20}$$

Normalerweise besteht ein solcher Operator aus 1-Teilchen- und 2-Teilchen-Anteilen:

$$\hat{A} = \sum_{i=1}^{N} \hat{A}_i^{(1)} + \frac{1}{2} \sum_{i,j}^{i \neq j} \hat{A}_{ij}^{(2)} \tag{A.2.21}$$

Damit berechnen wir nun die Matrixelemente in (A.2.20). Wir beginnen mit dem 1-Teilchen-Anteil:

$$^{(-\varepsilon)}\langle \varphi_{\alpha_1} \ldots | \sum_{i=1}^{N} \hat{A}_i^{(1)} | \varphi_{\beta_1} \ldots \rangle^{(-\varepsilon)} = \frac{1}{(N!)^2} \sum_{\mathcal{P}_\alpha} \sum_{\mathcal{P}_\beta} (-\varepsilon)^{P_\alpha + P_\beta} \cdot \{\langle \varphi_{\alpha_N}^{(N)} | \ldots \langle \varphi_{\alpha_1}^{(1)} |\} (\mathcal{P}^+_\alpha \sum_{i=1}^{N} \hat{A}_i^{(1)} \mathcal{P}_\beta) \{ |\varphi_{\beta_1}^{(1)}\rangle \ldots |\varphi_{\beta_N}^{(N)}\rangle \} \tag{A.2.22}$$

Man macht sich zunächst klar, daß jeder Summand aus der Doppelsumme $\sum_{\mathcal{P}_\alpha} \sum_{\mathcal{P}_\beta}$ in (A.2.20) denselben Beitrag liefert, da jede permutierte Anordnung der $\{|\varphi_\alpha\rangle\}$ bzw. $\{|\varphi_\beta\rangle\}$ durch Umbenennung der Integrationsvariablen in (A.2.20) auf die Standardanordnung zurückgeführt werden kann. Um die dann natürlich ebenfalls umindizierten Erzeugungs- und Vernichtungsoperatoren wieder in die "richtige" Reihenfolge zu bringen, benötigen wir nach (A.2.15) und (A.2.18) den Faktor $(-\varepsilon)^{P_\alpha + P_\beta}$, der zusammen mit dem entsprechenden Faktor in (A.2.22) gerade +1 ergibt. Für (A.2.20) brauchen wir (A.2.22) also nur in der folgenden vereinfachten Form zu benutzen:

$$^{(-\varepsilon)}\langle \varphi_{\alpha_1} \ldots | \sum_{i=1}^{N} \hat{A}_i^{(1)} | \varphi_{\beta_1} \ldots \rangle^{(-\varepsilon)} \Updownarrow$$

$$\{\langle\varphi_{\alpha_N}^{(N)}| \ldots \langle\varphi_{\alpha_1}^{(1)}|\}(\sum_{i=1}^{N} \hat{A}_i^{(1)})\{|\varphi_{\beta_1}^{(1)}\rangle \ldots |\varphi_{\beta_N}^{(N)}\rangle\} \qquad \text{(A.2.23)}$$

Das setzen wir nun in (A.2.20) ein:

$$\sum_{i=1}^{N} A_i^{(1)} = \frac{1}{N!} \int \ldots \int d\alpha_1 \ldots d\beta_N \, a_{\alpha_1}^{+} \ldots a_{\alpha_N}^{+} |0\rangle$$

$$\cdot \{\langle\varphi_{\alpha_1}^{(1)}|\hat{A}_1^{(1)}|\varphi_{\beta_1}^{(1)}\rangle\langle\varphi_{\alpha_2}^{(2)}|\varphi_{\beta_2}^{(2)}\rangle \ldots \langle\varphi_{\alpha_N}^{(N)}|\varphi_{\beta_N}^{(N)}\rangle$$

$$+ \langle\varphi_{\alpha_1}^{(1)}|\varphi_{\beta_1}^{(1)}\rangle\langle\varphi_{\alpha_2}^{(2)}|\hat{A}_2^{(1)}|\varphi_{\beta_2}^{(2)}\rangle \ldots \langle\varphi_{\alpha_N}^{(N)}|\varphi_{\beta_N}^{(N)}\rangle$$

$$+ \ldots\} \langle 0| a_{\beta_N} \cdot \ldots \cdot a_{\beta_1}$$

$$= \frac{1}{N!} \int \ldots \int d\alpha_1 \ldots d\alpha_N \, a_{\alpha_1}^{+} \ldots a_{\alpha_N}^{+} |0\rangle \cdot$$

$$\cdot \{\int d\beta_1 \langle\varphi_{\alpha_1}^{(1)}|\hat{A}_1^{(1)}|\varphi_{\beta_1}^{(1)}\rangle\langle 0|a_{\alpha_N} \ldots a_{\alpha_2} a_{\beta_1} +$$

$$+ \int d\beta_2 \langle\varphi_{\alpha_2}^{(2)}|\hat{A}_2^{(1)}|\varphi_{\beta_2}^{(2)}\rangle\langle 0|a_{\alpha_N} \ldots a_{\alpha_3} a_{\beta_2} a_{\alpha_1}$$

$$+ \ldots\}$$

$$= \frac{1}{N} \int\int d\alpha_1 \, d\beta_1 \langle\varphi_{\alpha_1}^{(1)}|\hat{A}_1^{(1)}|\varphi_{\beta_1}^{(1)}\rangle \, a_{\alpha_1}^{+} \cdot$$

$$\cdot \{\frac{1}{(N-1)!} \int \ldots \int d\alpha_2 \ldots d\alpha_N \, a_{\alpha_2}^{+} \ldots a_{\alpha_N}^{+} |0\rangle$$

$$\langle 0|a_{\alpha_N} \ldots a_{\alpha_2}\} a_{\beta_1} + \frac{1}{N} \int\int d\alpha_2 \, d\beta_2 \langle\varphi_{\alpha_2}^{(2)}|\hat{A}_2^{(1)}|\varphi_{\beta_2}^{(2)}\rangle a_{\alpha_2}^{+}$$

$$\cdot \{\frac{1}{(N-1)!} \int \ldots \int d\alpha_1 \, d\alpha_3 \ldots d\alpha_N \, a_{\alpha_1}^{+} a_{\alpha_3}^{+} \ldots a_{\alpha_N}^{+} |0\rangle\langle 0|$$

$$\cdot \quad a_{\alpha_N} \ldots a_{\alpha_3} a_{\alpha_1}\} a_{\beta_2} (-\varepsilon)^2$$

$$+ \ldots\ldots$$

In den geschweiften Klammern steht nach (A.2.7) jeweils die Identität des Hilbertraums $\mathcal{H}_{N-1}^{(-\varepsilon)}$. Also bleibt:

$$\sum_{i=1}^{N} \hat{A}_i^{(1)} = \frac{1}{N} \sum_{i=1}^{N} \iint d\alpha_i \; d\beta_i \; \langle\varphi_{\alpha_i}^{(i)} | \; \hat{A}_i^{(1)} | \varphi_{\beta_i}^{(i)}\rangle a_{\alpha_i}^{+} \; a_{\beta_i}$$

Die Matrixelemente sind natürlich für alle N identischen Teilchen gleich:

$$\sum_{i=1}^{N} \hat{A}_i^{(1)} = \iint d\alpha \; d\beta \; \langle\varphi_\alpha | \hat{A}^{(1)} | \varphi_\beta\rangle \; a_\alpha^{+} \; a_\beta \tag{A.2.24}$$

Das verbleibende Matrixelement ist in der Regel leicht berechenbar. Auf der rechten Seite erscheint die Teilchenzahl nicht mehr. Sie steckt natürlich implizit in der $\mathbb{1}$ des $\mathcal{H}_{N-1}^{(-\varepsilon)}$, die zwischen a_α^{+} und a_β eigentlich zu setzen wäre.

Für den 2-Teilchen-Anteil des Operators $\hat{A}$ in (A.2.21) gelten zunächst exakt dieselben Überlegungen, die beim 1-Teilchen-Operator von (A.2.22) zu (A.2.23) geführt haben. In (A.2.20) erscheint dieser deshalb in der folgenden Form:

$$\begin{gathered} {}^{(-\varepsilon)}\langle\varphi_{\alpha_1} \ldots | \frac{1}{2} \sum_{i,j}^{i\neq j} \hat{A}_{ij}^{(2)} | \varphi_{\beta_1} \ldots\rangle^{(-\varepsilon)} \Downarrow \\ \{\langle\varphi_{\alpha_N}^{(N)}| \ldots \langle\varphi_{\alpha_1}^{(1)}|\} (\frac{1}{2} \sum_{i,j}^{i\neq j} \hat{A}_{ij}^{(2)}) \{|\varphi_{\beta_1}^{(1)}\rangle \ldots |\varphi_{\beta_N}^{(N)}\rangle\} \end{gathered} \tag{A.2.25}$$

Das setzen wir wiederum in (A.2.20) ein:

$$\frac{1}{2} \sum_{i,j}^{i\neq j} \hat{A}_{ij}^{(2)} = \frac{1}{2} \frac{1}{N!} \int \ldots \int d\alpha_1 \ldots d\beta_N \; a_{\alpha_1}^{+} \ldots a_{\alpha_N}^{+} |0\rangle$$

$$\cdot \; \{\langle\varphi_{\alpha_2}^{(2)}| \langle\varphi_{\alpha_1}^{(1)}| \hat{A}_{12}^{(2)} |\varphi_{\beta_1}^{(1)}\rangle |\varphi_{\beta_2}^{(2)}\rangle \langle\varphi_{\alpha_3}^{(3)}|\varphi_{\beta_3}^{(3)}\rangle$$

$$\cdot \; \ldots \; \cdot \langle\varphi_{\alpha_N}^{(N)}|\varphi_{\beta_N}^{(N)}\rangle + \ldots\} \cdot \langle 0| a_{\beta_N} \cdot \ldots a_{\beta_1}$$

$$= \frac{1}{2} \frac{1}{N!} \int \ldots \int d\alpha_1 \ldots d\alpha_N \; d\beta_1 \; d\beta_2 \; a_{\alpha_1}^{+} \; a_{\alpha_2}^{+} \ldots a_{\alpha_N}^{+} |0\rangle$$

$$\cdot \; \langle\varphi_{\alpha_2}^{(2)}| \langle\varphi_{\alpha_1}^{(1)}| \hat{A}_{12}^{(2)} |\varphi_{\beta_1}^{(1)}\rangle |\varphi_{\beta_2}^{(2)}\rangle \langle 0| a_{\alpha_N} \ldots a_{\alpha_3} \; a_{\beta_2} \; a_{\beta_1}$$

$$+ \; \ldots\ldots$$

$$= \frac{1}{2N(N-1)} \int\ldots\int d\alpha_1\, d\alpha_2\, d\beta_1\, d\beta_2 \,<\varphi^{(1)}_{\alpha_1}\, \varphi^{(2)}_{\alpha_2}|$$

$$\cdot\, |\hat{A}^{(2)}_{12}|\varphi^{(1)}_{\beta_1}\, \varphi^{(2)}_{\beta_2}>$$

$$\cdot\, a^+_{\alpha_1}\, a^+_{\alpha_2}\, \{\frac{1}{(N-2)!} \int\ldots\int d\alpha_3 \ldots d\alpha_N\, a^+_{\alpha_3} \ldots a^+_{\alpha_N}|0>$$

$$\cdot\, <0|a_{\alpha_N} \cdot \ldots a_{\alpha_3}\}\, a_{\beta_2}\, a_{\beta_1}$$

$$+ \ldots$$

Die geschweifte Klammer ist gerade die Identität $\mathbb{1}$ im Raum $\mathcal{H}^{(-\varepsilon)}_{N-2}$:

$$\frac{1}{2} \sum_{i,j}^{i \neq j} \hat{A}^{(2)}_{ij} = \frac{1}{2N(N-1)} \sum_{i,j}^{i \neq j} \int\ldots\int d\alpha_i\, d\alpha_j\, d\beta_i\, d\beta_j$$

$$\cdot\, <\varphi^{(i)}_{\alpha_i}\, \varphi^{(j)}_{\alpha_j}\, |\hat{A}^{(2)}_{ij}|\varphi^{(i)}_{\beta_i}\, \varphi^{(j)}_{\beta_j}> a^+_{\alpha_i}\, a^+_{\alpha_j}\, a_{\beta_j}\, a_{\beta_i}$$

In einem System von identischen Teilchen sind natürlich alle Summanden auf der rechten Seite gleich:

$$\frac{1}{2} \sum_{i,j}^{i \neq j} \hat{A}^{(2)}_{ij} = \frac{1}{2} \int\ldots\int d\alpha_1\, d\alpha_2\, d\beta_1\, d\beta_2 \,<\varphi^{(1)}_{\alpha_1}\, \varphi^{(2)}_{\alpha_2}|\hat{A}^{(2)}_{12}|\varphi^{(1)}_{\beta_1}\, \varphi^{(2)}_{\beta_2}>$$

$$\cdot\, a^+_{\alpha_1}\, a^+_{\alpha_2}\, a_{\beta_2}\, a_{\beta_1} \qquad \text{(A.2.26)}$$

Das verbleibende Matrixelement auf der rechten Seite kann mit nicht-symmetrisierten 2-Teilchen-Zuständen

$$<\varphi^{(1)}_{\alpha_1}\, \varphi^{(2)}_{\alpha_2}| = <\varphi^{(2)}_{\alpha_2}|<\varphi^{(1)}_{\alpha_1}| \quad ; \quad |\varphi^{(1)}_{\beta_1}\varphi^{(2)}_{\beta_2}> = |\varphi^{(1)}_{\beta_1}>|\varphi^{(2)}_{\beta_2}>$$

(A.2.27)

oder aber auch mit symmetrisierten Zuständen

$$|\varphi_{\beta_1}\, \varphi_{\beta_2}>^{(-\varepsilon)} = \frac{1}{2!}\, \{|\varphi^{(1)}_{\beta_1}>|\varphi^{(2)}_{\beta_2}> - \varepsilon|\varphi^{(2)}_{\beta_1}>|\varphi^{(1)}_{\beta_2}>\}$$

(A.2.28)

gebildet werden.

Was haben wir erreicht? Wir haben durch (A.2.12) und (A.2.16) das mühselige Aufstellen von symmetrisierten Produkten aus 1-Teilchen-Zuständen für das N-Teilchen-System ersetzen können durch Anwendung von Produkten aus Konstruktionsoperatoren auf den Vakuumzustand $|0\rangle$. Die Anwendung ist einfach, z.B.

$$a_\alpha |0\rangle = 0 \quad , \qquad \text{(A.2.29)}$$

und die gesamte Statistik steckt in den drei elementaren Vertauschungsrelationen (A.2.15), (A.2.18) und (A.2.19). Auch die N-Teilchen-Observablen lassen sich durch Konstruktionsoperatoren ausdrücken, (A.2.24) und (A.2.26), wobei die verbleibenden Matrixelemente mit 1-Teilchen-Zuständen in der Regel leicht berechenbar sind. In Kap. (A.4) werden dazu einige Beispiele gerechnet.

(A.3) "DISKRETE" FOCK-DARSTELLUNG (BESETZUNGSZAHL-DARSTELLUNG)

$\mathcal{H}_N^{(-\varepsilon)}$ sei wieder der Hilbertraum eines Systems aus N identischen Teilchen. $\hat{\varphi}$ sei nun aber eine 1-Teilchen-Observable mit diskretem Spektrum. Im Prinzip gelten dieselben Überlegungen wie in Kap. (A.2).

(A.3.1) SYMMETRISIERTE VIELTEILCHEN-ZUSTÄNDE

Als Basis des $\mathcal{H}_N^{(-\varepsilon)}$ benutzen wir die folgenden (anti-) symmetrisierten N-Teilchen-Zustände

$$|\varphi_{\alpha_1} \dots \varphi_{\alpha_N}>^{(-\varepsilon)} = c_{-\varepsilon} \sum_{\mathcal{P}} (-\varepsilon)^P \mathcal{P}\{|\varphi_{\alpha_1}^{(1)}>\dots|\varphi_{\alpha_N}^{(N)}>\} \qquad \text{(A.3.1)}$$

Bis auf die Normierungskonstante $c_{-\varepsilon}$, die noch zu bestimmen ist, stimmt diese Definition mit der entsprechenden Definition (A.2.5) für den kontinuierlichen Fall überein. Allerdings gilt jetzt für die 1-Teilchen-Zustände:

$$<\varphi_\alpha|\varphi_\beta> = \delta_{\alpha\beta} \; ; \quad \sum_\alpha |\varphi_\alpha><\varphi_\alpha| = \mathbb{1} \text{ in } \mathcal{H}_1 \qquad \text{(A.3.2)}$$

Man erkennt, daß sich (A.3.1) für Fermionen ($\varepsilon = +$) auch als Determinante schreiben läßt:

$$|\varphi_{\alpha_1} \dots \varphi_{\alpha_N}>^{(-)} = c_- \begin{vmatrix} |\varphi_{\alpha_1}^{(1)}> |\varphi_{\alpha_1}^{(2)}> & \dots |\varphi_{\alpha_1}^{(N)}> \\ |\varphi_{\alpha_2}^{(1)}> |\varphi_{\alpha_2}^{(2)}> & \dots |\varphi_{\alpha_2}^{(N)}> \\ \vdots & \vdots \\ |\varphi_{\alpha_N}^{(1)}> |\varphi_{\alpha_N}^{(2)}> & \dots |\varphi_{\alpha_N}^{(N)}> \end{vmatrix} \qquad \text{(A.3.3)}$$

"Slater-Determinante"

Falls zwei Sätze von Quantenzahlen gleich sind, z.B. $\alpha_i = \alpha_j$ dann bedeutet das, daß zwei Zeilen der Slater-Determinante gleich sind, so daß diese Null wird. Die Wahrscheinlichkeit ist daher Null, eine solche Situation in einem System von identischen Fermionen anzutreffen. Das ist die Aussage des Pauli-Prinzips!

Wir definieren

n_i = "Besetzungszahl", d.h. Häufigkeit, mit der der Zustand $|\varphi_{\alpha_i}>$ im N-Teilchen-Zustand $|\varphi_{\alpha_1} \ldots \varphi_{\alpha_N}>^{(-\varepsilon)}$ vorkommt. (A.3.4)

Natürlich gilt

$$\sum_i n_i = N \qquad , \tag{A.3.5}$$

wobei

$$n_i = 0, 1 \qquad \text{für Fermionen}$$
$$n_i = 0, 1, 2,.. \quad \text{für Bosonen} \tag{A.3.6}$$

sein kann.

Wir wollen zunächst die Normierungskonstante $c_{-\varepsilon}$ festlegen, die wir als reell voraussetzen:

$$1 \overset{!}{=} {}^{(-\varepsilon)}\!<\varphi_{\alpha_1} \ldots|\varphi_{\alpha_1} \ldots>^{(-\varepsilon)}$$
$$= c^2_{-\varepsilon} \sum_{\mathcal{P}} \sum_{\mathcal{P}'} (-\varepsilon)^{P+P'} \{<\varphi^{(N)}_{\alpha_N}|\ldots\}\mathcal{P}^+ \mathcal{P}' \{|\varphi^{(1)}_{\alpha_1}>\ldots\} \tag{A.3.7}$$

Bei Fermionen (ε = +) ist jeder Zustand genau einmal besetzt. Deswegen sind in der Summe nur die Terme mit $\mathcal{P} = \mathcal{P}'$ von Null verschieden und dann wegen (A.3.2) exakt gleich eins.

$$c_- = (N!)^{-1/2} \qquad \text{(Fermionen)} \tag{A.3.8}$$

Bei Bosonen mit $(-\varepsilon) = +1$ sind die Summanden in (A.3.7) genau dann ungleich Null, wenn sich $\mathcal{P}'$ von $\mathcal{P}$ höchstens um solche Transpositionen unterscheidet, die die jeweils n_i gleichen 1-Teilchen-Zustände $|\varphi_{\alpha_i}>$ miteinander vertauschen:

$$c_+ = (N!\, n_1!\, n_2! \,\ldots\, n_i! \,..)^{-1/2} \qquad \text{(Bosonen)} \tag{A.3.9}$$

Offensichtlich läßt sich ein symmetrisierter Basiszustand vollständig durch Angabe der Besetzungszahlen charakterisieren. Das erlaubt die Darstellung durch Fock-Zustände

$$|N;\, n_1\, n_2 \ldots n_i \ldots n_j \ldots>^{(-\varepsilon)} \equiv |\varphi_{\alpha_1} \cdots \varphi_{\alpha_N}>^{(-\varepsilon)}$$

$$= c_{-\varepsilon} \sum_{\mathcal{P}} (-\varepsilon)^P\, \mathcal{P}\, \underbrace{|\varphi_{\alpha_1}^{(1)}>|\varphi_{\alpha_1}^{(2)}> \ldots\ldots}_{n_1} \tag{A.3.10}$$

$$\ldots \underbrace{|\varphi_{\alpha_i}^{(r)}>|\varphi_{\alpha_i}^{(r+1)}> \ldots}_{n_i} \}$$

Es werden alle Besetzungszahlen angegeben, auch die mit $n_i = 0$. Vollständigkeit und Orthonormierung folgen aus den entsprechenden Beziehungen für die symmetrisierten Basiszustände:

$$^{(-\varepsilon)}<N;\, \ldots\, n_i\, ..|\tilde{N};\, \ldots\, \tilde{n}_i \ldots>^{(-\varepsilon)} = \delta_{N\tilde{N}} \prod_i \delta_{n_i,\tilde{n}_i} \tag{A.3.11}$$

$$\sum_{n_1} \sum_{n_2} \cdots \sum_{n_i} \ldots |N;\, \ldots\, n_i \ldots>^{(-\varepsilon)\,(-\varepsilon)}<N;\, \ldots\, n_i \ldots| = \mathbb{1} \tag{A.3.12}$$

$$(\sum_i n_i = N)$$

(A.3.2) KONSTRUKTIONSOPERATOREN

Bis auf Normierungsfaktoren definieren wir die Konstruktionsoperatoren wie im Fall des kontinuierlichen Spektrums in Kap. (A.2.2):

$$\begin{aligned} a^+_{\alpha_r} |N; \dots n_r \dots>^{(-\varepsilon)} &= a^+_{\alpha_r} |\varphi_{\alpha_1} \dots \varphi_{\alpha_N}>^{(-\varepsilon)} \\ &= \sqrt{n_r + 1} |\varphi_{\alpha_r} \varphi_{\alpha_1} \dots \varphi_{\alpha_N}>^{(-\varepsilon)} \\ &= (-\varepsilon)^{N_r} \sqrt{n_r + 1} |\varphi_{\alpha_1} \dots \varphi_{\alpha_r} \dots \varphi_{\alpha_N}>^{(-\varepsilon)} \\ &= (-\varepsilon)^{N_r} \sqrt{n_r + 1} | N + 1; \dots n_r \\ &\quad + 1 \dots>^{(-\varepsilon)} \end{aligned} \qquad \text{(A.3.13)}$$

Dabei ist N_r die Zahl der notwendigen Vertauschungen,um den 1-Teilchen-Zustand $|\varphi_{\alpha_r}>$ an die "richtige" Stelle zu bringen:

$$N_r = \sum_{i=1}^{r-1} n_i \qquad \text{(A.3.14)}$$

(A.3.13) enthält noch nicht in korrekter Weise das Pauli-Prinzip für Fermionen. Die Wirkungsweise des sog. "Erzeugungsoperators" ist exakt wie folgt definiert:

Bosonen: $a^+_{\alpha_r} |N; \dots n_r \dots> = \sqrt{n_r + 1} |N + 1; \dots n_r + 1 \dots>$

Fermionen: $a^+_{\alpha_r} |N; \dots n_r \dots> = (-1)^{N_r} \delta_{n_r,0} |N + 1; \dots n_r + 1 \dots>$

(A.3.15)

Jeder N-Teilchen-Zustand kann durch wiederholtes Anwenden des Erzeugungsoperators aus dem Vakuumzustand $|0>$ aufgebaut werden:

$$|N; n_1 n_2 \dots>^{(-\varepsilon)} = \prod_p^{\Sigma n_p = N} \frac{1}{\sqrt{n_p!}} (a^+_{\alpha_p})^{n_p} (-\varepsilon)^{N_p} |0> \qquad \text{(A.3.16)}$$

Der "Vernichtungsoperator" ist wieder als der zum Erzeugungsoperator adjungierte Operator definiert:

$$a_{\alpha_r} = (a^+_{\alpha_r})^+ \qquad \text{(A.3.17)}$$

Seine Wirkungsweise macht man sich wie folgt klar:

$$^{(-\varepsilon)}\langle N;\ \dots\ n_r\ \dots |a_{\alpha_r}|\bar{N};\ \dots\ \bar{n}_r \dots\rangle^{(-\varepsilon)}$$

$$= (-\varepsilon)^{N_r}\sqrt{n_r+1}\ ^{(-\varepsilon)}\langle N+1;\ \dots\ n_r+1 ..|\bar{N},\ \dots\ \bar{n}_r\ \dots\rangle^{(-\varepsilon)}$$

$$= (-\varepsilon)^{N_r}\sqrt{n_r+1}\ \delta_{N+1,\bar{N}}\ (\delta_{n_1,\bar{n}_1}\cdot\ldots\cdot\delta_{n_r+1,\bar{n}_r}\cdot\ldots)$$

$$= (-\varepsilon)^{\bar{N}_r}\sqrt{\bar{n}_r}\ \delta_{N,\bar{N}-1}\ (\delta_{n_1,\bar{n}_1}\cdot\ldots\cdot\delta_{n_r,\bar{n}_r-1}\cdot\ldots)$$

$$= (-\varepsilon)^{\bar{N}_r}\sqrt{\bar{n}_r}\ ^{(-\varepsilon)}\langle N;\ \dots n_r\ \dots|\bar{N}-1;\ \dots\ \bar{n}_r-1\ \dots\rangle^{(-\varepsilon)}$$

Das bedeutet offensichtlich:

$$a_{\alpha_r}|N;\ \dots\ n_r\ \dots\rangle^{(-\varepsilon)} = (-\varepsilon)^{N_r}\sqrt{n_r}\ |N-1;\ \dots\ n_r-1 \dots\rangle^{(-\varepsilon)} \qquad \text{(A.3.18)}$$

oder genauer:

Bosonen: $a_{\alpha_r}|N;\ \dots\ n_r\ ..\rangle = \sqrt{n_r}|N-1;\ \dots\ n_r-1\ \dots\rangle$

Fermionen: $a_{\alpha_r}|N;\ \dots\ n_r\ \dots\rangle = \delta_{n_r,1}\ (-1)^{N_r}|N-1;\ \dots\ n_r-1\dots\rangle$

(A.3.19)

Mit (A.3.15) und (A.3.19) beweist man leicht die drei fundamentalen Vertauschungsrelationen:

$$[a_{\alpha_r}, a_{\alpha_s}]_\varepsilon = [a^+_{\alpha_r}, a^+_{\alpha_s}]_\varepsilon = 0$$

$$[a_{\alpha_r}, a^+_{\alpha_s}]_\varepsilon = \delta_{rs} \qquad \text{(A.3.20)}$$

Wir führen noch zwei spezielle Operatoren ein, nämlich den "Besetzungszahloperator"

$$\hat{n}_r = a^+_{\alpha_r} a_{\alpha_r} \qquad \text{(A.3.21)}$$

und den "Teilchenzahloperator"

$$\hat{N} = \sum_r \hat{n}_r \tag{A.3.22}$$

Die Fock-Zustände sind Eigenzustände sowohl zu $\hat{n}_r$ als auch zu $\hat{N}$. Man zeige sehr schnell mit (A.3.15) und (A.3.19).

$$\hat{n}_r|N; \ldots n_r \ldots\rangle^{(-\varepsilon)} = n_r|N; \ldots n_r \ldots\rangle^{(-\varepsilon)} \tag{A.3.23}$$

$\hat{n}_r$ "fragt also ab", wie viele Teilchen den r-ten 1-Teilchen-Zustand besetzen. Der Eigenwert von $\hat{N}$ ist die Gesamtteilchenzahl N:

$$\begin{aligned}\hat{N}|N; \ldots n_r \ldots\rangle^{(-\varepsilon)} &= (\sum_r n_r)|N; \ldots n_r \ldots\rangle^{(-\varepsilon)} \\ &= N|N; \ldots n_r \ldots\rangle^{(-\varepsilon)}\end{aligned} \tag{A.3.24}$$

Für Bosonen und Fermionen gilt gleichermaßen:

$$[\hat{n}_r, a_s^+]_- = \delta_{rs}\, a_r^+ \quad ; \quad [\hat{n}_r, a_s]_- = -\,\delta_{rs}\, a_r \tag{A.3.25}$$

$$[\hat{N}, a_s^+]_- = a_s^+ \quad ; \quad [\hat{N}, a_s]_- = -\, a_s \tag{A.3.26}$$

Transformieren wir den allgemeinen Operator $\hat{A}$ (A.2.21) für den Fall des diskreten Spektrums in den Formalismus der zweiten Quantisierung, so haben wir exakt dieselben Überlegungen wie im kontinuierlichen Fall anzustellen. Wir haben lediglich Integrale durch Summen und Deltafunktionen durch Kronecker-Deltas zu ersetzen. Es ergibt sich deshalb ganz analog zu (A.2.24) und (A.2.26):

$$\begin{aligned}\hat{A} \equiv &\sum_{r,r'} \langle\varphi_{\alpha_r}|\hat{A}^{(1)}|\varphi_{\alpha_{r'}}\rangle a^+_{\alpha_r}\, a_{\alpha_{r'}} + \\ &+ \frac{1}{2}\sum_{\substack{r,r'\\ s,s'}} \langle\varphi^{(1)}_{\alpha_r}\,\varphi^{(2)}_{\alpha_s}|\hat{A}^{(2)}|\varphi^{(1)}_{\alpha_{r'}}\,\varphi^{(2)}_{\alpha_{s'}}\rangle\, a^+_{\alpha_r}\, a^+_{\alpha_s}\, a_{\alpha_{s'}}\, a_{\alpha_{r'}}\end{aligned} \tag{A.3.27}$$

Anders als im kontinuierlichen Fall müssen die Matrixelemente hier mit den nicht-symmetrisierten 2-Teilchen-Zuständen (A.2.27) berechnet werden. Das liegt an der unterschiedlichen Normierung.

(A.4) ANWENDUNGSBEISPIELE

Wir wollen in diesem Abschnitt einige häufig benutzte Operatoren von der ersten in die zweite Quantisierung transformieren.

(a) Bloch-Elektronen

Wir betrachten Elektronen in einem starren Ionengitter, die nicht miteinander, sondern nur mit dem Gitterpotential wechselwirken:

$$H_o = H_{e,kin} + H_{ei}^{(0)} = \sum_{i=1}^{N_e} h_o^{(i)} \qquad (A.4.1)$$

$H_{e,kin}$ ist der Operator der kinetischen Energie

$$H_{e,kin} = \sum_{i=1}^{N_e} \frac{p_i^2}{2m} \qquad (A.4.2)$$

N_e ist die Zahl der Elektronen, die über $H_{ei}^{(0)}$ mit dem starren Ionengitter wechselwirken.

$$H_{ei}^{(0)} = \sum_{i=1}^{N_e} v(\underset{\sim}{r}_i) \; ; \; v(\underset{\sim}{r}_i) = \sum_{\alpha=1}^{N} V_{ei}(\underset{\sim}{r}_i - \underset{\sim}{R}_\alpha) \qquad (A.4.3)$$

N ist die Zahl der Gitteratome, deren Gleichgewichtspositionen durch die $\underset{\sim}{R}_\alpha$ gegeben sind. $v(\underset{\sim}{r}_i)$ ist gitterperiodisch.

$$v(\underset{\sim}{r}_i) = v(\underset{\sim}{r}_i + \underset{\sim}{R}_\alpha) \qquad (A.4.4)$$

H_o ist offensichtlich ein 1-Teilchen-Operator. Die Eigenwertgleichung für

$$h_o = \frac{p^2}{2m} + v(\underset{\sim}{r}) \qquad (A.4.5)$$

definiert die <u>"Bloch-Funktion"</u> $\psi_{\underset{\sim}{k}}(\underset{\sim}{r})$ und die <u>"Bloch-Energie"</u> $\varepsilon(\underset{\sim}{k})$:

$$h_o \, \psi_{\underset{\sim}{k}}(\underset{\sim}{r}) = \varepsilon(\underset{\sim}{k})\psi_{\underset{\sim}{k}}(\underset{\sim}{r}) \qquad (A.4.6)$$

Für $\psi_{\underset{\sim}{k}}(\underset{\sim}{r})$ macht man den üblichen Ansatz

$$\psi_{\underset{\sim}{k}}(\underset{\sim}{r}) = u_{\underset{\sim}{k}}(\underset{\sim}{r})\; e^{i\underset{\sim}{k}\underset{\sim}{r}} \qquad \text{(A.4.7)}$$

mit einer gitterperiodischen Amplitudenfunktion. Die Blochfunktionen bilden ein vollständiges, orthonormiertes System:

$$\int d^3r\; \psi^*_{\underset{\sim}{k}}(\underset{\sim}{r})\; \psi_{\underset{\sim}{k}'}(\underset{\sim}{r}) = \delta_{\underset{\sim}{k}\underset{\sim}{k}'} \qquad \text{(A.4.8)}$$

$$\sum_{\underset{\sim}{k}}^{1.B.Z.} \psi^*_{\underset{\sim}{k}}(\underset{\sim}{r})\; \psi_{\underset{\sim}{k}}(\underset{\sim}{r}') = \delta(\underset{\sim}{r} - \underset{\sim}{r}') \qquad \text{(A.4.9)}$$

H_o bzw. h_o enthalten keine Spinanteile. Die vollständigen Lösungen sind deshalb:

$$|\underset{\sim}{k}\sigma\rangle \Leftrightarrow \langle\underset{\sim}{r}|\underset{\sim}{k}\sigma\rangle = \psi_{\underset{\sim}{k}\sigma}(\underset{\sim}{r}) = \psi_{\underset{\sim}{k}}(\underset{\sim}{r})\; \chi_\sigma \qquad \text{(A.4.10)}$$

$$\chi_\uparrow = \begin{pmatrix}1\\0\end{pmatrix} \;;\; \chi_\downarrow = \begin{pmatrix}0\\1\end{pmatrix} \qquad \text{(A.4.11)}$$

Wir definieren:

$a^+_{\underset{\sim}{k}\sigma}\,(a_{\underset{\sim}{k}\sigma})$ Erzeugungs-(Vernichtungs-)operator eines Bloch-Elektrons (A.4.12)

Da H_o ein 1-Teilchen-Operator ist, gilt nach (A.3.27):

$$H_o = \sum_{\substack{\underset{\sim}{k}\,\sigma \\ \underset{\sim}{k}',\sigma'}} \langle\underset{\sim}{k}\sigma|h_o|\underset{\sim}{k}'\sigma'\rangle\; a^+_{\underset{\sim}{k}\sigma}\, a_{\underset{\sim}{k}'\sigma'} \qquad \text{(A.4.13)}$$

Für das Matrixelement gilt:

$$\begin{aligned}\langle\underset{\sim}{k}\sigma|h_o|\underset{\sim}{k}'\sigma'\rangle &= \int d^3r \langle\underset{\sim}{k}\sigma|\underset{\sim}{r}\rangle\langle\underset{\sim}{r}|h_o|\underset{\sim}{k}'\sigma'\rangle \\ &= \varepsilon(\underset{\sim}{k}') \int d^3r\; \psi^*_{\underset{\sim}{k}\sigma}(\underset{\sim}{r})\; \psi_{\underset{\sim}{k}'\sigma'}(\underset{\sim}{r}) \\ &= \varepsilon(\underset{\sim}{k})\; \delta_{\underset{\sim}{k}\underset{\sim}{k}'}\; \delta_{\sigma\sigma'} \end{aligned} \qquad \text{(A.4.14)}$$

Damit folgt endgültig:

$$H_o = \sum_{\mathbf{k}\sigma} \varepsilon(\mathbf{k})\, a^+_{\mathbf{k}\sigma}\, a_{\mathbf{k}\sigma} \qquad \text{(A.4.15)}$$

Die Blochoperatoren erfüllen die fundamentalen Vertauschungsrelationen für Fermionen-Operatoren:

$$[a_{\mathbf{k}\sigma}, a_{\mathbf{k}'\sigma'}]_+ = [a^+_{\mathbf{k}\sigma}, a^+_{\mathbf{k}'\sigma'}]_+ = 0 \; ; \; [a_{\mathbf{k}\sigma}, a^+_{\mathbf{k}'\sigma'}]_+ = \delta_{\mathbf{k}\mathbf{k}'}\, \delta_{\sigma\sigma'} \qquad \text{(A.4.16)}$$

Für den Spezialfall, daß man die kristalline Struktur des Festkörpers vernachlässigen kann (z.B. Jellium-Modell) werden aus den Blochfunktionen ebene Wellen:

$$\underline{v(\mathbf{r}) \equiv \text{const}:} \qquad \psi_{\mathbf{k}}(\mathbf{r}) \rightarrow \frac{1}{\sqrt{V}}\, e^{i\mathbf{k}\mathbf{r}} \qquad \varepsilon(\mathbf{k}) \rightarrow \frac{\hbar^2 k^2}{2m} \qquad \text{(A.4.17)}$$

(b) Wannier-Elektronen

Die Darstellung durch "Wannier-Funktionen"

$$W_\sigma(\mathbf{r} - \mathbf{R}_i) = \frac{1}{\sqrt{N}} \sum_{\mathbf{k}}^{1.\mathrm{B.Z.}} e^{-i\mathbf{k}\mathbf{R}_i}\, \psi_{\mathbf{k}\sigma}(\mathbf{r}) \qquad \text{(A.4.18)}$$

ist eine spezielle, häufig verwendete Ortsdarstellung. Typisch ist die starke Konzentration der Wannier-Funktion um den jeweiligen Gitterplatz $\mathbf{R}_i$:

$$\int d^3r\, W^*_{\sigma'}(\mathbf{r} - \mathbf{R}_i)\, W_\sigma(\mathbf{r} - \mathbf{R}_j) = \delta_{\sigma\sigma'}\, \delta_{ij} \qquad \text{(A.4.19)}$$

Wie definieren:

$a^+_{i\sigma}(a_{i\sigma})$ - Erzeugungs- (Vernichtungs-)operator eines Elektrons mit dem Spin σ in einem Wannier-Zustand am Gitterplatz $\mathbf{R}_i$ (A.4.20)

Für diese Konstruktionsoperatoren gilt:

$$[a_{i\sigma}, a_{j\sigma'}]_+ = [a^+_{i\sigma}, a^+_{j\sigma'}]_+ = 0 ;$$
$$[a_{i\sigma}, a^+_{j\sigma'}]_+ = \delta_{\sigma\sigma'} \delta_{ij} \tag{A.4.21}$$

In dieser Basis sieht dann H_o wie folgt aus:

$$H_o = \sum_{ij\sigma} T_{ij} a^+_{i\sigma} a_{j\sigma} \tag{A.4.22}$$

$$T_{ij} = \int d^3r \; W^*_\sigma(\underset{\sim}{r} - \underset{\sim}{R}_i) h_o(\underset{\sim}{r}) W_\sigma(\underset{\sim}{r} - \underset{\sim}{R}_j) \tag{A.4.23}$$

"hopping"-Integral

In dieser Form beschreibt H_o anschaulich das "Hüpfen" eines Elektrons mit dem Spin σ vom Gitterplatz $\underset{\sim}{R}_j$ zum Gitterplatz $\underset{\sim}{R}_i$. Der Zusammenhang mit der Bloch-Darstellung (a) ist mit (A.4.18) und (A.4.8) leicht herzustellen:

$$T_{ij} = \frac{1}{N} \sum_{\underset{\sim}{k}}^{1.B.Z.} \varepsilon(\underset{\sim}{k}) \exp(i\underset{\sim}{k}(\underset{\sim}{R}_i - \underset{\sim}{R}_j)) \tag{A.4.24}$$

$$a_{i\sigma} = \frac{1}{\sqrt{N}} \sum_{\underset{\sim}{k}}^{1.B.Z.} e^{i\underset{\sim}{k}\underset{\sim}{R}_i} a_{\underset{\sim}{k}\sigma} \tag{A.4.25}$$

(c) "Dichteoperator"

Der Operator der Elektronendichte,

$$\hat{\rho}(\underset{\sim}{r}) = \sum_{i=1}^{N_e} \delta(\underset{\sim}{r} - \hat{\underset{\sim}{r}}_i) \tag{A.4.26}$$

ist ein weiteres Beispiel für einen 1-Teilchen-Operator. Man beachte, daß der Elektronenort $\hat{\underset{\sim}{r}}_i$ ein Operator ist, nicht jedoch die Variable $\underset{\sim}{r}$.

$$\hat{\rho}(\underset{\sim}{r}) = \sum_{\substack{\underset{\sim}{k}\sigma \\ \underset{\sim}{k}'\sigma'}} \langle \underset{\sim}{k}\sigma | \delta(\underset{\sim}{r} - \hat{\underset{\sim}{r}}') | \underset{\sim}{k}'\sigma' \rangle \, a^+_{\underset{\sim}{k}\sigma} a_{\underset{\sim}{k}'\sigma'} \tag{A.4.27}$$

Für das Matrixelement gilt:

$$<\underset{\sim}{k}\sigma|\delta(\underset{\sim}{r} - \hat{\underset{\sim}{r}}')|\underset{\sim}{k}'\sigma'> = \int d^3r'' <\underset{\sim}{k}\sigma|\delta(\underset{\sim}{r} - \hat{\underset{\sim}{r}}')|\underset{\sim}{r}''><\underset{\sim}{r}''|\underset{\sim}{k}'\sigma'>$$

$$= \delta_{\sigma\sigma'} \int d^3r'' \; \delta(\underset{\sim}{r} - \underset{\sim}{r}'')<\underset{\sim}{k}\sigma|\underset{\sim}{r}''><\underset{\sim}{r}''|\underset{\sim}{k}'\sigma>$$

$$= \delta_{\sigma\sigma'} \; \psi^*_{\underset{\sim}{k}\sigma}(\underset{\sim}{r}) \; \psi_{\underset{\sim}{k}'\sigma}(\underset{\sim}{r})$$

Beschränkt man sich auf ebene Wellen ($v(\underset{\sim}{r})$ = const.), dann ist

$$<\underset{\sim}{k}\sigma|\delta(\underset{\sim}{r} - \hat{\underset{\sim}{r}}')|\underset{\sim}{k} + \underset{\sim}{q}\sigma'> = \delta_{\sigma\sigma'} \; \frac{1}{V} \, e^{i\underset{\sim}{q}\underset{\sim}{r}} \tag{A.4.28}$$

Das bedeutet in (A.4.27)

$$\hat{\rho}(\underset{\sim}{r}) = \frac{1}{V} \sum_{\underset{\sim}{k}\underset{\sim}{q}\sigma} a^+_{\underset{\sim}{k}\sigma} \, a_{\underset{\sim}{k}+\underset{\sim}{q}\sigma} \, e^{i\underset{\sim}{q}\underset{\sim}{r}} \tag{A.4.29}$$

Für die Fourier-Komponente des Dichte-Operators haben wir also gefunden:

$$\hat{\rho}_{\underset{\sim}{q}} = \sum_{\underset{\sim}{k}\sigma} a^+_{\underset{\sim}{k}\sigma} \, a_{\underset{\sim}{k}+\underset{\sim}{q}\sigma} \tag{A.4.30}$$

(d) Coulomb-Wechselwirkung

Hier handelt es sich um einen 2-Teilchen-Operator

$$H_c = \frac{1}{2} \, \frac{e^2}{4\pi \, \varepsilon_o} \sum_{i,j}^{i \neq j} \frac{1}{|\hat{\underset{\sim}{r}}_i - \hat{\underset{\sim}{r}}_j|} \tag{A.4.31}$$

Wie sieht dieser Operator im Formalismus der zweiten Quantisierung aus? Wir wählen wieder die Impulsdarstellung:

$$H_c = \frac{e^2}{8\pi \, \varepsilon_o} \sum_{\substack{\underset{\sim}{k}_1 .. \underset{\sim}{k}_4 \\ \sigma_1 .. \sigma_4}} <(\underset{\sim}{k}_1 \, \sigma_1)^{(1)} \, (\underset{\sim}{k}_2 \, \sigma_2)^{(2)}| \cdot \frac{1}{|\hat{r}^{(1)} - \hat{r}'^{(2)}|} \, |(\underset{\sim}{k}_3 \, \sigma_3)^{(1)} \, (\underset{\sim}{k}_4 \, \sigma_4)^{(2)}>$$

$$\cdot \; a^+_{\underset{\sim}{k}_1\sigma_1} \, a^+_{\underset{\sim}{k}_2\sigma_2} \, a_{\underset{\sim}{k}_4\sigma_4} \, a_{\underset{\sim}{k}_3\sigma_3} \tag{A.4.32}$$

Das Matrixelement ist sicher nur für $\sigma_1 = \sigma_3$ und $\sigma_2 = \sigma_4$ von Null verschieden, da der Operator selbst spinunabhängig ist:

$$v(\underset{\sim}{k}_1 \ldots \underset{\sim}{k}_4) = \langle \underset{\sim}{k}_1^{(1)}\ \underset{\sim}{k}_2^{(2)} | \frac{1}{|\hat{\underset{\sim}{r}}^{(1)} - \hat{\underset{\sim}{r}}'^{(2)}|} | \underset{\sim}{k}_3^{(1)}\ \underset{\sim}{k}_4^{(2)} \rangle \frac{e^2}{4\pi\ \varepsilon_0}$$

$$= \frac{e^2}{4\pi\ \varepsilon_0} \iint d^3r_1\ d^3r_2 \langle \underset{\sim}{k}_1^{(1)} \underset{\sim}{k}_2^{(2)} | \frac{1}{|\hat{\underset{\sim}{r}}^{(1)} - \hat{\underset{\sim}{r}}'^{(2)}|} | \underset{\sim}{r}_1^{(1)}\ \underset{\sim}{r}_2^{(2)} \rangle$$

$$\cdot \langle \underset{\sim}{r}_1^{(1)}\ \underset{\sim}{r}_2^{(2)} | \underset{\sim}{k}_3^{(1)}\ \underset{\sim}{k}_4^{(2)} \rangle$$

$$= \frac{e^2}{4\pi\ \varepsilon_0} \iint d^3r_1\ d^3r_2 \frac{1}{|\underset{\sim}{r}_1 - \underset{\sim}{r}_2|} \langle \underset{\sim}{k}_1^{(1)}\ \underset{\sim}{k}_2^{(2)} | \underset{\sim}{r}_1^{(1)}\ \underset{\sim}{r}_2^{(2)} \rangle$$

$$\cdot \langle \underset{\sim}{r}_1^{(1)}\ \underset{\sim}{r}_2^{(2)} | \underset{\sim}{k}_3^{(1)}\ \underset{\sim}{k}_4^{(2)} \rangle$$

$$= \frac{e^2}{4\pi\ \varepsilon_0} \iint d^3r_1\ d^3r_2 \frac{1}{|\underset{\sim}{r}_1 - \underset{\sim}{r}_2|} \psi^*_{\underset{\sim}{k}_1}(\underset{\sim}{r}_1)\ \psi^*_{\underset{\sim}{k}_2}(\underset{\sim}{r}_2)$$

$$\cdot\ \psi_{\underset{\sim}{k}_3}(\underset{\sim}{r}_1)\ \psi_{\underset{\sim}{k}_4}(\underset{\sim}{r}_2) \qquad \text{(A.4.33)}$$

Translationssymmetrie sorgt schließlich noch dafür, daß zusätzlich

$$\underset{\sim}{k}_1 + \underset{\sim}{k}_2 = \underset{\sim}{k}_3 + \underset{\sim}{k}_4 \qquad \text{(A.4.34)}$$

gelten muß. Für die Coulomb-Wechselwirkung H_c haben wir damit den folgenden Ausdruck gewonnen:

$$H_c = \frac{1}{2} \sum_{\substack{\underset{\sim}{k}\underset{\sim}{p}\underset{\sim}{q} \\ \sigma,\sigma'}} v(\underset{\sim}{k}, \underset{\sim}{p}, \underset{\sim}{q})\ a^+_{\underset{\sim}{k}+\underset{\sim}{q}\sigma}\ a^+_{\underset{\sim}{p}-\underset{\sim}{q}\sigma'}\ a_{\underset{\sim}{p}\sigma'}\ a_{\underset{\sim}{k}\sigma} \qquad \text{(A.4.35)}$$

Stichwortverzeichnis

Teubner Studienbücher Fortsetzung

Mathematik Fortsetzung

MIX
Papier aus verantwortungsvollen Quellen
Paper from responsible sources
FSC® C105338

If you have any concerns about our products,
you can contact us on
ProductSafety@springernature.com

In case Publisher is established outside the EU,
the EU authorized representative is:
Springer Nature Customer Service Center GmbH
Europaplatz 3, 69115 Heidelberg, Germany

Printed by Libri Plureos GmbH
in Hamburg, Germany